基金项目：全国教育科学规划国家青年课题"利用部分线索促进儿童记忆提取的实验研究"（CBA180255）

U0724695

部分线索影响记忆提取的实验研究

刘湍丽　邢　敏◎著

新华出版社

图书在版编目（CIP）数据

部分线索影响记忆提取的实验研究 / 刘湍丽，邢敏著. —北京 ：新华出版社，2024.3

ISBN 978－7－5166－7328－7

Ⅰ. ①部… Ⅱ. ①刘… ②邢… Ⅲ. ①记忆学－研究 Ⅳ. ①B842.3

中国国家版本馆 CIP 数据核字（2024）第 056135 号

部分线索影响记忆提取的实验研究

作　　者：刘湍丽　邢敏　著

责任编辑：刘宏森　　　　　　　　　　封面设计：中联华文

出版发行：新华出版社

地　　址：北京石景山区京原路 8 号　邮　　编：100040

网　　址：http://www.xinhuapub.com

经　　销：新华书店、新华出版社天猫旗舰店、京东旗舰店及各大网店

购书热线：010－63077122　　　　　　中国新闻书店购书热线：010－63072012

照　　排：北京博克思文化发展有限公司

印　　刷：三河市华东印刷有限公司

成品尺寸：170mm×240mm

印　　张：14.5　　　　　　　　　　字　　数：225 千字

版　　次：2024 年 4 月第一版　　　　印　　次：2024 年 4 月第一次印刷

书　　号：ISBN 978－7－5166－7328－7

定　　价：78.00 元

版权专有，侵权必究。如有质量问题，请与出版社联系调换：010－63077124

目　录

引 论

一、研究的缘起

想象这样一个场景：在课堂上你被老师提问，要求背诵刚刚学习过的古诗文，旁边的"热心"同学小声地提示着……旁边同学的提示对你的回忆是否产生了帮助作用？

在信息提取的过程中，能不能成功提取所需要的信息，受到很多因素的影响。提供线索常常是人们考虑的一个重要因素。原因是在我们以往的日常经验中，一般认为如果在回忆时提供线索能够提高我们对于已学知识的回忆。但是已有的大量研究表明，被试学习一些材料之后，在测验阶段，提供之前所学的部分材料作为线索词来回忆剩余所学项目，结果发现被试的回忆成绩反而比没有提供任何线索时的回忆成绩更差，这种现象我们称之为部分线索效应（part-list cuing effect）。自斯莱姆卡（N. J. Slamecka）在 1968 年的一项研究中最早发现并提出来①，众多的学者对这一现象进行了深入的研究。

本人自博士阶段一直致力于部分线索效应方面的研究，主要从长时记忆和工作记忆两个方面考察部分线索的作用机制，通过多年的积累，设计并完成了一系列的研究，并最终形成了这本书。一方面是对自己在部分线索效应领域完成的研究做一个总结；另一方面是希望为后续的研究做一个铺垫。本书的研究中主要关注以下三个方面的问题：

（一）部分线索对记忆提取的影响如何随年龄发展而变化？

以往关于部分线索效应的研究，大多数以大学生为被试对各种形式的部分线

---

① Slamecka, N. J. , "An examination of trace storage in free recall", *Journal of Experimental Psychology*, Vol. 76, No. 4, 1968, pp. 504-513.

· 1 ·

索及其理论机制进行探讨。近年来部分研究关注部分线索效应的老龄化研究，发现了部分线索对老年人和年轻人的不同影响，也有少数研究关注部分线索效应的个体差异性，对遗忘症患者和精神分裂症患者进行了研究。也有研究使用定向遗忘范式，对三个儿童年龄组和青少年组进行研究，发现不同年龄组都有明显的部分线索效应，小学生难以利用情境再激活促进记忆的提取。[①] 另有研究选取三个年龄组儿童，考察了部分线索损害效应持久性的年龄差异及作用机制，结果发现，12—14 岁儿童在低关联编码条件下的部分线索损害效应是由提取抑制造成的，高关联编码条件下的损害则是策略破坏所导致的，而两个低龄儿童组在高、低关联编码条件下的损害效应则均是由提取抑制引发的。[②]

考察部分线索效应在不同年龄个体中的特点，对于指导实践具有重要意义。对于儿童来讲，提供部分学习内容要求回忆剩余内容是一种普遍存在的测验方式，那么，儿童的记忆提取何时开始受到部分线索的影响？这种影响如何发展变化？已有研究发现部分线索对儿童的回忆促进或干扰效应量存在年龄差异。这些研究表明，部分线索效应可能存在特定的发展模式，然而，目前以儿童为被试的研究较少且不够系统。该问题的系统探讨将有助于揭示部分线索效应的认知过程。

（二）部分线索如何影响对头脑中已有信息的提取？

部分线索效应最初是在长时记忆被发现的，随后研究者在长时记忆中对部分线索进行了大量研究。本研究在已有研究的基础上提出了关键问题：部分线索作用时间进程如何？在其作用进程中，部分线索如何影响回想和熟悉性成分？能否从认知神经的角度为部分线索对记忆成分的影响提供证据？这几个视角均具有较强的创新性。

众所周知，人类的记忆具有捆绑性质，不但包含单个项目，还涉及项目间的联结。因此，在情景记忆中，除了项目记忆，建立和维持项目之间的联结记忆也至关重要。前人研究表明，在项目记忆中，部分线索的呈现会降低非线索项目的表征强度，但目前尚不清楚这种表征强度的降低是否发生在联结记忆中。因此，

---

① John, T., & Aslan, A., "Part-list Cuing Effects in Children: A Developmental Dissociation Between the Detrimental and Beneficial Effect", *Journal of Experimental Child Psychology*, Vol. 166, 2018, pp. 705-712.

② John, T., & Aslan, A., "Age Differences in the Persistence of Part-list Cuing Impairment: The Role of Retrieval Inhibition and Strategy Disruption", *Journal of Experimental Child Psychology*, Vol. 191, No. C, 2020, No. 104746.

本书首次考察了在联结记忆中以部分已学联结对作为提取线索将如何影响其他联结对的提取，并对比考察部分线索对项目记忆和关系记忆的影响。

在工作记忆的研究中，很多研究者关注回忆（提取）线索对目标项目提取的影响。但提供部分学习项目作为提取线索，是否会影响对其他项目的提取？目前还没有研究涉及。因此，本书首次对工作记忆中已有表征的再次呈现将如何影响存储在工作记忆中的其他表征进行了探索性的研究，并结合 ERPs 技术，考察了工作记忆中部分线索的认知神经机制。

（三）哪些因素影响部分线索对记忆提取的作用？

在长时记忆中，我们提炼出了以下关键问题：不同类型的材料（如文字和图片）中是否都存在着部分线索效应？其发展特点如何？是否存在个体差异和发展性分离？其作用过程是在部分线索呈现之后产生还是在记忆提取过程中产生？本书中均对这一系列相关联的问题做出了回答。

在项目记忆研究的基础上，本书进一步考虑：人们的记忆往往以捆绑形式存在，对于这种捆绑式的（而非单个项目式的）记忆，会如何受部分线索的影响？这种影响将会体现在何种再认加工成分上？

结合工作记忆本身的特点，本书提出，首先要主要关注线索类型（词表内线索和词表外线索）、任务呈现方式（相继呈现和同时呈现、分组呈现和混合呈现）这两个关键因素如何影响部分线索效应。

二、研究的意义

（一）理论意义

第一，目前对部分线索干扰与促进作用的发生条件的认识尚不清楚，本书从长时记忆和工作记忆两个方面着手，从行为和生理层面对部分线索的作用进程、认知神经机制等的研究将全面揭示部分线索对记忆提取的发生特点及作用机制，为构建部分线索效应的理论模型提供科学基础。

第二，从线索类型、任务呈现方式、发展性分离和线索负荷等方面对可能影响部分线索的各种因素的考察，有助于厘清哪些因素影响部分线索对记忆提取的作用，同时也有助于对已有理论进行发展或修正。

（二）实际意义

第一，高效自主的学习模式为现代教育理念提出了新的要求，如何提高学习效率就成为了教育改革的核心内容。这就要求教师要改进教学方法、帮助学生学会学习。当前很多教育者并没有意识到部分线索对于记忆影响的两面性作用，本课题可为教育者在课堂中合理利用部分线索的促进作用，及时规避干扰作用提供指导；本课题提出的训练策略实用性强，教育者可直接在教学活动中应用。

第二，人们往往认为线索有助于更好地回忆，部分线索效应的研究恰恰表明了线索的两面性。基于本研究的结果，在记忆过程中，可根据部分线索的发生时间和作用特点，为人们认识线索的消极作用及如何防止不适宜的线索对记忆的负向影响作用，提供理论指导。

第三，本课题对部分线索效应提取阶段的研究，实际上是对遗忘现象的研究。人们在某些情况下更想了解如何防止过时信息或痛苦事件的侵入和影响，本课题的研究结果对于指导个体如何遗忘痛苦事件，具有重要的意义。

三、主要内容和研究框架

本书主要完成三个方面的工作：

（一）对部分线索效应这一领域已有国内外研究的总结和梳理

本书第一章、第二章、第三章、第九章分别从理论基础、研究方法、长时记忆中进行部分线索效应研究的可能性和必要性述评、工作记忆中部分线索效应研究现状述评四个方面对部分线索效应领域的研究进行了总结。

（二）从长时记忆和工作记忆两个方面着手，关注部分线索如何影响记忆提取

本书中第四章、第五章、第六章、第七章、第八章主要从记忆成分加工分离、作用进程、发展特点、影响因素等几个方面考察长时记忆中部分线索如何影响记忆提取；本书中第十章、第十一章主要从线索类型、任务呈现方式几个方面考察工作记忆中部分线索如何影响对头脑中已有信息的提取。

本书研究框架如下图所示：

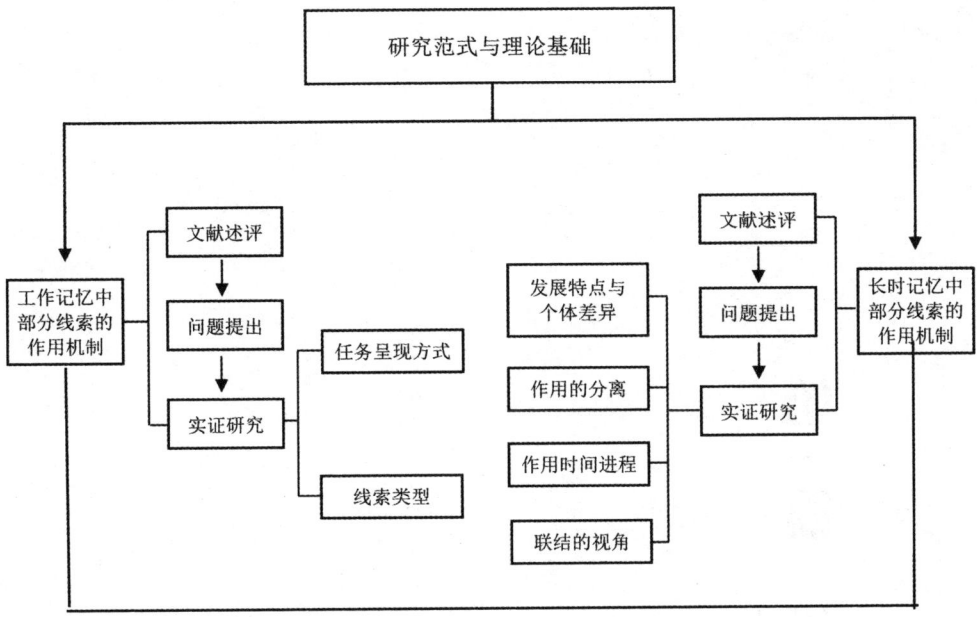

第一篇　研究范式与理论基础

第一章　概述与研究方法

第一节　部分线索效应概述

一、部分线索效应的概念

在尝试提取的过程中，信息能否被成功提取受诸多因素的影响，其中是否有足够的提取线索是一个重要的因素。研究者发现，提供已学词表中的一部分项目作为提取线索时，相较于不提供任何提取线索的情况，被试的回忆成绩会产生相应的变化，这一现象被称为部分线索效应。关于部分线索对记忆提取的影响方向，目前研究者有不同的发现。

斯莱姆卡最早发现了部分线索对回忆的干扰作用，即给学习者提供先前所学材料的一部分作为提取线索，让其回忆剩余的材料，回忆成绩反而比没有提取线索时差。这一结果与人们的日常经验相左，因而引起研究者们的极大兴趣。随后，在不同编码条件、不同测验类型及不同年龄群体中，均发现了部分线索诱发遗忘的现象。而另一些研究则发现，在某些条件下，部分线索会对回忆产生促进作用。

二、部分线索对记忆的干扰效应

在考察部分线索对记忆提取影响的研究中，大部分研究发现部分线索对回忆有明显的干扰效应。斯莱姆卡采用自由回忆测验首创性研究部分线索干扰效应。在他的六个实验中，学习阶段让被试听一个包含 30 个项目的词表，在回忆阶段，给实验组被试提供不同的线索词数目（5—29），让被试根据提供的线索词去回忆剩下的目标项目，控制组则不提供线索词，要求被试自由回忆所有已学项目。结果发现，控制组对目标项目的回忆率高于实验组，即部分线索的提供损害了被试的记忆提取。继斯莱姆卡对这一领域的开创性研究后，罗德格（H. Roediger）等人采用随机词表对该效应进行验证，学习阶段让被试学习一个包含 48 个项目的词表两次，在回忆阶段，给实验组被试分别提供 16 或 32 个线索词，要求被试根据这些线索词去回忆剩下的目标项目。结果表明，实验组被试对目标项目的回忆成绩低于控制组，支持了斯莱姆卡的研究。[①] 针对部分线索对记忆提取起干扰作用这一现象，大部分研究多使用自由回忆测验进行验证，也有研究者通过其他测验任务来检验部分线索干扰效应是否存在。

奥斯沃德（K. M. Oswald）等人选取类别词汇在快速再认任务中考察部分线索干扰效应。[②] 在学习阶段让被试学习类别样例，在有线索条件下，再认任务之前就呈现线索词，然后被试先完成再认任务，快速对项目新旧做出判断，再完成自由回忆任务，此外，在再认和自由回忆时不呈现线索词。结果表明，部分线索降低了目标项目的再认成绩和自由回忆成绩，支持了提取抑制假说和提取竞争假说。有研究通过提供项目首字母作为探针来控制回忆顺序，来验证有无探针条件下的部分线索干扰效应。[③] 结果发现，学习一次的条件下，无论是否有探针，都发现了部分线索干扰效应；学习两次或用被试使用编故事的策略时，部分线索干扰效应仅在没有探针的条件下出现，结果表明了项目探针的作用取决于学习时的编码条件。

佩尼西奥格鲁和莫罗（Z. Peynircioğlu, C. Moro）考察了内隐记忆中的部分线索干扰效应，实验 1 和实验 2 将被试分为无意记忆组（不告知随后进行的记忆测验）和有意记忆组（告知随后要进行记忆测验），告知所有被试都要进行自由回忆测验，结果发现，两组都存在部分线索干扰效应，即无论是否告知被试随后要进行的回忆任务，词干补笔的项目的回忆成绩均低于自由回忆成绩，线索都对回忆成绩起抑制作用；在实验 3 中未告知被试随后要进行的记忆测验，结果发现，外显记忆组在完成词干补笔任务时，词干线索起干扰作用，但这种干扰作用只在被试试图明确记忆这些单词时存在。对于内隐回忆组被试，当他们只是简单地用

---

① Roediger, H. L., Stellon, C. C., & Tulving, E., "Inhibition from part-list cues and rate of recall", *Journal of Experimental Psychology*: *Human Learning & Memory*, Vol. 3, No. 2, 1977, pp. 174-188.

② Oswald, K. M., Serra, M., & Krishna, A., "Part-list cuing in speeded recognition and free recall", *Memory and Cognition*, Vol. 34. No. 3, 2006, pp. 518-526.

③ Aslan, A., & Bäuml, K-H. T., "Part-list cuing with and without item-specific probes: The role of encoding", *Psychonomic Bulletin & Review*, Vol. 14, 2007, pp. 489-494.

想起来的单词完成残词补全任务，部分线索起易化作用。这些结果说明了部分线索干扰效应受测验阶段有意识提取的影响。[1]

三、部分线索对记忆的促进作用

已有大量关于部分线索的研究主要聚焦于部分线索的干扰效应，虽然早期已有三项研究发现，在特定条件下部分线索也能促进回忆，但并未得到后续研究的关注。戈尔内特和拉森（P. Goernert, M. E. Larson）采用词表定向遗忘范式考察了部分线索的作用。在部分线索条件下，提供第一个学习词表中的 4 或 8 个项目作为提示线索，要求被试回忆剩余的项目；而在无线索条件下，则不提供线索，要求被试回忆第一个词表的所有项目。结果发现，当要求被试记住第一个词表时（即学习情境的通达被保持时），部分线索的提供对回忆成绩产生显著损害作用，而当要求被试忘记第一个词表时（即当学习情境的通达被破坏时），部分线索的提供则促进了回忆成绩。[2] 贝姆尔和萨梅尼耶（K. Bäuml, A. Samenieh）通过情境—变化任务对上述结果进行检验。该研究要求被试学习两个词表，在学习完第一个词表后，完成一个计数任务或一个想象任务来改变内在情境，学习完第二个词表后，分别在有、无部分线索条件下，要求被试回忆第一个词表。结果发现，完成计数任务条件下（即内在情境被保持），部分线索的呈现损害了对目标项的回忆，而在完成想象任务条件下（即内在情境发生改变），部分线索的呈现促进了对目标项的回忆。[3] 贝姆尔和施利克汀（K. Bäuml, A. Schlichting）采用延长的学—测间隔任务，也发现了相似的结果。该项研究要求被试学习一系列不相关词语，随后在短延迟（几分钟）或者长延时（48 小时）时间间隔后，分别在有部分线索和无部分线索条件下进行回忆。结果发现，在短延时后的测验任务重出现了部分线索损害效应，而在长延时后的测验任务中出现了部分线索促进作用。该研

---

① Peynircioğlu, Z. F., & Moro, C., "Part-set cuing in incidental and implicit memory", *The American Journal of Psychology*, Vol. 108, No. 1, 1995, pp. 1–11.

② Goernert, P. N., & Larson, M. E. "The initiation and release of retrieval inhibition". *Journal of General Psychology*, Vol. 121, No. 1, 1994, pp. 61–66.

③ Bäuml, K-H. T., & Samenieh, A., "Influences of part-list cuing on different forms of episodic forgetting", *Journal of Experimental Psychology: Learning, Memory, and Cognition*, Vol. 38, 2012, pp. 366–375.

究将部分线索对目标提取的促进机制被归因于情境再激活的作用。[①]

　　上述三项研究均表明，部分线索具有双重作用，不仅可能损害也可能提高记忆成绩，但这三项研究中，学习阶段均只采用了低关联编码，高关联编码条件下是否有相似的结果还不得而知。莱默尔和贝姆尔（Eva-Maria Lehmer, K. Bäuml）对高关联编码条件下的部分线索效应进行了考察，他们使用定向遗忘以及长短延时条件来操纵对学习情境的通达，结果发现在高关联编码条件下，未出现部分线索的促进作用，这说明策略破坏过程可能会掩蔽部分线索对回忆的促进作用。由此，他们提出了部分线索效应的多机制假说。[②] 约翰和阿斯兰（Thomas John, Alp Aslan）选取四组不同年龄段（7—8 岁、9—11 岁、13—14 岁和大学生）被试，采用词表定向遗忘范式来操纵学习情境的通达，在学习阶段让被试学习两个词表，第一个词表学习结束后，给被试呈现记住或忘记指令，接着学习第二个词表。在回忆阶段，给部分线索组被试提供第一个词表中的 8 个词作为部分线索，并提供剩余 4 个目标项目的首字母，要求被试进行词干补笔；给自由回忆组被试仅呈现 4 个目标项目的首字母。结果发现，在记住条件下，即学习情境的通达被保持时，线索回忆组被试的回忆成绩低于自由回忆组被试的回忆成绩，存在显著的部分线索干扰效应。在忘记条件下，即学习情境的通达被破坏时，部分线索对两个高年龄组被试的回忆产生促进作用，但对两个低年龄组被试的回忆成绩无显著作用，这一结果支持了多机制假说。[③] 在这一研究的基础上，阿斯兰和约翰（Alp Aslan, Thomas John）以大学生和老年人为被试，考察在老年人群体中是否也存在两种作用的分离，结果发现，在记住条件下，即当学习情境的通达被保持时，两个年龄群体中均存在部分线索干扰效应；在忘记条件下，即当学习情境的通达受损时，部分线索仅促进大学生的回忆，而对老年人的回忆没有显著促进作用，这表明老

①　Bäuml, K-H. T., & Schlichting, A., "Memory retrieval as a self-propagating process", *Cognition*, Vol. 132, No. 1, 2014, pp. 16-21.

②　Lehmer, E. M., & Bäuml, K-H. T., "Part-list Cuing can Impair, Improve, or not Influence Recall Performance: The Critical Roles of Encoding and Access to Study Context at Test", *Journal of Experimental Psychology: Learning, Memory, and Cognition*, Vol. 44, No. 8, 2018b, pp. 1186-1200.

③　John, T., & Aslan, A., "Part-list Cuing Effects in Children: A Developmental Dissociation Between the Detrimental and Beneficial Effect", *Journal of Experimental Child Psychology*, Vol. 166, 2018, pp. 705-712.

年人群体虽然可调用抑制机制对竞争信息进行阻碍，但其情境再激活能力降低。[①]
凯利和帕里哈（M. Kelley，Sushmeena. A. Parihar）采用自由回忆、顺序重构和序列回忆三种测验方式，考察了部分线索对语义记忆的作用机制。结果发现，自由回忆任务中，部分线索对回忆产生显著的损害，而在有序回忆任务中，部分线索则对回忆产生促进作用。这一结果与在情景记忆中所得结果非常相似，这表明部分线索可能通过相似的作用机制对语义记忆和情景记忆的提取产生影响。根据有序和空间任务的结果，凯利和帕里哈提出一种新颖的有关部分线索促进效应的锚定解释，将线索作为锚点，使被试在测试时做出相对准确的顺序（或位置）判断。有研究表明，即使实验者故意把这些线索放在不正确的位置，被试也会把它们当作正确的序列位置。[②]

第二节　研究范式

一、部分线索效应的基本范式

部分线索效应最早是斯莱姆卡于 1968 年提出的。部分线索效应是指当人们回忆刚刚学习过的词表时，提供词表中的一部分单词作为回忆线索的情况下，回忆效果反而比没有任何回忆线索时的回忆效果差。同样的，当人们试图去回忆那些已经永久储存在长时记忆中的内容时（例如，中国各个省的名字），呈现这些内容中的一部分作为回忆线索，并不能帮助人们去更好地回忆其余的内容，相反的，它抑制了人们对其余项目的回忆。这些现象似乎与人们所普遍认为的记忆是个联结的过程，对记忆中一部分项目的提取会激活与之相关的项目并因此易化对这些项目的回忆的观点格格不入。实际上，易化过程也是常常存在，例如，当人们回忆语义类别词表（例如，动物、国家、职业等）中的项目时，把类别名称作为线索呈现可以帮助人们的回忆。不过即使在这种条件下，抑制效应也会存在。

部分线索效应的经典范式分为学习—干扰—回忆和学习—干扰—再认。首先把学习材料呈现给被试进行学习并告诉被试需要识记这些内容；学习完毕后，完

---

①　Aslan，A.，& John，T.，"Part-list cuing effects in younger and older adults' episodic recall"，*Psychology and Aging*，Vol. 34，No. 2，2019，pp. 262–267.

②　Kelley，M. R.，& Parihar，S. A.，"Part-set Cueing Impairment & Facilitation in Semantic Memory"，*Memory*，Vol. 26，No. 7，2018，pp. 1008–1018.

成干扰任务以避免近因效应的影响；随后将被试随机分成两个小组，其中一组被试作为实验组，给予识记过的一些实验材料作为回忆/再认线索；另一组被试不给任何线索，让两组被试回忆或再认之前学习过的材料。通过比较两组被试的成绩，如果提供线索的被试的回忆成绩高于不提供任何线索的被试成绩，则说明提供线索对被试的成绩产生了易化作用；如果提供线索的被试的回忆成绩低于不提供任何线索的被试成绩，则说明提供线索对被试的成绩产生了干扰作用，即产生了经典的部分线索效应。

通过对基本范式的变通，研究者可以考察各种条件下的部分线索效应，目前的研究中，对部分线索效应基本范式的修改主要有以下九种类型，其研究也会在本书的综述中得以体现：

（1）考察不同材料间的部分线索效应，如无关词表、类别词表。

（2）考察不同测试形式下的部分线索效应，如自由回忆、再认、具体线索（specific-cue）回忆。

（3）考察不同线索类型下的部分线索效应，如词表内线索和词表外线索、样例线索和类别名称线索。

（4）考察不同线索数目条件下的部分线索效应，如提供词表中的三分之一、二分之一或者三分之二的词作为回忆线索。

（5）考察回忆时部分线索是否持续存在对部分线索效应的影响。

（6）考察不同形式的部分线索效应，如图片材料、文字材料。

（7）考察部分线索对其他记忆现象的影响，如部分线索对错误记忆的影响。

（8）考察日常生活领域中的部分线索效应，如广告、消费、审计等。

（9）部分线索效应计算方式的演变。

二、测验的方式

自由回忆和再认是外显记忆的两种主要的提取方式，本书中的研究主要涉及的测验方式也是自由回忆测验和再认测验。因此本部分主要介绍这两种测验方式。

（一）自由回忆测验

回忆是指对经历或学习过的事物能够再度回想起来的心理过程。自由回忆是记忆研究中基本范式之一。在自由回忆中，要求被试学习一系列项目，然后要求被试按照任意顺序对学习过的项目进行回忆。学习项目通常一个一个地按顺序短暂呈现，学习项目的来源非常广泛，可以说文字、图片等。回忆阶段通常持续几分钟时间，通常以口头报告或书写的方式进行回忆。

在自由回忆范式中，对被试记忆表现的最常见的测量方式之一即为被试对学习项目的回忆个数。通常词首（首因效应）和词尾（近因效应）的几个项目的回忆成绩要好于词表中间的项目。一般而言，自由回忆的难度要大于再认。

（二）再认测验

1. "新旧"再认判断

再认是指当学习过的事物再次出现时，人们能够识别的心理过程。在再认测验中，通常要求被试学习一系列项目，学习项目通常一个一个地按顺序短暂呈现，在测验阶段呈现的项目包括学习项目和未学习过的新项目，每次呈现一个，要求被试对呈现项目的做出"新"或"旧"的判断。

在再认测验范式中，对被试记忆表现的最常见的测量方式是计算被试对项目的再认正确率。同时还可以得到被试对旧项目的击中率和漏报率，对新项目的正确拒斥率和虚惊率。信号检测论能够根据人们对刺激和对噪声的反应的分布，计算出相应的判断标准（β）和反应偏向（d'），用以表征被试再认判断过程中的宽严程度和对新旧项目的分辨能力。

2. 记得—知道再认判断

大量行为、认知神经和脑功能成像的研究表明对学习材料的成功再认需要两种不同的记忆加工的参与，一方面，个体的再认判断可以基于对学习情境信息的有意识的回想，另一方面，当不能回想任何细节时，个体可以评估对刺激的主观熟悉性程度。两种加工的分离也经常反映在日常生活经历中，例如在人际交往中，有时我们认识并且能够想起某个人是谁、在什么地方见过，而有时我们觉得似曾相识，却不能想起某个人是谁以及我们在什么时间、什么地点见过这个人。前者对应回想加工，后者对应熟悉加工，两种加工过程的分离收到研究者的广泛关注，因此研究者们提出了很多测量再认记忆中回想和熟悉性成分的方法。

其中使用最广泛的方法是记得—知道范式（简称 R/K）。该范式中首先要求被试识记学习材料，在随后的再认阶段，呈现的项目包括学过项目和未学过的新项目，要求被试首先进行新旧判断，即判断是否"见过"这些项目，如果被试对某项目作出了"见过"的判断，则还需要被试进一步明确这一词是属于"记得"还是"知道"，如果被试对某项目作出了"没见过"的判断，则继续进行下一个项目的判断。根据以下公式：回想＝旧项目的记得反应－新项目的记得反应，熟悉＝知道／（1—记得），可以计算出相应的回想和熟悉性成分。

先进行新旧判断，然后再进行知道—记得判断的序列判断法，对于被试来说按键比较容易，但是它有一个非常严重的缺点，那就是记得—知道判断相对滞后，如果 ERPs 技术进行研究，得到的大脑活动可能不能完全反映真实情况。所以大多数研究者使用了多键范式，即让被试进行记得—知道—新的三键判断。三键任务能够克服序列任务的不足，与序列任务不同的是，在三键判断中项目学习时的背景信息与项目是同时提取的，若在等研究中使用这一范式，能保证背景信息的提取与大脑记录同步进行。

第三节　研究技术

一、行为实验技术

行为实验技术即在控制了的环境中观测行为，通过观测刺激和行为之间（或行为与行为之间）的因果关系，能够获得心理功能的一些成分。与本书中所呈现的研究相关的行为指标主要包括被试对学习项目的回忆成绩、被试的再认正确率、被试的按键反应时等。

本书中行为实验和脑电实验编程均采用 E-prime 软件来完成。该软件是由美国匹兹堡大学学习研究与发展中心和美国 PST 公司联合开发的一套用于计算机化行为研究的实验生成系统，该软件具备数据收集与数据初步分析功能。该软件能够呈现的刺激包括文本、图像和声音，时间精度可达毫秒，符合本书中所有实验设计的要求。

后期的数据处理主要通过 SPSS 社会科学统计软件包对数据进行整理、分析、统计检验。

二、事件相关电位技术

事件相关电位是指神经系统某一特定部位（包括从感受器到大脑皮层）给予相应的刺激（事件），经过大脑对刺激信息加工处理后，在脑的相应部位产生的可以检出的、与刺激有相对固定的时间间隔（锁时关系）和特定位相的生物电反应在脑区所引起的电位变化。叠加平均是从 EEG 中提取 ERP 的最常用原理，叠加主要利用了波形的两个特点：波形恒定和潜伏期恒定。由于单次刺激所诱发的 ERP 波幅很小，比自发电位小得多，被淹没在自发电位中无法测量。但是 ERP 的波形和潜伏期恒定，随着刺激重复的次数增多，ERP 与叠加次数成比例地增大，而 EEG 则是按随机噪声的方式加和，ERP 在多次叠加后，就从 EEG 中"浮现"出来了。相较于其他脑成像技术，ERP 技术具有较高的时间分辨率，能够达到毫秒级的水平，适合于对加工进程的分析。再认测验中，主要有两种成分：FN400 新旧效应和 LPC 新旧效应。

本书中脑电数据采集采用 Neuroscan 事件相关电位系统来完成。Neuroscan EEG/ERP 系统作为世界公认的 EEG/ERP 顶级研究工具，该系统可以同时记录被试在某种认知活动或心理状态下的脑电、肌电、心电。Neuroscan 的 Synamps 2 放大器体积小，采样率足够高（256 导同时采集每导可达 20000HZ），可用双极或单极同时记录许多其他的生理信号（如心电、肌电），一方面可以去除心电和肌电的干扰；另一方面可以进行脑活动过程与其他生理系统的综合研究。

第二章　理论基础

第一节　经典理论

前面部分对部分线索的研究进行了介绍，令很多研究者惊奇的是，人们都认为线索具有易化回忆或提取的作用，在很多情况下却并非如此，甚至会产生抑制作用。提供随机词表中的部分项目作为回忆线索并不能对其他项目的回忆起到提示作用，反而有时候会起抑制作用；提供某些类别的名称，并不能易化对其他类别的回忆；提供某一类别下的部分样例并不能促进对其他样例的回忆，有时会产生抑制作用；提供个体长时记忆中某一类别下的部分项目，也不能促进对剩余项目的回忆，还可能会抑制回忆。

这些研究结果都表明了同一种现象在不同形式和内容条件下的表现，这也使得没有一个假说可以对不同条件下的部分线索效应做出完美的解释。研究者们从不同的方面提出了一些解释部分线索效应的假说，主要有：（1）提取竞争假说（The Retrieval Competition Hypothesis）；（2）校正任务假说（The Editing Task Hypothesis）；（3）词表—长度—增加假说（The Increased-List Length Hypothesis）；（4）保持—干扰假说（The Interference-With-Maintenance Hypothesis）；（5）样例关联偏见假说（The Associative Sampling Bias Hypothesis）；（6）策略破坏假说（The Strategy Disruption Hypothesis）和（7）提取抑制假说（The Retrieval Inhibition Hypothesis）。

一、提取竞争假说

作为较早对部分线索进行研究的研究者之一，伦德斯（D. Rundus）提出了提取竞争假说。① 该假说认为，呈现的线索词的记忆痕迹比非线索词的记忆痕迹更加明显，在他的研究中，他让被试学习分类词表，然后每一类别的词表都提供数量不同的线索词，之后让被试回忆，结果发现随着线索数的增加（线索数从 0 到 4），对非线索词的回忆量降低。

伦德斯的提取竞争假说是基于以下几个假设：首先，此假说认为项目是按照层次结构在记忆中存储的，来自一个常见的结节（node）的项目可通过此结节被提取，因此呈现一个类别名称可作为回忆此类别下样例的线索，来自不同层级的项目之间的联结是纵向的（例如，一系列愉悦的广告可归入 "温馨广告" 这一类别）。"温馨广告" 类别这一结节，就可以作为从属于 "温馨广告" 类别的次级结节的一个 "控制" 因素。伦德斯认为当 "控制" 因素可以被提取时，"控制" 因素与次级结节的关联强度决定某个特定的项目能否被回忆。此外，该假说关联一旦建立，某特定项目在随后的尝试回忆中就一直能被提取到，即使这种提取会被忽略或者没有表达出来。对某一线索项目的加工增强了这一项目与 "控制" 因素的关系，当被试试图回忆非线索项目时，具有更高的提取力的线索项目使得被试在回忆非线索项目时，首先内隐的回忆起线索项目，这就形成了提取竞争偏向，此竞争偏向往往以先线索项目为代价，以内隐的方式对线索项目进行提取。此假说认为，每一次对线索项目的成功提取就意味着对非线索项目的提取失败，并且在失败过几次之后，提取过程就会停止（停止法则）。根据这一法则，当连续成功提取项目的次数达到某一预定数目之后，对某一特定水平的目标项目的搜索就会停止。搜索过程会继续，直到一个类似的停止标准又达到一个更高的水平，在这一水平上，所有的搜索过程都会停止。因此，竞争偏向会降低对非线索项目的回忆率，也就导致了部分线索效应的产生。简言之，线索项目回忆率的增加降低了同一水平上其他项目的提取率。

一些研究者的研究结果支持提取竞争假说。罗德格（H. Roediger）认为他的以类别词表为实验材料的实验结果与伦德斯的解释相符，他认为对类别名称的提取易化了对这一类别下项目的提取，但是损坏了对其他类别名称的提取。类别名称与之所属的样例（回忆起的）之间的纵向关联导致对非线索项目回忆的抑制，因为这一回忆过程被认为包含样例替代过程。因为关联度的增加导致对同一项目

---

① Rundus, D. "Negative effects of using list items as recall cues." *Journal of Verbal Learning and Verbal Behavior*, No. 12, 1973, pp. 43-50.

回忆率的增加，对其他项目的回忆率降低。① 与伦德斯的观点类似，米勒和沃特金斯（C. W. Mueller, M. Watkins）认为线索词的额外记忆痕迹是通过线索词的提供而实现的，因此增加了对线索词的提取，降低了对具有较少记忆痕迹的非线索词的回忆。② 国内学者何海东和焦书兰采用非记忆任务（模糊图形辨认和不完整汉字识别任务）对部分线索效应进行考察，发现在轮廓相似组图形中，部分线索的干扰作用随呈现模糊级次数的增加而更加显著，但在轮廓非相似组图形中，模糊级呈现次数为 2 次和 3 次的情况下，也表现出了显著的部分线索效应；在事先学习的条件下，形状相似字组汉字的辨认表现出了显著的部分线索效应，而意义相似字组和随机字组汉字的辨认表现出了部分线索的促进作用，在事先不学习的条件下，随机字组和形状相似字组汉字的辨认表现出了显著的部分线索效应，而意义相似字组汉字的辨认没有表现出显著的部分线索效应。③ 该研究支持伦德斯的提取竞争假说。

在受到一些支持的同时，提取竞争假说也受到了一些质疑。例如，巴斯顿（D. Basden）在他的研究中使用了两个词表，每个词表包含 30 个单词，要求被试对词表 1 的正确自由回忆个数达到 21—30 个。之后，要求被试学习词表 2，对词表 2 的学习次数为 7 次。学习完成之后，给一部分被试一张空白的答题纸，给另一部分一张包含词表 1 中的 10 个作为回忆线索单词的答题纸，接着要求被试尽可能地对词表 1 进行回忆。巴斯顿发现线索组被试的回忆正确率显著高于非线索组被试，由此，巴斯顿认为，线索词并没有损坏对非线索词的回忆。④

比率法则（ratio rule）被认为是提取竞争假说的最大不足。此法则认为非线索项目的提取率等于它的强度（该项目与其所属类别的关联强度）与这一类别下其他项目的强度之和的比的函数，并且独立于相对强度。根据这一法则，对某一弱关联度项目（这一项目所在组的其他项目与类别名称的关联度与这一项目相等

---

① Roediger, H. L. "Recall as a self-limiting process." *Memory & Cognition*, No. 6, 1978, pp. 54-63.

② Mueller, C. W, Watkins, M, J. "Inhibition from Part-Set Cuing: A Cue-Overload Interpretation." *Journal of Verbal Learning and Verbal Behavior*, No. 16, 1977, pp. 699-709.

③ 何海东、焦书兰：《图形和汉字视觉认知任务中的部分线索效应》，载《心理学报》，1994 年第 26 卷第 3 期，第 264-271 页。

④ Basden, D. R. "Cued and uncued free recall of unrelated words following interpolated learning." *Journal of Experimental Psychology*, No. 98, 1973, pp. 429-431.

时）的回忆率与一强关联度项目的回忆率相等。巴斯顿设计了一个实验，该实验包含3个学习词表：词表1的所有项目跟类别名称都是同等强度的强关联；词表2的所有项目跟类别名称都是同等强度的弱关联；词表3包含两类项目：一半项目与类别名称是强关联，另一半与类别名称是弱关联。根据比率法则，词表3中的强关联度项目的回忆率应该比词表1高，同样的，词表3的弱关联度项目的回忆率应该比词表2的弱关联度项目的回忆率低。实验结果与比率法则的预期并不一致。词表3中的强关联度项目的回忆率并没有词表1好，词表3中的弱关联度项目并不比词表2差。[1]

二、校正任务假说

罗德格认为线索词的提供使得被试去检验每一个回忆起来的单词是否是线索词，或者是通过编辑过程把线索词删除，因此就减缓了回忆过程。在一个有时间限制的标准回忆任务中，对单词回忆的延迟会降低对非线索项目的回忆。[2] 但是罗德格等人很快又驳斥了这一观点，因为他们发现即使给予被试足够的时间，线索词的提供仍然能够减少被试对非线索词的回忆量（例如，48 个单词给的回忆时间为 10 分钟）。[3] 假定额外任务的消极作用的底限是减缓回忆而不是降低回忆，那么我们可以接受罗德格等人对自己先前观点的驳斥。假定对某一项目的延迟回忆会使得这一项目被回忆出来的可能性降低（项目的强度降低），那么，即使给予足够的回忆时间线索对回忆仍会产生破坏作用的事实，也并不能排除额外任务假说关于抑制效应的解释。

但是，沃特金斯对罗德格等人的词表外线索也会抑制对非线索项目的回忆的研究结果是对这一假说的质疑。[4] 因为词表外线索并没有呈现在最初的学习词表

① Basden, D. R., Basden, B. H., & Galloway, B. C., "Inhibition with part-list cuing: some tests of the item strength hypothesis", *Journal of Experimental Psychology Human Learning & Memory*, Vol. 3, No. 1, 1977, pp. 100-108.

② Roediger, H. L. "Inhibiting effects of recall.", *Memory & Cognition*, No. 2, 1974, pp. 261-269.

③ Roediger, H. L., Stellon, C. C., & Tulving, E., "Inhibition from part-list cues and rate of recall", *Journal of Experimental Psychology Human Learning & Memory*, Vol. 3, No. 2, 1977, pp. 174-188.

④ Watkins, M. J., "Inhibition in recall with extralist 'cues.'", *Journal of Verbal Learning and Verbal Behavior*, Vol. 14, 1975, pp. 294-303.

上，被试在回忆非线索项目是并不需要检验这些项目是不是线索词。

有关语义记忆的研究（例如要求被试尽量多地回忆美国州的名字或者是鸟类的名字）似乎也与该假说相悖。当给予被试足够的时间，加工过程可能会减缓生成目标项目的过程，但是不应该减少非线索项目的回忆数量，因为这些项目是储存在永久记忆里的，对这些项目的记忆表征不会因为提取过程的延迟而消退。

巴斯顿等人认为回忆过程中对线索词的编辑可能会影响回忆顺序，使得回忆顺序并不如被试学习过程中所形成的组织编码好。巴斯顿等人认为这一假设可以解释该报告发表之前的所有实验结果。他们的实验使用类别词表作为实验材料，采用词表内和词表外线索，实验结果发现词表外线索不产生抑制效应。他们认为词表外线索不能产生抑制效应的结果可以作为反驳伦德斯关于部分线索效应解释的证据，而与校正任务假说相一致。[①] 沃特金斯实验中词表外线索所产生的抑制作用也被认为是实验设计的失误，他们认为混合词表的设计使得被试对词表内线索和词表外线索使用同样的加工策略。罗德格等人实验中词表外线索的抑制效应并不那么容易被找出纰漏之处，因为他们的实验中被试要么使用词表外线索，要么使用词表内线索，没有两种线索都使用的情况。

还有另外两个反对此假说的证据：首先，至少在给予足够回忆时间的情况下，此假说不能解释长时记忆中的部分线索效应。在长时记忆中，校正加工过程可能会减缓对目标词的回忆，但不会减少最终的回忆数目，因为长时记忆中的东西是永久存在的，并不会因为提取延迟等原因而消退；其次，该假说并不适合于要求实验组（接受线索组）被试回忆包括线索词在内的所有学习项目的情况，因为在这种情况下，被试没有必要去剔除线索词，因此并不存在额外的加工任务。当然，被试需要去核对当前回忆出来的单词是否已被回忆过，但是这一加工过程并非是实验组的所独有的，控制组被试也需要这一加工过程。

三、词表—长度—增加假说

另一种关于部分线索效应的假说认为线索的呈现增加了词表的长度，导致对词表中项目的回忆率降低。此假说的提出是基于沃特金斯的实验，在他的研究中，

---

① Basden, D. R., Basden, B. H., & Galloway, B. C., "Inhibition with part-list cuing: some tests of the item strength hypothesis", *Journal of Experimental Psychology Human Learning & Memory*, Vol. 3, No. 1, 1977, pp. 100–108.

词表外线索对非线索项目回忆的抑制量与词表内线索对非线索项目回忆的抑制量相同。他断定提供词表中的线索词作为线索，与提供词表外单词作为回忆线索的抑制作用是等价的。

此假说的局限性之一与校正任务假说一样，即不能解释语义记忆任务中的部分线索效应。在语义记忆的提取任务中，将被提取的项目储存于永久记忆中，不应该受到类似于对情景记忆的抑制。同时词表—长度—增加假说在解释情景记忆任务时也遇到困难，罗德格等人认为该假说对于随机词表中词表外线索的抑制效应的解释很有说服力，除了两个事实：词表外线索的抑制效应比词表内线索的小，并且接受词表外线索的被试对于目标项目的回忆速度比接受词表内线索被试的快。由此他们认为与词表项目无关的词表外线索对于回忆过程可能产生了与词表内线索不同的影响。

词表—长度—增加假说的另一局限性产生于米勒和沃特金斯的研究结果，该研究发现类别词表中，类别外线索并不抑制回忆。如何对这一结果与罗德格等人随机词表中词表外线索产生抑制作用的实验结果进行解释，似乎是一个难题。不过，在认为不相关的词表外线索产生的抑制作用小于词表内线索这一观点上，这两个实验结果不谋而合。因此，如果想对词表—长度—增加假说进行验证，必须认识到并非所有在回忆时呈现的项目都能有效地增加词表的长度，至少不是同等数量的增加。

增加词表长度会降低项目回忆率的论点来自认为在自由回忆任务中，词表长度越长，对项目的回忆率就越低的观点。相对于词表内线索产生的部分线索效应，这一发现是可疑的，因为如果我们认为线索的呈现增加了词表的长度，那么我们就应该认为通过使特定的项目（线索）在词表上呈现两次，在某种程度上确实增加了词表长度。所幸的是，有部分实验专门研究在词表上呈现两次的项目如何对只呈现一次的项目的回忆产生影响，这些研究结果一致认为，除非要求被试去记得那些呈现两次的项目，否则呈现两次的项目并不对呈现一次的项目的回忆产生损害作用。因此，认为部分线索的抑制效应是因为线索的呈现使词表长度增加的观点并不能得到这些研究结果的支持。被试并不需要对线索词回忆两遍或报告项目在词表中的出现次数，他们只需要尽可能多地去回忆项目，并且只需回忆非线索项目，此外他们也不会认为他们需要对线索词报告两次。

四、保持—干扰假说

伦德斯的模型的一个重要方面是没有把非线索项目提取力的减小归结为它们"强度"的降低，或者是任何记忆表征方面的改变。根据这一模型，提取力的降低是其他项目强度改变的结果。该模型的重心在于认为线索的呈现改变了线索和非线索项目的相对强度；假若认为强度的改变是源于非线索项目强度的降低，那么该模型可以得出与认为强度的改变是源于线索项目强度增加一样的结论。

认为对线索的加工可能会减弱对非线索项目的表征的基本原理就在于假设在次级记忆中的项目必须被积极地保持，任何干扰都可能会减弱对这些项目的表征。根据这一假设，干扰记忆保持的方式之一是使这些项目跟其他项目一起保持，如果线索项目在记忆任务中得到加工，就势必分享部分用于记忆保持的资源，对线索加工需要的资源越多，对其他项目的提取力就越低。

对某一特定类别中项目的回忆成绩随该项目在回忆中的序列位置而降低的研究结果，支持了认为对某些项目的回忆会干扰对其他项目的记忆表征，并由此降低这些项目的强度或提取力的这一观点。有人也许会把这一结果归结为前摄抑制：在词表中位置靠后的项目会受到位置靠前的项目的抑制。但是即使控制了顺序效应，也得到了同样的结果。

埃普斯坦（W. Epstein）要求被试学习两个含有 8 个项目的词表，之后一半的被试被要求回忆其中的一个词表，而另一半被试被要求两个词表都要回忆。结果表明，只学习并回忆一个词表的回忆成绩好于学习两个词表但是只回忆第一个词表的成绩好。而当被试被要求只回忆或先回忆第二个词表时，这种抑制效应更加明显。埃普斯坦认为，对两个词表都要保持记忆的要求损伤了记忆。[①]

然而，保持—干扰假说在解释包含语义记忆的任务时遇到困难。该假说的合理性随保持间隔和信息量的增加而降低。当要求回忆的项目量很少并且记忆间隔很短暂时，也就是说当积极地复述成为可能，该假说很容易被接受。该假说对于很多研究结果很难解释，特别是长时记忆中的研究结果完全不能解释，例如在布朗（J. Brown）的实验中，我们不能说被试对州和国家名称的记忆表征因对作为线

---

① Epstein, W. "Facilitation of retrieval resulting from post-input exclusion of part of the input." *Journal of Experimental Psychology*, No. 86, 1970, pp. 190–195.

索的州和国家的名称的资源分配而降低。[1]

五、样例关联偏见假说

从斯莱姆卡开始的很多研究者把部分线索效应不能易化对非线索项目的回忆作为认为在记忆中项目间没有直接关联的证据，尽管并不能排除纵向或层级关联。基于一些研究中被试的输入顺序和输出顺序并不一致、连续呈现的项目之间有关联度和单次试验中对偶联想学习的发生等一些事实，拉伊梅克斯和希夫林（J. Raaijmakers，R. Shiffrin）对以上观点提出了挑战。[2]

拉伊梅克斯和希夫林提出了样例关联偏见假说。此假说认为对词表项目的记忆搜索是基于线索的，不管线索是实验者提供的还是被试自己生成的外部线索。此假说假设基于某一特定的线索，被试对他们的记忆进行搜索直到一个新的项目被发现或已达到一个停止标准，此时该线索被丢弃，被试使用另一个新线索并把停止标准指标重新设定为 0。在这个模型中，线索帮助被试从关联簇（associative clusters）中回忆起与之关联的其他项目。此模型进一步认为实验者提供的线索阻止了被试对包含更多目标项目的非线索簇（非线索词）的提取，因此，对目标项目的回忆就会降低。

此假说的重要假设之一是认为不管实验者是否提供线索，项目间关联都被广泛使用。实际上，关于关联簇的假设为认为线索会产生破坏作用的观点提供了基本前提。这里用拉伊梅克斯和希夫林模型的简版来解释关联度如何产生作用：学习词表中的项目以簇群的形式在记忆中组织，每个簇中都包含几个项目，每个簇中的几个项目间的关联度非常高，只要其中一个项目被作为线索或被回忆出来，其他的项目也会被回忆出来。进一步设想，在一个给定的时间内，被提供了线索的实验组被试和没有被提供线索的控制组被试形成了同等数量的簇。那么把线索提供给实验组，可以保证实验组被试把线索项目纳入他们的簇中，控制组被试没有机会把线索项目纳入簇中，他们的簇中所包含的线索项目就比较少，进而他们的不包含线索项目的簇群就比实验组多。再设想每个簇群都包含同等数量的项目，

① Brown, John. "Reciprocal facilitation and impairment of free recall." Psychonomic Science, No. 10, 1968, pp. 41-42.

② Raaijmakers, J. G., & Shiffrin, R. M., "Search of associative memory," *Psychological Review*, Vol. 88, No. 2, 1981, pp. 93-134.

那么不包含线索项目的簇就包含了更多的目标项目，那么控制组被试就能产生更多的目标项目。

一个并不否认项目间关联并且把项目间关联作为解释部分线索效应产生原因的假说，非常令人感兴趣。但即便如此，也掩盖不了它的缺陷，很多研究者对该假说中线索组被试在回忆目标单词之前首先根据所有线索词对记忆进行搜索的假设提出质疑。另一假设也是令人费解的，认为实验组和控制组被试提取相同数目的簇群，关于这一假设，悬而未决的问题是"我们为什么不能认为假如没有提供给他们线索，实验组被试仍能够抽取出他们本来能够抽取的项目，包括不包含在非线索项目中的线索簇"。即使认可了实验组和控制组产生相同数目的簇群，这一假说也只能应用于词表中项目确实形成几个不同的簇群的实验中。

第二节　理论的新发展

随着研究的进展，一些假说被研究者们推翻了，研究者们的关注点主要集中于策略破坏假说、提取抑制假说和双机制假说，因此主要对这三个假说的观点进行了较为详尽的介绍。

一、策略破坏假说

策略破坏假说认为自由回忆中的最佳提取策略是对要求记住的材料进行编码。因此，当提取线索与编码一致时，回忆效果最好。在没有实验者提供的线索时，被试需要生成自己的线索，回忆成绩依赖于对编码策略的记忆，当实验者提供部分线索时，对项目的回忆就受项目与线索间关联度的影响，被试对目标词的提取就会通过线索与目标词之间的偶然关联来实现，而不是通过与编码过程更为相似的和更有规律的策略来实现（部分线索效应的范式中，一般随机选取线索词）。策略破坏假说指出，当给被试提供之前学习过的词表的一部分作为回忆线索时，这些线索词只能使被试回忆出一部分词表，为了提取整个词表而形成的记忆组织对于回忆这部分词表是不相干的。

研究者认为人们在回忆时都倾向于使用系列化策略，也就是说人们常常按照项目本来的呈现顺序来回忆它们。在巴斯顿等人的一系列实验表明当线索的呈现顺序同学习词表一致时，部分线索的抑制效应会减小。在实验1中，让被试学习一个类别词表，每个类别中的 12 个样例按照随机顺序呈两列呈现给被试，要求其中的一半被试把这两列样例看成相对分离的两个部分，而未对另一半被试作此要求。对于其中的一半被试，样例词是一个一个地呈现的，而对于另一半被试，所有样例词同时呈现，学习之后，一半的被试被提供了学习词表中的一列作为回忆线索，另一半被试没有被提供线索。结果表明非线索组被试的回忆率大于线索组被试，接受次级类别指导语的被试的回忆率比没有接受次级类别指导语的回忆率高。很显然，指导被试把两列样例看成相对分离的两个部分使得被试的回忆率升高。实验 2 重复了实验 1 的结果，并且发现，当被试预期到部分线索的存在时，抑制作用仍然存在，说明部分线索的存在并不是因为线索的意外呈现而致。实验 3 发现，只有当线索呈现与被试的预期提取策略一致时，次级类别指导语的呈现才会消除部分线索的抑制作用。[①]

雷森和奈恩（M. B. Reysen, J. S. Nairne）的研究发现线索呈现的一致性降低了部分线索的抑制效应。被试学习 18 个词表，每个词表包含 12 个项目，项目按照关联度从高到低呈现给被试，随机线索组的被试被提供学习词表中的 6 个随机选取的项目作为回忆线索，这些线索的呈现顺序也是随机的，一致线索组被试被提供位于学习词表中偶数位置的 6 个项目作为回忆线索，自由回忆组被试没有接受任何回忆线索。结果表明，自由回忆组被试回忆率高于一致线索组和随机线索组，提取线索的一致性对于被试的回忆结果也有很大的影响，一致线索组被试的回忆成绩好于随机线索组被试，此结果支持策略破坏假说。[②]

贝姆尔等人的研究也支持了策略破坏假说，被试学习两种类型的类别词表：一类词表包含强项目和中等强度项目，另一类词表包含弱项目和中等强度项目，在提供或不提供中等强度项目的情况下，均要求被试回忆每个词表下的强项目或弱项目。结果表明，部分线索的抑制效应是类别线索同目标项目之间关联强度的函数，关联度越强，抑制效应越大。贝姆尔等人认为部分线索破坏了对高关联度项目的回忆可以作为反对提取竞争假说的依据，因为此假说认为强关联度和弱关联度项目都会产生部分线索效应，但是弱关联度项目的部分线索效应更大。进而

① Basden, D. R., & Basden, B. H., "Some tests of the strategy disruption interpretation of part-list cuing inhibition", *Journal of Experimental Psychology: Learning, Memory, and Cognition*, Vol. 21, No. 6, 1995, pp. 1656-1669.

② Reysen, M. B., & Nairne, J. S., "Part-set cuing of false memories", *Psychonomic Bulletin and Review*, Vol. 9, No. 2, 2002, pp. 389-393.

贝姆尔等人认为该实验结果同策略破坏假说是一致的：对于学习材料的提取依赖于人们在提取时使用同编码过程相同或相似的组织结构。部分线索的呈现，使得提取和编码的组织框架不一致，导致了提取失败。[1]

科尔等人（S. M. Cole）对空间位置部分线索效应的研究也支持策略破坏假说。该研究以电路板积木玩具为识记材料，然后在有部分线索和无线索的情况下要求被试重新按原样搭建电路板积木。两个实验的结果均表明部分线索在空间记忆任务中具有易化作用。这一结果与部分线索效应的策略破坏假说及双机制和三机制假说一致。[2]

总之，这些解释都表明了提取过程发生的变化：从线索不存在时更有效地提取策略到线索存在时的较低的提取策略。当被试被迫使用一个与他们的策略不一致的回忆顺序时，遗忘就会发生。

二、提取抑制假说

提取抑制假说是近年来提出的关于部分线索效应的假说。提取抑制是指任何可能损伤对记忆中存储的信息进行提取的理论机制。换句话说，当信息还在头脑中存储但却无法提取时，提取抑制就发生了。与提取竞争假说类似，此假说认为线索项目的呈现增加了这些项目的表征（强度），这种增强导致对线索项目的早期内隐提取，这一假说与伦德斯假说的不同之处在于，此假说认为内隐提取导致对非线索项目的遗忘，是因为提取抑制，而非提取竞争偏向。在贝姆尔和阿斯兰的实验中，让被试学习一个词表，分心任务之后，在被试进行回忆之前，词表中的一部分项目重新呈现给被试，之后要求被试回忆剩余的项目。但是在把这些项目重新呈现给被试的时候，对于一部分被试，要求他们重学这些项目（重学条件）；另一部分被试被要求把这些项目作为回忆其他项目的线索（部分线索条件），在重学条件下，重学项目的呈现提高了对重学项目的回忆，但是并没有对非呈现项目的回忆造成损害；但是在部分线索条件下，项目的重新呈现导致了被试

---

① Bäuml, Karl-Heinz T., Johanna Kissler and Annette Rak. "Part-list cuing in amnesic patients: Evidence for a retrieval deficit." *Memory & Cognition*, Vol. 30, No. 6, 2002, pp. 862–870.

② Cole, S. M., Reysen, M. B., & Kelley, M. R., "Part-Set cuing facilitation for spatial information", *Journal of Experimental Psychology*: *Learning, Memory, and Cognition*, Vol. 39, No. 5, 2013, pp. 1615–1620.

对于非呈现项目的回忆降低。因此该假说认为部分线索效应并非如提取竞争假说所认为是呈现的线索词的记忆痕迹比非线索词的记忆痕迹更加明显所致。[①]

根据提取抑制假说，测试时部分线索的提供使得被试对这些项目进行内隐提取，导致对其他非线索项目的激活水平的长时改变，从而这些项目被回忆起来的可能性就降低。此假说的核心思想是认为部分线索的提供导致对线索项目的早期内隐提取，这种内隐提取过程在本质上与对项目的外显提取是类似的。提取抑制假说认为抑制是直接影响对项目的表征，因此不管使用任何提取线索来作为探测词，对被抑制项目的提取都会遭到损害或削弱。阿斯兰等人对提取抑制假说进行了直接验证，他们的两个实验中，发现不管是用学习过的词表中的词作为回忆线索还是用新的独立线索，都对其他词的回忆产生损害。同时该研究也验证了认为部分线索的抑制效应是相对持久的、并且当线索移除部分线索效应并不会消失的观点。[②] 在安德森（M. C. Anderson）等人的研究中，发现对之前学习过的词表中的部分项目进行外显提取的抑制效应会持续至少 20 分钟。[③]

奥斯瓦尔德（K. M. Oswald）等人的研究证明了部分线索效应是由于部分线索相对持久地改变了目标项目的表征所致。学习阶段要求被试学习类别词表，每个词表包括一个类别名称和 10 个类别样例，测验方式为快速再认和自由回忆测验。结果发现，部分线索显著降低了目标项目的再认成绩和自由回忆成绩，自由回忆任务中，虽然没有部分线索出现，但部分线索效应依然存在，表明部分线索对非线索项目的表征产生了相对持久的抑制作用。[④]

阿斯兰和贝姆尔的研究支持抑制的变特征抑制模型。特征抑制模型认为项目被表征为各种特征，目标项与线索项所共享的那些特征是被激活而不是被抑制。根据这一观点，线索与目标项目之间的低相似度导致这两类项目之间较低程度的

① Bäuml, K-H. T., & Aslan, A., "Part-list cuing as instructed retrieval inhibition", *Memory and Cognition*, Vol. 32, No. 4, 2004, pp. 610-617.

② Aslan, A., Bäuml, K-H. T., & Grundgeiger, T., "The role of inhibitory processes in part-list cuing", *Journal of Experimental Psychology: Learning Memory and Cognition*, Vol. 33, No. 2, 2007, pp. 335-341.

③ Anderson, M. C., Bjork, R. A., & Bjork, E. L., "Remembering can cause forgetting: Retrieval dynamics in long-term memory", *Journal of Experimental Psychology: Learning, Memory, & Cognition*, Vol. 20, 1994, pp. 1063-1087.

④ Oswald, K. M., Serra, M., & Krishna, A., "Part-list cuing in speeded recognition and free recall", *Memory and Cognition*, Vol. 34. No. 3, 2006, pp. 518-526.

特征重叠，进而导致部分线索的抑制程度较高。相反的，线索与目标词之间的高相似度导致这两类项目之间较高程度的特征重叠，进而导致部分线索的抑制程度较低甚至完全没有抑制。同时，该研究也证明了部分线索效应和提取诱发遗忘具有相同的过程。[①] 目前的研究中，对于提取抑制假说的支持主要来自对部分线索效应和提取诱发遗忘过程的直接比较，发现这两种遗忘无论在质还是量上都没有区别；这些研究包括对正确和错误记忆的比较、对线索/提取和回忆测试之间的延迟的比较、对儿童的情景记忆的研究。研究发现部分线索效应和提取诱发遗忘在很多类型的记忆测试中都会发生，包括自由回忆、词干补笔和项目再认，这些研究也都支持提取抑制的观点。

另有研究采用 fMRI 技术对提取抑制假说提供了支持。通过对高关联编码和低关联编码条件下部分线索和无部分线索条件的回忆成绩的比较，发现在部分线索提取过程中，左侧额极和右背外侧前额皮层被激活，但这一激活仅在低关联编码条件下存在。该结果与部分线索的抑制假说观点一致。[②]

高桥和川口（M. Takahashi, A. Kawaguchi）考察了当实验材料为来自具有语义关联关系的次级类别词表并且这些词以随机混合的方式呈现时，部分线索是否降低错误记忆。实验所有被试均要求记住 75 个字，一组被试被提供 5 个部分线索词（每个次级类别一个），要求被试回忆剩余的项目；另一组被试回忆所有的项目。随后，再次要求两组进行一次自由回忆（被试事先不知道）。结果发现在首次回忆中，部分线索降低了对目标词和未在学习词表中出现过的关键诱饵的回忆，在再次回忆中，这些破坏作用仍然存在，该研究同样支持提取抑制假说的观点。[③]

三、双机制解释

由于策略破坏和提取抑制假说各自的局限性，贝姆尔和阿斯兰通过操纵学习材料之间的关联程度，分别考察高关联编码条件和低关联编码条件下的部分线索

① Aslan, A., & Bäuml, K-H. T., "The role of item similarity in part-list cueing impairment", *Memory*, Vol. 17, 2009, No. 697-707.

② Crescentini, C., Shallice, T., del Missier, F., & Macaluso, E., "Neural correlates of episodic retrieval: An fMRI study of the part-list cueing effect", *NeuroImage*, Vol. 50, No. 2, 2010, pp. 678-692.

③ Takahashi, M. & Kawaguchi, A., "The detrimental effects of part-set cueing on false recall in a random list design", *Seishin Studies*, Vol. 119, 2012, pp. 3-19.

效应,并据此提出了双机制假说,明确了学习材料的项目间关联程度决定部分线索基于何种机制干扰记忆提取。该假说认为,在不同的编码情况下,部分线索通过不同机制发挥破坏作用:低水平的项目间关联使被试难以形成有效的提取策略,并且可能会导致大量的项目间干扰,在提供部分线索时会导致对目标项目的抑制,降低目标项目的表征强度,从而造成持久的回忆损伤;相比之下,高水平的项目间关联可能会导致被试在学习时更容易产生自己的提取计划,按照提取计划进行回忆,当提供部分线索时,随机呈现的线索会打乱被试的提取计划,而一旦把线索项目移除,被试就会恢复原有的提取计划,因此会造成短暂的回忆损伤。[1]

蒙泰恩和金博尔(W. J. Muntean, D. R. Kimball)要求被试分别采用生成任务(生成给定词语的反义词)和标准任务(记忆互为反义词的两个词)两种方式学习材料,接着进行第一次关键测试(一半被试收到回忆线索,一半被试直接自由回忆),最后所有的被试都在无线索条件下进行最终测试。在两次测试时,被试均需要根据主试提供的项目首字母(项目特殊探针)进行顺序回忆。结果发现,相比于标准任务,生成任务中有线索组的回忆成绩受到了更大的损伤,这是因为生成任务会造成更大的项目间干扰,这一结果支持了双机制假说。[2] 根据双机制假说,由于测试时使用了项目特殊探针,所以线索造成的损害是由于抑制而非策略破坏,因此项目间干扰越大,线索造成的损害作用越大。除此之外,生成任务中被试的回忆成绩在关键测试和最终测试中都出现了部分线索效应。而在标准任务中,只在关键测试中存在部分线索效应,在最终测试中随着线索的移除,部分线索效应也随之消失,这与贝姆尔和阿斯兰的研究结果不同,根据双机制假说的推测,线索的损害作用应该是持久的,显然,这部分结果并不支持双机制假说。事实上,生成任务在最终测试中的部分线索损伤也有减轻,双机制假说无法解释这种在关键测试中观察到的损伤的减轻。

凯利等人使用国际象棋和电路任务探究了空间记忆中的部分线索效应。实验1要求被试学习由20个国际象棋摆成的象棋图。在一半的试次中,所有的象棋都

① Bäuml, K-H. T., & Aslan, A., "Part-list cuing can be transient and lasting: The role of encoding", *Journal of Experimental Psychology: Learning, Memory, and Cognition*, Vol. 32, 2006, pp. 33-43.

② Muntean, W. J., & Kimball, D. R., "Part-set cueing and the generation effect: An evaluation of a two-mechanism account of part-set cueing", *Journal of Cognitive Psychology*, Vol. 24, No. 8, 2012, pp. 957-964.

被直立放置在棋盘方格中，项目（每个象棋）之间没有明确的联系。在另一半试次中，象棋的放置方式与科尔等人的电路图类似，即项目之间存在明确的连接。在观看每块棋盘的摆放后，被试立即接受回忆测试，其中一半被试拿到的棋盘上有五块直立的棋子已经放置在正确的位置（有线索），另外一半被试拿到一个空白棋盘（无线索）。结果发现，棋子摆放存在相互联系的情况下，有线索组被试的回忆成绩显著高于无线索组；象棋摆放无联系的情况下，虽然有线索组被试的回忆成绩与无线索组回忆成绩无显著差异，但从数据上看，有线索组的回忆成绩仍然受到了一定程度的损伤。实验 2 用电路图复制了实验 1 的结果。这一结果恰好证实了双机制假说的合理性：在象棋摆放有联系的情况下，项目之间存在强烈的内部关联，被试很容易形成有效的提取计划，此时将抑制机制的影响降到最低，结果主要是由策略破坏机制起作用，而棋盘上提供的线索与被试的提取策略一致，因此有效促进了有线索组被试的回忆成绩。而在象棋摆放无联系的情况，项目之间关联很小，因此很难形成有效的提取策略，此时主要是抑制机制在影响回忆成绩，因此导致有线索组回忆成绩变差。[①]

约翰和阿斯兰以儿童为被试，分别在高、低关联编码条件下探究部分线索效应的持久性。在低关联编码条件下（1—学条件），被试仅需对材料学习一次，在高关联编码条件下（2 学—测条件），则需对学习材料进行 2 轮学—测。学习之后，首先进行关键测试，关键测试时提供部分线索，然后再次进行最终测试，最终测试时不再呈现部分线索。结果发现，对于 12—14 岁儿童来说，在低关联编码条件下，部分线索效应在关键测试和最终测试中均存在，说明线索损害作用是持久的；在高关联编码条件下，部分线索效应仅在关键测试中存在，在最终测试中消失，表明线索损害作用是短暂的。这一结果为双机制假说提供了有力证据。1—学条件下，由于被试很难形成提取策略，因此此时部分线索效应的产生机制应该是提取抑制，导致线索的损害作用是持久的，而在 2 学—测条件下，被试已经进行过 2 轮学—测，因此很容易掌握规律形成有效的提取策略，此时提供线索则会打乱被试原有的提取计划，策略破坏机制则开始起作用，导致线索的损害作用在

---

① Kelley, M. R., Parasiuk, Y., Salgado-Benz, J., & Crocco, M., "Spatial Part-set Cuing Facilitation", *Memory*, Vol. 24, No. 6, 2016, pp. 737-745.

线索被移除后也随之消失。①

比较三个主要的理论解释，不难发现：由于编码条件不同，组织干扰假说和提取抑制假说的适用范围存在局限性，它们只能解释在特定编码条件下产生的部分线索效应；而双机制假说在分析部分线索效应的产生原因时，进一步考虑了学习时的编码条件，有效整合了组织干扰假说和提取抑制假说，对部分线索效应的理论解释进行了有效的推进，其适用范围更广。

第三节 理论的再整合

上述理论机制都得到了一些研究的支持，但都无法解释所有的研究结果，因此，贝姆尔和萨梅尼耶通过探究部分线索和遗忘的相互作用，指出部分线索可能会触发除双机制理论提到的两种作用机制之外的第三种影响机情境再激活，据此提出三机制假说。② 该假说认为，部分线索对于目标项目的回忆是有害的还是有益的取决于原始编码情境是否受到损伤，部分线索对编码情境的再激活程度及相应的回忆促进程度取决于原始编码情境的受损程度。如果原始编码情境受损严重，那么重新激活情境将会促进回忆，因为回忆有很大的提升空间；如果原始编码情境受损程度很弱或不存在，那么重新激活情境对于回忆的促进效果会很小甚至没有，部分线索的作用机制应该更依赖于提取抑制和策略破坏。当"被试没有策略性地编码项目，项目间关联起到次要作用"时，部分线索通过抑制机制对目标项目的回忆产生干扰，当"被试能够建立项目间关联和详细的提取计划"的情况下，部分线索则通过策略破坏对回忆产生损害。与之前研究者提出的理论机制相比，三机制假说可以解释几乎所有的研究结果，然而该假说忽略了研究中出现的中性结果。

为了更全面的解释部分线索相关研究中出现的各种结果，莱默尔和贝姆尔扩

① John, T., & Aslan, A., "Age differences in the persistence of part-list cuing impairment: The role of retrieval inhibition and strategy disruption", *Journal of Experimental Child Psychology*, Vol. 191, No. C, 2020, p. 104746.

② Bäuml, K-H. T., & Samenieh, A., "Influences of part-list cuing on different forms of episodic forgetting", *Journal of Experimental Psychology: Learning, Memory, and Cognition*, Vol. 38, No. 2, 2012, pp. 366–375.

展了三机制假说，进一步结合低关联编码和高关联编码条件下部分线索的作用机制，提出了多机制假说。① 他们指出，部分线索在不同情况下会对回忆产生不同影响，其中包括干扰、促进和中立作用。当学习情境和测试情境相匹配时，部分线索可能会对回忆造成有害影响，不同的机制在不同的编码情况下起作用。抑制和竞争假说被认为是低关联编码情况下产生部分线索损害作用的基础，而策略破坏假说被认为是高关联编码情况下产生损害作用的基础。当学习时的情境与测试时的情境不同时，部分线索会对回忆成绩产生破坏、促进和中立三种不同的影响。在低关联编码情况下，主要是情境再激活过程起作用，部分线索的存在重新激活了与学习时相同的情境，从而产生部分线索的促进作用。但在高关联编码条件下，情境再激活过程与策略破坏都有可能会影响回忆结果，由于学习材料具有高项目间关联，所以被试在学习时会形成自己的提取计划，呈现线索会扰乱被试原有的提取计划，从而导致对回忆成绩的损害作用，然而线索的存在又重新激活了与学习时相同的情境，又会对回忆成绩产生促进作用，因此，当情境再激活的相对贡献更大时，部分线索会产生促进作用；当策略破坏的相对贡献更大时，部分线索会产生损害作用；当二者相对贡献持平时，部分线索对回忆成绩既不促进也不损害，产生中立作用。

贝姆尔和萨梅尼耶采用 3 种不同的方法：词表定向遗忘、情境相关遗忘和前摄干扰对线索与遗忘的相互作用进行了深入探究。在三种方法下，被试均被要求在测试中回忆之前学习过的词表中的目标项目。结果发现，部分线索在前摄干扰中可以增强遗忘，但在词表定向遗忘和情境相关遗忘中可以减少遗忘。这些结果表明，部分线索对遗忘的影响主要取决于遗忘时的情境。如果遗忘反映了对原始编码情境的激活受损，如词表定向遗忘和情境相关遗忘，则部分线索的呈现有助于重新激活编码情境，从而减少遗忘；如果遗忘没有反映出这样的情境激活受损，那么就不会产生这样的有利影响，甚至会影响对记忆的提取。据此，情境在遗忘中的影响逐渐被人关注。

为了进一步探索情境的作用，莱默尔和贝姆尔进行了一系列的实验。实验 1 中采用词表定向遗忘任务，考察不同编码条件下线索对回忆成绩的影响，研究结

---

① Lehmer, E. M., & Bäuml, K-H. T., "Part-list Cuing can Impair, Improve, or not Influence Recall Performance: The Critical Roles of Encoding and Access to Study Context at Test", *Journal of Experimental Psychology: Learning, Memory, and Cognition*, Vol. 44, No. 8, 2018, pp. 1186-1200.

果与贝姆尔和萨梅尼耶的一致：在1—学条件下，当被试接收到记住指令时，部分线索的呈现会降低目标项目的回忆；相反，当提供遗忘指令时，部分线索的呈现促进了目标项目的回忆。和以往研究不同的是，实验1结果发现故事条件下的部分线索在记住条件下会削弱目标回忆，但在遗忘条件下对目标回忆无影响。这些结果提供了第一个证据，证明在低关联编码下观察到的部分线索的有益效果可能不能推广到高关联编码中去。实验2采用1—学和2—学测两种方式操纵不同程度的关联编码，探究在不同时间间隔下，线索对回忆的影响。结果发现，与之前的研究结果一致，在1—学条件下，在较短的保持间隔后，部分线索的出现降低了目标项目的回忆，而在较长的保持间隔后，则提高了目标项目的回忆。在2—学测条件下，线索在较短的保持间隔后会损害目标回忆，但在长保持间隔之后，目标回忆不会受到影响。这些结果与实验1的结果一致，更进一步表明低关联编码条件下得到的线索的促进作用可能不能推广到高关联编码条件中。研究者们推测，在高关联编码条件下，被试会事先形成自己的编码和提取策略，而线索的呈现会打乱被试的原有提取计划，从而损害回忆，这种损害作用会与情境变化带来的有益效果相互抵消，导致无法在高关联编码条件下观测到部分线索对于回忆的促进效果。为了把情境再激活带来的有益结果和策略破坏带来的有害结果分离开，该研究在实验3中进一步结合定向遗忘范式，采用故事法，考察高关联编码情况下部分线索的作用机制。在关键测试中提供部分线索，得到了与实验1一致的结果，再次证明了在高关联编码条件下，部分线索会损害记住条件下的目标回忆，但并不影响遗忘条件下的目标回忆。最终测试（不再呈现部分线索）的结果发现，在记住条件下部分线索的损害效应消失，在遗忘条件下部分线索促进了对目标项目的提取。这表明记住条件下在关键测试中起作用的策略破坏机制，在最终测试中随着线索的移除会消失。遗忘条件下的部分线索被移除，也使得由于策略破坏造成的对回忆的损伤作用减弱。因此，实验3成功地将情境再激活的有利影响与策略破坏的可能有害影响分离开来，有力地支持了多机制假说。

约翰和阿斯兰对儿童被试的研究结果也为多机制假说提供了证据。他们同样采用定向遗忘法来操纵情境破坏程度。结果发现，记住条件下被试在有部分线索情况下的回忆成绩显著受损，而在遗忘条件下，13—14岁和年轻成年被试在有部分线索情况下的回忆成绩却得到了促进。[①] 沃尔纳和贝姆尔（L. Wallner，Karl-Heinz T. Bäuml）采用散文材料作为学习材料，通过 4 个实验探究了高关联编码条件下部分线索对于回忆成绩的影响。结果发现，部分线索对散文材料的影响主要取决于保持时间和测试格式。在没有任何进一步的提取线索的情况下，实验 1—3 发现短暂延迟后部分线索会产生有害影响，但延迟两天或 1 周后部分线索则无显著影响。实验 4 发现，在测试中，有间隙句子（"填空"）作为（额外的）提取线索时，部分线索在短暂延迟后无显著作用，但在延迟两天后具有有益作用。因此，对于散文材料，部分线索的有害影响可能局限于较短的保留时间，延长保留时间后可能会产生中性甚至有益的影响。该研究不仅为多机制假说提供了证据并且将其解释范围从词表材料扩展到了散文材料。[②]

多机制假说虽然比较全面地解释了几乎所有的研究结果，但是并没有考虑词表长度和项目呈现时间的影响。最近的一项研究进一步对多机制假说的内容进行了补充。刘湍丽等人通过四个实验，首先证明了较短的词表长度和较长的项目呈现时间是产生部分线索效应的边界条件（实验 1）。然后，进一步发现，在较短的词表长度下，无论学习情境是否受损，部分线索的有害和有益影响都不存在（实验 2）。在较长的词表长度和较短的项目呈现时间下，当学习情境未受损时，部分线索会损害回忆，而当学习情境受损时，部分线索会促进记忆提取（实验 3）。这一研究结果表明，部分线索的效果具有边界条件，即部分线索中的损害和促进效应受词表长度和项目呈现时间的约束，这是对关于损害和促进作用何时发生的多机制假说的关键补充。[③]

① John，T.，& Aslan，A.，"Part-list Cuing Effects in Children：A Developmental Dissociation Between the Detrimental and Beneficial Effect"，*Journal of Experimental Child Psychology*，Vol. 166，2018，pp. 705-712.

② Wallner，L.，& Bäuml，K-H. T.，"Part-list cuing with prose material：When cuing is detrimental and when it is not"，*Cognition*，Vol. 205，2020，p. 104427.

③ Liu，T.，Zhao，Y.，Bai，X.，He，A.，& Xing，M.，"Revisiting the Multi-mechanism Hypothesis of Part-list Cuing：The Role of List-length and Item Presentation Time"，*Memory*，Vol. 30，No. 9，2022，pp. 1073-1086.

第二篇 部分线索的作用机制研究
实证研究——长时记忆中

第三章 长时记忆中部分线索
效应的研究现状述评

第一节 现状述评

一、不同测验任务中的部分线索效应

（一）自由回忆测验

对于部分线索效应的考察，大部分研究中使用的是自由回忆测验。斯莱姆卡对部分线索效应进行的首创性研究即采用的自由回忆测验。在他的六个实验中，让被试听一个包含 30 个项目的词表，之后要求被试回忆这些项目。在实验组，被试被提供词表中的一部分项目作为回忆线索，要求被试回忆其他的项目；在控制组，没有给被试提供任何回忆线索，要求被试尽量多的去回忆之前学习过的词表。无论是实验组还是控制组，对单词的频率及项目间的关联程度都进行了均衡，提供给实验组被试的线索词数目为 5—29 个，实验结果表明，实验组被试对非线索项目的回忆率比控制组低。词表构成、项目间关联程度及线索数目对实验结果没有显著影响。

继斯莱姆卡的开创性研究后，在不同词表如随机词表和类别词表，不同任务如长时记忆提取任务、正确记忆和错误记忆任务、词表内线索和词表外线索任务、不同编码条件任务，不同群体如儿童、老年人、遗忘症患者和精神分裂症患者的研究中均涉及自由回忆测验，并得到了很多有意义的结果。

（二）再认测验

在快速是/否再认判断中，部分线索是否破坏回忆成绩是部分线索效应的基本问题。托德斯和沃特金斯（A. K. Todres，M. Watkins）考察了再认任务中的部分线

索效应，该研究让被试学习语义类别词表，随后进行迫选再认任务，实验1、2、4的结果发现，当提供部分线索词时，对旧项目的正确再认率降低。而实验1和3的结果发现，当学习词表以类别为组块时，部分线索对旧项目正确再认率的影响作用不存在。[①]

奥斯沃德考察了快速再认和自由回忆中的部分线索效应。要求被试学习类别样例，然后在有部分线索和无部分线索条件下，先进行再认测试，然后进行自由回忆，并且部分线索在再认之前呈现，在再认和自由回忆时，并未呈现。两个实验的结果均表明，部分线索显著降低了目标项目的再认成绩和自由回忆成绩，研究结果支持提取抑制假说和提取竞争假说。[②]

（三）独立探针测验

为了对提取抑制假说和策略破坏假说进行检验，阿斯兰和贝姆尔在其研究中通过提供项目首字母作为探针来控制回忆顺序，研究考察了有无项目探针条件下的部分线索效应。探针的作用在于，无论是否提供部分线索，探针都会破坏被试在学习阶段所形成的对信息的组织。结果发现经过一次学习，有无项目探针，部分线索效应均存在；经过两次学习—测试或者把学习项目与故事相关联时，仅在无项目探针条件下存在部分线索效应。结果表明，项目探针的作用取决于编码，结果与部分线索效应的双机制假说一致，该假说认为在不同编码条件下，部分线索效应的调节机制不同。

（四）内隐测验

佩尼西奥格鲁和莫罗考察了内隐记忆中的部分线索效应。结果发现，即使被试没有预期随后的回忆任务，在测验阶段重现学习词表的部分项目（实验1和2）或者呈现相关项目（实验3），仍然对回忆成绩产生抑制作用。此外，实验3中被试在完成残词补全任务时也出现了部分线索效应，但仅当他们试图外显的记忆这些词时存在。当提供首字母让被试完成词干补笔时，部分线索具有易化作用。这些结果表明部分线索效应不受学习阶段编码的影响，而是受测验阶段有意识提取的影响。

---

①　Todres, A. K, & Watkins. M. J. "A part-set cuing effect in recognition memory." *Journal of Experimental Psychology: Human Learning & Memory*, Vol. 7, No2. , 1981, pp. 91–99.

②　Oswald, K. M. , Serra, M. , & Krishna, A. , "Part-list cuing in speeded recognition and free recall", *Memory and Cognition*, Vol. 34. No. 3, 2006, pp. 518–526.

二、不同研究领域中的部分线索效应

(一) 元记忆领域

尽管前人研究已考察过编码阶段受干扰情况下对记忆成绩的预测，但较少有研究考察通过提取阶段呈现线索实现干扰的情况。部分线索对记忆的干扰作用发生在测验阶段，关于被试在学习过程中能否主动认识到部分线索的消极作用，目前的研究相对较少。

有研究通过在回忆之前随机呈现一部分需要回忆的项目，要求被试对记忆成绩进行预测，对该问题进行了考察。在三个实验中，在部分线索条件下需要回忆的项目数量少于无线索条件。结果，在语义（实验1）和情景（实验2）记忆任务中，被试均不能预期部分线索的破坏作用。经过练习后，对于部分线索的预测准确性提高，并且先前的部分线索学习经验能够转化到新的部分线索任务中（实验3）。结果表明，仅在一些情况下被试能够意识到部分线索的呈现降低了目标项目的可及性，被试能否意识到提取阶段的变量会影响回忆成绩。[①]

是学习者没有意识到部分线索条件的消极作用还是意识到了难度但是难以加以控制？最近，有研究以学习时间分配为指标，考察了学习者对部分线索效应记忆监控的状况。结果发现在一次学习后被试还不能对部分线索的消极作用进行有效控制，经过多次学习后，被试在部分线索条件下使用了更多的学习时间。若在自控步调学习前加入回溯性任务难度判断任务，则经过一次学习部分线索组的自控步调学习时间显著长于自由回忆组，说明回溯性任务难度判断过程本身对于学习时间补偿具有一定的引导作用。[②]

另有研究考察了图片部分线索效应学习时间分配的发展特点。结果发现小学二年级儿童即使经过多次学习，也不能意识到部分线索的消极作用；小学五年级儿童经过二次学习后，方可意识到这种消极作用，并在部分线索条件下安排了更多的学习时间；初二和高二年级学生经过一次学习，即可意识到部分线索的消极作用，他们均在部分线索条件下安排了更长的学习时间。结果表明儿童的学习时

---

① Rhodes, Matthew G, & Castel, A. D. "Metacognition and part-set cuing: can interference be predicted at retrieval?" *Memory & Cognition*, Vol. 36, No. 8, 2008, pp. 1429-1438.

② 唐卫海等：《部分线索效应中的记忆监控》，载《心理科学》，2015年第38卷第3期，第564-568页。

间分配决策能力在小学二年级到小学五年级之间有一个质的提高；与初二学生相比，高二学生对部分线索带来的消极影响做了更多的时间补偿。[①]

（二）错误记忆领域

雷森和奈恩考察了错误记忆中是否存在部分线索效应。要求被试学习 DRM 词表，随后在有部分线索和无部分线索条件下进行回忆。实验 1 中，线索项目是从学习词表中随机抽取的；在实验 2 中，以词表中偶数位置的项目作为部分线索。结果发现，关键诱饵项目存在显著的部分线索效应，此外，提取线索对于关键诱饵和学过项目的影响作用不同，一致性部分线索降低了学过项目的部分线索效应，但未降低关键诱饵的部分线索效应。[②]

贝姆尔和库本德纳（K. Bäuml, C. Kuhbandner）采用 DRM 词表，通过两个实验，考察了提取练习和部分呈现对关键诱饵项目回忆的影响作用。实验 1 中，关键诱饵是学习项目的一部分，因此对这些项目的回忆属于真实记忆；实验 2 中，关键诱饵不在学习项目中，因此对这些项目的回忆属于错误记忆。结果发现，提取练习和部分线索既降低了真实记忆也降低了错误记忆；提取练习和部分线索这两者对于记忆的影响作用无论是从质上还是量上均无显著差异。结果表明提取练习和部分线索受同样的机制调节，同时也表明无论是提取诱发遗忘还是部分线索效应均是由于提取抑制的结果。[③]

学习未出现过的关键诱饵的语义关联词后，如果在测试阶段提供强关联语义词作为部分线索，则对关键诱饵的错误回忆率会下降。为了检验关键诱饵回忆率的下降是由于情境还是语义原因，金博尔等人操纵了线索词的系列位置和与关键诱饵关联强度。呈现较早的学习项目比呈现较晚的学习项目产生更大的错误回忆的降低，并且不受线索关联强度的影响，但仅当不允许回忆部分线索词时才产生这种情况。如果允许回忆部分线索词，则无论是早学习还是晚学习的项目均不能降低错误回忆。研究结果表明关键诱饵与较早学习的项目在学习阶段关联强度增

---

① 唐卫海、刘湍丽、石英、冯虹、刘希平：《图片部分线索效应的学习时间分配的发展》，载《心理学报》，2014 年第 46 卷第 5 期，第 621–638 页。

② Reysen, M. B., & Nairne, J. S., "Part-set cuing of false memories", *Psychonomic Bulletin and Review*, Vol. 9, No. 2, 2002, pp. 389–393.

③ Bäuml, K-H. T., & Kuhbandner, C. "Retrieval-induced forgetting and part-list cuing in associatively structured lists." *Memory & Cognition*, Vol. 31, No. 8, 2003, pp. 1188–1197.

加，因而在回忆阶段具有共同命运。[①]

（三）临床患者研究

有研究考察了遗忘症患者的部分线索效应。实验让被试学习两种类型的类别词表：每个类别下的样例均为高和中等强度项目，每个类别下样例均为低和中等强度项目。在部分线索条件下，以中等强度项目作为线索，要求被试回忆高和低强度项目。结果发现，对于健康被试来说，部分线索仅对高强度项目产生破坏作用，而对于遗忘症患者来说，部分线索对高和低强度项目均有破坏作用。部分线索效应通常被认为是无部分线索时更有效的提取过程到有部分线索时较无效的提取过程的变化，因此，当前研究表明部分线索对遗忘症患者提取效率的影响作用比正常成人大。[②]

有研究采用部分线索效应范式对精神分裂症患者的记忆提取进行了考察。精神分裂症患者被认为是存在语音记忆障碍。至今，这种障碍在编码或提取阶段的表现程度还不明了。以往研究发现遗忘症患者更容易受部分线索的影响，而该研究并未发现精神分裂症患者受部分线索的影响更大，表明在部分线索效应上，精神分裂症患者和遗忘症患者有不同的表现。[③] 也有研究对精神分裂症患者的记忆策略进行了考察。该研究采用部分线索效应范式考察了精神分裂症患者的记忆策略和记忆能力。要求被试在三种语义组织水平下进行学习：无关词汇，类别词汇随机呈现和类别词汇按类别呈现。结果发现，精神分裂症患者在无关词汇条件下受部分线索的影响较小，三种词表中精神分裂症患者的自由回忆成绩均较差，表明其策略提取过程受损伤。但当词表组织水平较高时，精神分裂症患者成绩提高程度与正常被试一样。[④]

---

① Kimbal, D. R., Bjork, E. L., Bjork, R. A., & Smith, T. A., "Part-list cuing and the dynamics of false recall", *Psychonomic Bulletin & Review*, Vol. 15, No. 2, 2008, pp. 296-301.

② Bäuml, K-H. T., Johanna Kissler and Annette Rak. "Part-list cuing in amnesic patients: Evidence for a retrieval deficit." *Memory & Cognition*, Vol. 30, No. 6, 2002, pp. 862-870.

③ Kissler, J., & Bäuml, K-H. T. "Memory retrieval in schizophrenia: Evidence from part-list cuing." *Journal of the International Neuropsychological Society*, No. 11, 2005, pp. 273-280.

④ Christensen, B. K., Girard, T. A., Benjamin, A. S., & Vidailhet, P., "Evidence for impaired mnemonic strategy use among patients with schizophrenia using the part-list cuing paradigm", *Schizophrenia Research*, Vol. 85, No. 1, 2006, pp. 1-11.

（四）日常生活领域

前人研究表明广告通过让消费者关注产品特定的属性而使得在学习产品时形成决策。该研究考察了广告的情绪效价（正、中、负）和线索类型（积极线索、消极线索、中性线索和无线索）对广告回忆的影响。研究结果发现，提供部分广告作为线索，能够破坏对其他广告的回忆。并且如果提供积极部分线索，则破坏对积极广告的回忆；提供消极线索，则破坏对消极广告的回忆；提供中性广告，则对积极、消极和中性广告的回忆均产生破坏作用。[①]

有研究考察了日记调查中的部分线索效应。采用两种线索提示方式获取消费支出日记数据，线索包括提供家庭开支的类别名称和样例。一种日记本包含数量有限的类别和样例，另一种日记本包含来自很多类别的大量样例。结果发现两种笔记本从总数量和类别上得到的结果均不同，正如在词语类实验中一样，部分线索可能易化也可能抑制调查结果。[②]

佩和塔特尔（B. K. W. Pei, B. M. Tuttle）通过三个实验，考察了专业问题分析中的部分线索效应。实验1考察了部分线索是否影响审计员回忆分析的能力。实验2考察了部分线索是否受推动诊断的症状的影响。实验3进一步考察了假设生成中的部分线索效应。实验结果表明，假设生成过程中存在部分线索效应，并且不受症状变化的影响。[③] 比尔斯泰克（J. L. Bierstaker）对审计员的内控知识和部分线索的可能交互作用也进行了考察。结果发现，内控知识和部分线索之间存在交互作用，不完整流程图主要对内控知识较贫乏的审计员产生干扰作用。因此，较高知识水平可能会降低部分线索对于提取的干扰作用。[④]

博韦（Joanna C. Bovee）等人考察了日常生活情境中的部分线索抑制和促进效应。实验1中，被试通过直接逛杂货店或者观看逛杂货店的视频，编辑杂货店

---

① Nguyen, H. P. "*Part-list cuing effects in advertising: When exposure to some advertisements impairs recall of same-valenced ads.*" Arlington: The University of Texas at Arlington, 2007.

② Silberstein AR (1993). "Part-set cuing in diary surveys Proceedings of the section on survey research methods", *American Statistical Association*, Vol. 1, 1993, pp. 398-403.

③ Pei, Buck K. W., & Brad, M. T. "Part-set cueing effects in a diagnostic setting with professional auditors." *Journal of Behavioral Decision Making*, No. 12, 1999, pp. 233-256.

④ Bierstaker, J. L. "Auditor recall and evaluation of internal control information: does task-specific knowledge mitigate part-list interference?" *Managerial Auditing Journal*, Vol. 18, No. 2, 2003, pp. 90-99.

物品清单。在测验阶段，部分被试被告知清单丢失（自由回忆），而另一部分被试被告知清单的一半被溅出的咖啡弄得模糊不清了（部分线索回忆）。实验 2 中，被试参观高中以完成校园导游，然后出其不意的要求被试重建顺序。以随机顺序呈现 12 张校园建筑物的图片，一种测试条件下的部分线索是按照建筑物原有顺序呈现的，另一种测试条件下的部分线索是按打乱的顺序呈现的。结果发现，实验 1 存在部分线索抑制效应，而实验 2 存在部分线索促进效应。[①]

最新一项研究采用录制犯罪视频，以被试为目击人，通过提供不同的部分线索条件（场景、人物、无线索）考察记忆提取中是否存在部分线索效应，以及对目击证人辨认正确率的影响。通过比较发现被试在场景线索条件下正确再认的成绩最差，并且呈现部分人物线索条件比无线索的正确率高，存在显著差异，说明目击者在辨认罪犯时提供的线索也可能存在部分线索效应。虽然部分线索效应从记忆领域开展出来，但随着研究的扩展，对人们的日常生活以及在司法指认案件中都有很高的应用价值。[②]

三、部分线索效应的影响因素

（一）编码阶段影响部分线索效应的因素

1. 项目强度和熟悉性

有研究考察了项目强度对部分线索效应的影响。实验 1 考察了线索词和目标词分类等级顺序对部分线索效应的影响，结果发现，当线索词和目标词均为高分类等级时，对于目标词的回忆成绩较好，但线索词和目标词的分类等级顺序并不能改变部分线索的抑制效应量。实验 2 发现词表内线索产生抑制作用，而词表外线索不产生抑制作用。中间测试采用部分线索回忆，最终测试时不呈现部分线索时，部分线索效应不存在，表明仅部分线索呈现时抑制效应才存在。[③]

2. 项目间关联

有研究考察了编码在部分线索效应中的作用。在两种编码条件下，通过三个

① Bovee, J. C., et al. "Applied part-set cuing", In: *Applied Memory*, 2009, pp. 73-87.

② 孙芮、张冠宇、李洁璐、侯晓、冯啸、高峰强：《部分线索效应对目击证人辨认的影响》，载《中国临床心理学杂志》，2017 年第 25 卷第 5 期，第 824-827 页。

③ Basden, D. R., Basden, B. H., & Galloway, B. C., "Inhibition with part-list cuing: some tests of the item strength hypothesis", *Journal of Experimental Psychology Human Learning & Memory*, Vol. 3, No. 1, 1977, pp. 100-108.

实验考察了部分线索效应是一种持久的还是短暂的效应。结果发现，在高项目间关联条件下，部分线索效应是短暂的，而在低项目间关联条件下，部分线索效应是持久的。结果表明部分线索效应的持续时间取决于编码。因而对提取抑制假说和策略破坏假说均提出了质疑。[1]

阿斯兰和贝姆尔通过三个实验，考察了部分线索效应是否受学习阶段线索词和目标词相似性的影响。项目相似性的操纵或者通过线索和目标词之间的先验的语义相似性来实现（实验1和2），或者通过相似性编码任务来实现（实验3）。在三个实验中，当线索和目标相似性低时存在部分线索效应，当线索和目标相似性高时则不存在。该结果支持提取抑制假说。[2]

有研究考察了分类材料随机呈现、随机材料随机呈现、分类材料分类呈现三种条件下的部分线索效应。结果发现材料的呈现方式影响部分线索效应量，随着学习材料难度的提高，部分线索造成的提取成绩的削减量降低。这一研究结果支持了部分线索效应的策略破坏假说。[3]

3. 不同指示条件

有研究发现部分线索效应是一种受指导语引导的提取抑制。在控制输出顺序的情况下，该研究直接比较了部分线索、部分重学及部分提取。结果发现部分线索和部分重学降低了目标项目的回忆成绩，而部分重学没有表现出对回忆的干扰作用。结果表明再现对记忆的作用依赖于再现项目是用来作为线索还是用来重学的，这意味着部分线索是一种指导语效应。部分线索是一种受指导语指示的对线索项目的内隐提取，并导致对目标项目的提取抑制，该过程类似于外显提取对于未得到提取练习项目的抑制作用。[4]

① Bäuml, K.-H. T., & Aslan, A., "Part-list cuing can Be transient and lasting: The role of encoding", *Journal of Experimental Psychology: Learning Memory and Cognition*, Vol. 32, No. 1, 2006, pp. 33-43.

② Aslan, A., & Bäuml, K.-H. T., "The role of item similarity in part-list cueing impairment", *Memory*, Vol. 17, No. 7, 2009, pp. 697-707.

③ 唐卫海、谢思源、刘漂丽、刘希平：《任务难度与部分线索效应》，载《心理科学》，2012年第35卷第3期，第581-587页。

④ Bäuml, K.-H. T., & Aslan, A., "Part-list cuing as instructed retrieval inhibition", *Memory and Cognition*, Vol. 32, No. 4, 2004, pp. 610-617.

（二） 提取阶段影响部分线索效应的因素

1. 项目探针

阿斯兰和贝姆尔考察了有无项目探针条件下的部分线索效应。在三种不同学习条件下，考察了有、无非线索项目首字母作为项目探针情况下的部分线索效应。结果发现经过一次学习，有无项目探针，部分线索效应均存在。经过两次学习—测试或者把学习项目与故事相关联时，仅在无项目探针条件下存在部分线索效应。结果表明，项目探针的作用取决于编码，结果与部分线索效应的双机制假说一致，该假说认为在不同编码条件下，部分线索效应的调节机制不同。[①]

2. 线索数量

关于线索数目对部分线索效应的影响的研究，目前还不是很多。采用不同材料所得结果也存在分歧：斯莱姆卡率先对此进行了研究，他让被试学习 5 种类别词汇，每种类别里包含 6 个样例，随后提供不同的线索数目（从 5 到 29 个）让被试回忆目标词，结果发现线索数目对回忆结果没有影响；布朗等人的研究也发现，在同一个类别里，线索数目和抑制程度没有关系；罗德格等人让被试学习一个含有 48 个项目的词表，提供给实验组被试 16 或 32 个项目作为回忆线索，结果发现提供 16 个线索和提供 32 个线索的回忆结果没有显著差异；而与此相反，伦德斯让被试学习分类词表，然后每一类别的词表都提供数量不同的线索词，之后让被试回忆，结果发现随着线索数的增加（线索数从 0 到 4），对非线索词的回忆量降低；在另一项研究中，沃特金斯让被试学习包含 6 个类别的词表，每个类别下均有 6 个样例，最终回忆时，提供给被试所有的类别名称，外加 0、2 或 4 个类别样例作为提取线索，结果表明，对某一非线索项目的回忆的可能性随着类别样例线索数目的增加而降低。从以上介绍的研究我们不难发现，以上研究均涉及了线索数目问题，但是对线索数目对部分线索效应的影响作用没有一致的结论。

3. 词表内和词表外线索

部分线索效应最初是以呈现学过的部分词表作为线索，我们称之为词表内线索。部分线索效应的经典范式采用的是提供之前要求记忆的学习词表中的一部分单词作为回忆线索，结果发现控制组比实验组的回忆成绩好，而且两组的回忆成绩有显著差异，提供的词表内线索产生了部分线索效应。

---

① Aslan, A., & Bäuml, K-H. T., "Part-list cuing with and without item-specific probes: The role of encoding", *Psychonomic Bulletin & Review*, Vol. 14, 2007, pp. 489–494.

后来进一步对部分线索效应考察，有研究者采用三个不同的实验，在遗忘形式不同的背景下考察给被试呈现最初提供的信息对遗忘的影响，结果均表明部分词表内线索的呈现对不同形式的遗忘实验有显著的影响，被试的回忆成绩受到损害作用。[①] 也有研究者采用情绪 Stroop 任务考察部分词表内线索的作用，被试学习词表之后，实验组提供给被试部分词表内的词，然后让被试完成 Stroop 任务。结果发现提供部分词表内词的被试对 Stroop 任务判断的反应时慢于不提供词表内线索的被试，说明产生了部分线索效应[②]。

不仅词表内线索（intralist items）会产生部分线索效应，词表外线索（extralist items）也具有同样的效应。有研究考察了自由回忆、词表内线索和词表外线索条件下的回忆成绩。结果发现词表内和词表外线索均降低了回忆成绩，词表内线索比词表外线索的抑制作用更大，同时词表内线索也降低了接近渐近线的速率。仅要求回忆目标项目的要求解除后，词表内线索的抑制作用降低但并未完全消除。[③]

研究者将学习材料分为三类，高频词材料、低频词材料、高低词频混合材料，让被试进行学习。然后呈现与学习词汇不是同类别的词汇作为线索，比较被试的回忆成绩。结果发现部分线索条件下被试的回忆成绩和无线索条件下没有显著差异，说明呈现的词表外线索对回忆成绩没有损害作用，不存在部分线索效应。[④]

有研究通过三个实验考察被试在回忆的时候，在不同的时间给予口述形式的词表内线索、词表外线索，将控制组与给予不同线索条件的对被试对比，考察对被试回忆成绩的影响。实验结果发现在回忆初期给予线索条件时，线索条件有很强的抑制作用，控制组比词表内线索条件回忆的成绩好；词表外线索条件要比词

---

① Bäuml, K.-H. T., & Samenieh, A., "Influences of part-list cuing on different forms of episodic forgetting", *Journal of Experimental Psychology: Learning, Memory, and Cognition*, Vol. 38, 2012, pp. 366–375.

② 白学军、刘湍丽、沈德立：《部分线索效应的认知抑制过程：情绪 Stroop 任务证据》，载《心理学报》，2014 年第 46 卷第 2 期，第 143–155 页。

③ Roediger, H. L., Stellon, C. C., & Tulving, E., "Inhibition from part-list cues and rate of recall", *Journal of Experimental Psychology Human Learning & Memory*, Vol. 3, No. 2, 1977, pp. 174–188.

④ Basden, D. R., Basden, B. H., & Galloway, B. C., "Inhibition with part-list cuing: some tests of the item strength hypothesis", *Journal of Experimental Psychology Human Learning & Memory*, Vol. 3, No. 1, 1977, pp. 100–108.

表内线索条件下回忆的成绩好。因此不同的线索条件对回忆成绩的影响也不同。[1]

4. 线索呈现方式

通常认为部分线索效应部分的受不一致原则的支配：抑制的程度与部分线索引起的提取模式与编码阶段的差异相匹配。斯洛曼（S. Sloman）等人考察了部分线索抑制中的一致性效应。在实验1中，学习后进行测试时，部分线索条件下部分线索的呈现顺序与学习阶段顺序或者一致或者不一致。在实验2—4中，部分线索为学习词表中偶数顺序上的单词（顺序一致条件），或者重新排序（不一致条件）。结果发现，不一致条件下部分线索效应更为显著。[2]

四、部分线索效应的发展研究

（一）儿童的部分线索效应

成人的部分线索效应已得到诸多研究，但考察儿童的部分线索效应的研究较少。而部分线索效应有可能包含记忆策略的破坏，儿童的记忆策略与成人不同，因此对于儿童部分线索效应的考察有助于阐明部分线索效应的作用机制。弗斯科（J. E. Fusco）以1年级、3年级和6年级儿童为被试，实验结果发现儿童也存在部分线索效应，不支持策略破坏假说，而认为提取竞争假说能更好地解释儿童的部分线索效应现象。[3]

刘湍丽等人以小学五年级、初中二年级、高中二年级和大学二年级学生为被试，考察了部分线索效应的发展特点。结果发现各年龄组被试均出现了部分线索效应，但各年龄组被试记忆削减量的水平却表现出了差异，部分线索对记忆的削减表现为随年龄增长而增加的趋势，部分线索效应的大小，在10岁到14岁之间

---

① Andersson, J., Hitch, G., & Meudell, P., "Effects of the timing and identity of retrieval cues in individual recall: an attempt to mimic cross-cueing in collaborative recall", *Memory*, Vol. 14, No. 1, 2006, pp. 94-103.

② Sloman, Steven A., Gordon H. Bower and Doug Rohrer. "Congruency effects in part-list cuing inhibition." *Journal of experimental psychology. Learning, memory, and cognition*, Vol. 17, No. 5, 1991, pp. 974-982.

③ Fusco, J. E. "*Part-set cuing effects in children's memory*", University of California, 1997, pp. 35-91.

变化比较大①。唐卫海等考察了图片部分线索效应的学习时间分配的发展。结果发现图片学习中，不同年龄被试均存在部分线索效应。

约翰和阿斯兰考察了部分线索对记忆的削弱和易化作用在儿童身上的发展。实验选取四个年龄组进行了两个学习周期。首先让被试学习词表1，之后请被试记住或遗忘词表1的内容。在记忆条件下，被试被告知刚刚呈现的列表是两个列表中的第一个，在学习第二个词表时应该记住。在遗忘条件下，被试被告知刚刚呈现的词表是错误呈现的，要求他们尽力忘记那些"不正确"的项目，集中精力在正确的词表2上。在学习完第二个词表之后，请被试根据实验要求回忆词表1中的目标项目。研究结果显示，记忆条件下不论年龄大小，有线索组回忆成绩低于无线索组，部分线索削弱了回忆成绩；遗忘条件下部分线索提示改善了成人组和年长儿童组的回忆成绩，而两个较小的年龄组则没有改善。他们随后还考察了部分线索的损害作用在儿童中的持续性。首先请被试在1—学和2—学—测两种实验条件下完成一系列学习项目，之后请被试进行了两次回忆测验，在第一次回忆测试中给被试提供部分线索，而在第二次回忆测试中没有提供，实验关注的是部分线索的有害影响是否会持续到第二次回忆测试。结果表明，在12-14岁的年龄组中，损害作用在1—学条件下是持续的，而在2—学—测条件下是暂时的；但是在7—8岁和9—10岁的年龄组中，损害作用则均持续存在。

（二）老年人的部分线索效应

福斯和克拉克（P. W. Foos, M. C. Clark）对老年人具有普遍的抑制缺乏的观点进行了检验。对老年人和年轻人的部分线索效应进行了考察，因为该效应通常被认为是提取抑制导致。让被试在有部分线索或无部分线索条件下，回忆州的名称和电影明星。对于记忆非常清楚的州名来说，两组被试均未出现部分线索效应，仅年轻人对电影明星的回忆出现了部分线索效应。老年被试未出现部分线索效应并且还能从线索中受益，该结果支持老年人抑制能力缺乏的观点。② 但马什（E. J. Marsh）等人考察了年轻人和老年人的部分线索效应。让被试听类别样例词表，随后在有部分线索和无部分线索条件下要求他们回忆。实验1提供一部分类

① 刘湍丽等，《部分线索效应的发展特点研究》，载《信阳师范学院学报（哲学社会科学版）》，2018年第38卷第3期，第13-17页。

② Foos, P. W., & Clark, M. C. "Old age, inhibition, and the part-Set cuing effect." *Educational Gerontology*, No. 26, 2000, pp. 155-160.

别名称作为线索，结果发现，对于未被提供类别名称作为线索的类别，其样例的回忆成绩显著低于自由回忆成绩。实验 2 以类别样例作为线索，也得到了同样的结果。同时，较少数量的线索对于老年人回忆的损害作用大于年轻人。实验 3 进一步发现老年被试记忆受破坏程度与线索数量无显著对应关系。[①]

安德烈斯（P. Andrés）考察部分线索效应的老化。采用不随意学习程序，可以阻止被试形成提取策略，因而可最大化的考察抑制假说。线索或在回忆之前（实验 1）或在回忆过程中（实验 2）呈现。结果发现，年轻人和老年人具有同等的部分线索效应。表明部分线索效应的抑制机制很早就获得发展，并且不受老化的影响。这一结果与唐卫海等人研究结果一致，即老年人的记忆成绩不如青年人，但部分线索效应与青年人相同，表现出了记忆能力和部分线索效应老化的分离。[②]

阿斯兰和约翰选取大学生与老年人被试群体，来检验在老年人群体中是否存在两种作用机制的分离，结果表明，在记住条件下，当学习情境的通达被保持时，两种不同年龄的群体中均存在部分线索干扰效应；在忘记条件下，当学习情境的通达受损时，部分线索仅促进大学生的回忆，对老年人的回忆没有促进效应，这表明老年人群体虽然对竞争信息有阻断与抑制作用，但情境再激活能力降低。[③]

五、部分线索效应的认知神经研究

提取过程的完成有赖于多个受前额皮层控制的认知控制过程。不过，在前额皮层中，不同控制过程对应的特定脑区仍然不明了。有研究采用 fMRI 考察了部分线索效应中的提取过程。关于部分线索效应主要有提取抑制假说和策略破坏假说。不同编码条件可能会对策略相关的和抑制相关的加工过程产生不同的影响，因而可以用来鉴别这两个假说。该研究对高关联编码和低关联编码条件下部分线索和无部分线索条件的回忆成绩进行了比较。结果发现，在部分线索提取过程中，左侧额极和右背外侧前额皮层被激活，但这一激活仅在低关联编码条件下存在。这一结果与部分线索的抑制或干扰假说观点一致，表明项目间竞争具有重要作用，

① Marsh, E. J., Dolan, P. O., Balota, D. A. & Roediger, H. L. III, "Part-set cuing effects in younger and older adults", *Psychology and Aging*, Vol. 19, 2004, pp. 134-144.

② Andrés, P., "Equivalent part set cueing effects in younger and older adults", *The European Journal of Cognitive Psychology*, Vol. 21, 2009, pp. 176-191.

③ Aslan, A., & John, T., "Part-list cuing effects in younger and older adults' episodic recall", *Psychology and Aging*, Vol. 34, No. 2, 2019, pp. 262-267.

并且提取阶段需要高监测水平。此外，也对编码阶段的大脑激活进行了检验，提出了编码和提取过程的解剖—功能可能的关联。结果表明不同编码条件在提取阶段产生不同的激活模式，证明了编码水平导致选择不同提取策略的观点。

刘湍丽等人采用 ERP 技术，考察部分线索的呈现对项目记忆再认中不同认知成分（回想与熟悉性）的影响，分别对有无部分线索条件下被试再认时的额区 FN400 新旧效应与顶区 LPC 新旧效应进行数据分析，ERPs 结果显示：有无部分线索条件下额叶 FN400 新旧效应出现显著差异，具体表现为仅在无线索条件下存在 FN400 新旧效应；顶区 LPC 新旧效应无显著差异。这表明部分线索对项目再认的干扰主要体现在部分线索条件下被试熟悉性成分的显著下降。[①]

第二节　问题提出

在尝试提取的过程中，信息能否被个体成功提取会受诸多因素的影响。其中是否有足够的提取线索是一个重要的因素。

自从斯莱姆卡提出部分线索效应以来，在不同的记忆任务，如情景记忆和语义记忆任务，自由回忆、再认和记忆重建任务，正确记忆和错误记忆任务；不同的线索呈现方式，如词表内线索和词表外线索；不同编码条件；不同群体，如儿童、老年人、遗忘症患者和精神分裂症患者中均发现了部分线索效应。这些研究表明提供最初加工信息的一部分作为线索，将对个体的回忆产生损害作用。

一、部分线索效应的机制

对于该现象，研究者们也提出了相关理论加以解释。其中最受研究者关注的是提取抑制假说。该假说认为在回忆过程中线索的提供使得个体对线索项目进行内隐提取，内隐提取导致对相关联项目的抑制，抑制是直接影响对项目的表征，因此不管使用任何提取线索作为探测词，对被抑制项目的提取都会遭到损害或削弱。

目前的研究中，对于提取抑制假说的支持主要来自对部分线索效应和提取诱

①　Liu, T., Xing, M., & Bai, X., "Part-List Cues Hinder Familiarity but not Recollection in Item Recognition: Behavioral and Event-related Potential Evidence", *Frontiers in Psychology*, Vol. 11, 2020, No. 561899.

发遗忘过程的直接比较，这些研究包括对正确和错误记忆的比较、对线索/提取和回忆测试之间的延迟的比较、对儿童的情景记忆的研究。研究发现部分线索效应和提取诱发遗忘在很多类型的记忆测试中都会发生，包括自由回忆、词干补笔和项目再认等。贝姆尔和阿斯兰比较了重学条件（被试重学部分项目）和部分线索条件（把部分项目作为回忆其他项目的线索），结果发现重学项目没有对非呈现项目的回忆造成损害；而部分线索项目降低了目标项目的回忆成绩。由此该研究支持提取抑制的观点，认为部分线索的提供使得被试对线索项目进行内隐提取，这一过程与外显提取抑制过程是相似的。阿斯兰等人也对提取抑制假说进行了直接验证，结果发现无论采用词表内线索还是词表外线索，都会对目标词的回忆产生损害。同时该研究也发现部分线索的抑制效应是相对持久的，这一结果与前人的研究结果一致。阿斯兰和贝姆尔的研究也支持了提取抑制的观点，该研究发现当线索和目标间相似度较低时出现部分线索效应，较高时则不产生部分线索效应。fMRI 研究发现在部分线索条件下左额极皮层和右背外侧前额皮层被激活，研究结果支持提取抑制的观点。提取抑制假说也受到了一些质疑，例如当回忆水平较低或者当学习项目为关联词对时，部分线索效应会发生反转的现象，提取抑制假说还不能给予很好的解释。

提取抑制假说尽管不是解释部分线索效应的唯一假说，很多研究者仍然认为部分线索效应是基于某种形式的抑制。前人关于抑制观点的验证，主要是采用部分线索效应的经典范式，从项目间关联程度、提取顺序控制、回忆时程、线索类型、测验方式等各个角度来展开。

（一）发展特点与发展性分离

以往关于部分线索效应的研究，大多数以大学生为被试对各种形式的部分线索及其理论机制进行探讨。近年来部分研究关注部分线索效应的老龄化研究，发现了部分线索对老年人和年轻人的不同影响，也有少数研究关注部分线索效应的个体差异性，对遗忘症患者和精神分裂症患者进行了研究。考察部分线索效应在不同年龄个体中的特点，对于指导实践具有重要意义。

斯莱姆卡最早发现了部分线索对回忆的干扰作用，即给学习者提供先前所学材料的一部分作为提取线索，让其回忆剩余的材料，回忆成绩反而比没有提取线索时差，他称之为部分线索效应。这一结果与人们的日常经验相左，因而引起研究者们极大的兴趣。随后，在不同编码条件、不同测验类型及不同年龄群体中，均发现了部分线索诱发遗忘的现象。而另一些研究则发现了部分线索对回忆的促进作用。例如当学习的项目类别种类较多时，提供某类别下的一个样例，对被试的回忆有帮助作用；并且当部分线索按照学习时的相对顺序呈现时，序列重建任务和序列回忆任务完成得更好；在空间重建任务中，研究者也发现了线索的易化作用。

　　对于儿童来讲，提供部分学习内容要求回忆剩余内容是一种普遍存在的测验方式，那么，儿童的记忆提取何时开始受到部分线索的影响？这种影响如何发展变化？已有研究发现部分线索对儿童的回忆促进或干扰效应量存在年龄差异。这些研究表明，部分线索效应可能存在特定的发展模式，然而，目前以儿童为被试的研究较少且不够系统。该问题的系统探讨将有助于揭示部分线索效应的认知过程。

（二）记忆成分的加工分离

　　成功的记忆往往是有意识记成分和熟悉性成分共同作用的结果，对于自由回忆任务来说，更多的是依赖有意识记，而再认任务则是有意识记和熟悉性共同作用的结果。对于部分线索条件来说也是一样，记忆成绩的降低必定意味着记忆成分的某种变化。在前人的研究中，仅奥斯沃德等人考察了再认任务中的部分线索效应。在该研究中，首先要求被试学习类别样例，之后呈现学习项目的一部分作为部分线索，随后采用再认任务测量被试的记忆。结果发现，部分线索组对目标词的击中率显著低于对照组。但该研究没有采用记得—知道判断，而仅仅采用经典的再认任务，因此，记住和熟悉成分在部分线索效应中的变化不得而知。

　　根据再认记忆的双加工过程模型，前人采用自由回忆、线索回忆、独立探针回忆等方式研究部分线索效应的结果表明，部分线索的呈现破坏了目标项目的记住成分。如果部分线索效应是部分线索抑制的结果并导致对目标项目记忆表征减弱（激活水平降低），那么由于熟悉性反映了项目的总体记忆强度，那么无论是目标项目的记住还是熟悉性成分都会降低。

　　而根据单一加工过程模型，熟悉性是一种强度的连续体，因而这种熟悉性的内部心理机制是一种单一的加工过程。更简单地说，在再认过程中，记忆信息的提取就是单一的加工机制产生了熟悉性，这种熟悉性在量上发生变化，但其质始终是同一的。

　　因此，当前研究采用记得—知道程序和接受者操作特征曲线程序，来考察部分线索效应是纯粹记住驱动的还是熟悉性起作用的或二者都起作用。如果记住和熟悉同时起作用（符合双加工理论），或者仅熟悉起作用（符合单一理论），则认为部分线索效应是部分线索对目标项目抑制的结果；如果仅记住成分起作用（符合双加工理论），则部分线索效应可能不是提取抑制的结果。

（三）个体差异

关于个体差异对部分线索效应的影响，前人研究较多的是考察儿童、成人、老年人等不同抑制能力个体部分线索效应的差异。这些研究中，有的研究发现抑制能力较差个体存在部分线索效应，而有的研究发现仅抑制能力高的被试存在部分线索效应。各研究之间没有得出一致的结论，无法为部分线索效应的作用机制提供证据。因此，本研究试图从另一个角度，采用研究认知抑制的常用实验范式从同一年龄群体选取不同抑制能力个体，排除自然成熟快慢不同而导致的同一年龄个体抑制能力发展水平的不同对于实验结果的可能影响，在此基础上考察不同抑制能力个体部分线索效应的差异，以便为提取抑制假说提供证据。

（四）抑制时间进程

提取抑制假说尽管不是解释部分线索效应的唯一假说，很多研究者仍然认为部分线索效应是基于某种形式的抑制。前文已提到，前人关于抑制观点的验证，主要是采用部分线索效应的经典范式，从项目间关联程度、回忆时程、线索类型、测验方式等各个角度来展开。但这些研究更多的是对提取抑制假说的验证，并没有对抑制过程进行验证，即没有回答抑制过程是在部分线索呈现之后产生，还是在记忆提取过程中产生。对该问题的研究，一方面有助于深入认识部分线索效应的发生过程；另一方面如果能够把部分线索呈现过程和提取过程剥离开来，在不以提取成绩作为衡量部分线索作用的指标的前提下，考察抑制过程在线索后是否产生，也可为提取抑制假说的合理性提供更"纯净"的证据。

二、关于部分线索效应的认知神经机制

当前关于部分线索效应的研究绝大多数都是行为研究，仅有一项研究采用fMRI 技术对部分线索效应进行了研究，发现在部分线索条件下左额极皮层和右背外侧前额皮层被激活，研究结果支持提取抑制的观点。ERP 方面的研究也仅有一项，因此对于部分线索效应的认知神经机制还不清晰，也无法明确部分线索效应的时间过程，采用 ERP 技术可以发挥其高时间分辨率的优势，有助于我们更加全面地揭示部分线索效应的认知过程。

第四章　部分线索效应的
发展特点与个体差异

第一节　部分线索效应的发展与老化特点

一、部分线索效应的发展特点

（一）引言

近年来，西方学者对部分线索效应进行了广泛、深入的研究，这一效应被很多实验研究所支持。在不同的回忆任务、不同的线索呈现方式、不同编码条件、不同群体中均发现了部分线索效应。这些研究均表明，提供最初加工信息的一部分作为线索，将对个体的回忆产生损害作用。

以往关于部分线索效应的研究，大多数以大学生为被试对各种形式的部分线索及其理论机制进行探讨。部分线索效应的产生与提取和编码过程紧密相关，但是部分线索是否对各年龄段个体都具有抑制作用呢？或者说，对于某一年龄段个体，是否可能出现部分线索的提供不具有抑制作用的情况？进行发展研究可使我们明确这一问题，因此本研究将以小学五年级、初中二年级、高中二年级和大学二年级学生为被试，根据部分线索效应研究的基本范式设计实验，考察部分线索效应在不同年龄段个体中是否存在一致性，以检验部分线索效应的发展特点，以更科学地将部分线索效应的研究应用于实践。

本实验旨在考察不同年龄被试在学习中文高频双字词后，给出已记忆过的词作为线索词来回忆其他双字词时，其部分线索效应的发展特点。本实验的假设是，部分线索对不同年龄段个体的抑制效应存在差异。

（二）方法

1. 被试

选取小学五年级学生 30 名（男 15 名），平均年龄 10.13±0.43 岁；初中二年级学生 24 名（男 12 名），平均年龄 14.29±0.86 岁；高中二年级学生 30 名（男 15 名），平均年龄 18.33±0.61 岁；大学生二年级学生 24 名（男 8 名），平均年龄 21.00±0.93 岁。所有被试均裸眼或矫正视力正常。参加实验的每位被试在实验开始之前每人获得一份小礼物。

2. 实验材料

实验材料为两个学习词表，每个词表包含 30 个高频名词，如"草案"，词频范围为 0.0100—0.0200 之间，这些词全部选自《现代汉语常用词词频词典——音序部分》。随机选取每个词表中的 15 个词作为线索词，其他的 15 个词作为目标词。

在正式实验开始之前，先从各年龄组中选取 20 名被试对两个词表进行学习，学习条件与正式实验的学习条件相同，然后进行自由回忆。统计结果显示，各年龄组被试对两个词表的回忆成绩不存在差异，表明本实验中两个词表的选取是合适的，可以排除实验结果由材料的差异而造成的可能。

3. 实验设计

采用 2（线索条件：部分线索、无部分线索）×4（年级：小五、初二、高二、大二）的混合设计，其中线索条件因素是被试内设计；年龄因素是被试间设计。因变量为被试对目标词的正确回忆个数。

4. 实验程序

实验分为两个部分，每部分均包括两个阶段，第一个阶段为项目学习阶段，要求被试学习 30 个双字词，并努力把它们记住；第二阶段为回忆阶段。两个部分的区别在于学习词表的不同和线索条件的不同。正式实验开始之前，被试先进行一个练习，以熟悉实验程序。

正式实验程序如下：

项目学习阶段。在实验开始之前，首先告诉被试他们参加的是一个有关记忆的实验，整个实验大概持续 20 分钟。词表中的 30 个双字词相继呈现在计算机屏幕上，每个双字词的呈现时间为 5s，被试被要求去尽量记住这些双字词。所有项目学习完毕之后，被试进行一个 30s 的数字计算任务，以消除近因效应。

测试阶段。在该阶段，部分线索条件下，在被试进行回忆之前，答题纸上会提供刚才学习过的项目中的一半，要求被试认真阅读这些项目，并把这些项目作为回忆目标项目的线索。无线索条件下，被试被要求回忆之前学习过的全部项目。部分线索条件下，被试只需要回忆线索词之外的目标词，无部分线索条件下，被试需要回忆之前学习过的全部项目。

第一部分完成之后，进入实验第二部分。对两个词表的学习顺序及两个词表的线索条件进行了平衡；为了使被试能够同时有效地看到计算机屏幕上的词，实验安排被试坐在距计算机屏幕中心约50cm处。

（三）实验结果

对各实验条件下各个组的对目标词的平均回忆成绩进行了统计，得到了表4-1。

表4-1　各实验条件下各年级被试的回忆成绩（*M*±*SD*）

	小五	初二	高二	大二
部分线索	3.03±2.04	2.92±1.67	3.97±1.96	5.38±2.04
无部分线索	3.76±1.65	4.17±1.52	5.77±1.87	6.25±2.72

对各组被试的回忆成绩进行 2×4 的重复测量方差分析，结果如表4-2所示：

表4-2　年龄对部分线索效应的影响

变异来源	*SS*	*df*	*MS*	*F*
线索条件	72.334	1	72.334	49.854**
线索条件×年龄	9.933	3	3.311	2.282
年龄	204.063	3	68.021	11.809**

注：** *p*< 0.01。

方差分析的结果表明，线索条件主效应显著，$F(1, 104) = 49.854$，$p < 0.01$，部分线索条件下的回忆成绩显著低于无部分线索条件；年龄主效应显著，$F(3, 104) = 11.809$，$p < 0.01$，多重比较的结果表明，小五和初二被试的回忆成绩低于高二和大二被试，高二被试的回忆成绩显著低于大二被试，其他年龄组之间无差异；线索条件和年龄交互作用不显著，说明各年龄组被试均存在部分线索效应，即在各年龄组中，无部分线索条件的回忆成绩都好于部分线索条件。

由于本实验更为关注的是部分线索的提供对各年龄组被试记忆损害的差异，因此对各年龄组被试的记忆削减量进行了多重比较，削减量的计算方式是：削减量=无线索条件下的回忆成绩–线索条件下的回忆成绩，具体如图4–1所示：

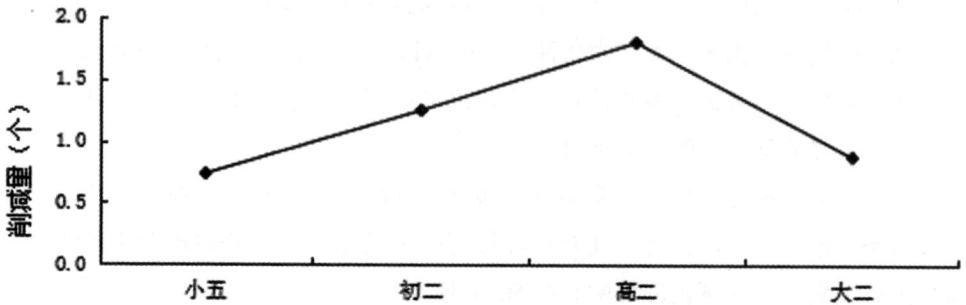

图4–1　各年龄组被试部分线索的削减量

方差分析的结果表明，$F_{(3, 104)} = 2.722$，$p < 0.05$，削减量主效应显著。对削减量进行多重比较的结果表明，小五被试的削减量（$M = 0.73$，$SD = 1.39$）显著低于高二被试（$M = 1.80$，$SD = 1.53$），$p < 0.05$。其他年龄组之间差异不显著。说明小五到初二之间部分线索效应的大小有比较大的变化。

（四）讨论

本实验为考察使部分线索效应的研究更好地应用于教育教学实践中去，以小学五年级、初中二年级、高中二年级和大学二年级学生为被试进行发展研究。通过比较提供部分线索和不提供部分线索两种不同的回忆条件对记忆保持的不同影响，考察部分线索效应在各年龄组学生上发生的情况。

通过表4–1并结合表4–2可以看出，无部分线索组的回忆成绩都显著高于部分线索组，而部分线索组和无部分线索组的区别就在于回忆时是否提供部分线索作为回忆线索，由此我们可以把部分线索组被试回忆成绩的降低看成由部分线索的提供所引起的，在各年龄组上，提供部分线索组的被试的回忆成绩都显著地低于不提供部分线索组的被试，说明部分线索的提供对各年龄组被试的回忆均产生了损害作用。

但部分线索的提供对不同年龄组被试是否产生同等的损害效应？根据图1，我们可以知道，虽然部分线索的提供各年龄组被试的回忆均产生了损害作用，但各年龄组被试的削减量的水平却表现出了差异，小五组被试的削减量显著低于初二组被试，到初二时，已经接近成人水平，说明部分线索效应大小，在小五到初二之间变化比较大。

在日常生活和学习中，我们需要对信息的有效加工，这一方面要求我们需要对相关的重要信息进行激活；另一方面也要求我们对无关信息和干扰信息进行抑制和排除，只有这样才能保证信息加工拥有更多的空间和更快的速度。抑制能力在儿童认知加工中有重要的作用，年龄小的儿童对无关信息的抑制能力差，其原因是他们的抑制机制还不成熟，随着年龄的增加抑制能力会逐渐发展，因此对无关信息的控制能力也会逐渐增加。有研究以小学一年级、小学二年级、小学五年级和成人为被试的研究结果表明，小学一年级的学生抑制能力很低，小学二年级的学生表现出一些抑制能力，小学五年级的学生的抑制能力接近成人的水平，成人的抑制能力最高，表明儿童抑制能力随年级而提高。本研究也认同这一观点，认为儿童的抑制能力随年龄增长而提高。

在部分线索效应的研究中，在提取阶段通常出现这样的情况：即实验组和控制组被试所需回忆的项目数量是不同的。因此，对两个组的比较除了有无线索之外，提取材料多少和所用时间是否在其中起混淆作用是部分线索效应研究需要澄清的问题。但时间问题在部分线索效应中应该不是一个影响因素。因为，随着提取时间的延长，记忆痕迹有所消退，如果时间这一因素在其中起作用，应该导致自由回忆组的成绩低于部分线索组。但研究结果发现部分线索组的成绩更低。可见，提取时间不是制约部分线索效应的因素。回忆项目数量多少对部分线索效应的影响，道理与"时间"和部分线索效应的关系是类似的。更直接的证据来自再认任务中的部分线索效应。在再认任务中，部分线索组的实验流程是这样的：学习阶段—干扰阶段—线索呈现阶段—再认阶段；无线索组的实验流程是这样的：学习阶段—干扰阶段—再认阶段。此时，部分线索组和无线索组被试在再认阶段需要再认的旧项目均是目标项目，所以并不存在"自由回忆组需要回忆的项目数量较多而部分线索组需要回忆的项目数量较少"的问题。实验结果发现，部分线索组被试对旧项目的正确再认率显著低于无线索组。这样的实验可以证明，部分线索组回忆成绩的降低，并非是两个组的回忆项目不等造成的，而是部分线索呈现对记忆的消极作用。

部分线索效应的研究所揭示的提供部分线索对被试回忆成绩的损害作用对于学校教育教学实践具有重要的意义。一般意义上，人们都认为线索具有提示作用，线索的提供会帮助人们更好地进行回忆，但线索并非常常都能起到积极的提示作用。部分线索效应的研究表明，部分线索的提供往往会损害被试的回忆。这就提示我们在教育教学过程中，要善于利用线索的积极作用，规避线索的消极作用，前人的研究表明，在类别学习中，当学习者需要记忆的类别种类特别多，而又难以回忆起全部的类别名称时，把类别名称提供给学习者作为回忆线索，反而有助于学习者的回忆，因此当学习者需要学习的内容非常多时，对每一部分都有一个概括性的线索提供给学习者，对学习者更快地掌握学习的内容非常有用；另外，当学习者的对学习材料的熟练程度达到较高的水平时，线索的提供也具有积极意义，因为这时候学习材料对于学习者已是一个有机的整体，线索词的提供使学习者很容易回忆起整个学习内容，从而易化了回忆过程。因此，在学习过程中，首先要通过编码和加工对学习内容有较熟练的掌握，在此基础上，从学习材料中摘取有用的线索，在之后的回忆过程中，这些线索就会帮助学习者更好地进行回忆。

（五）小结

本实验考察了青少年儿童部分线索效应的发展，结果表明：（1）部分线索的提供对各年龄组被试的回忆都产生了损害作用；（2）部分线索对记忆的削减表现为随年龄增长而增加的趋势，部分线索效应的大小，在小五到初二之间变化比较大。

二、部分线索效应的老化特点

（一）引言

近年来，西方学者对部分线索效应进行了广泛、深入的研究，发现部分线索效应无论是在情景记忆还是语义记忆任务中都存在。无论记忆项目是类别词表还是随机词表、线索词是词表内项目还是词表外项目，部分线索效应都存在。部分线索效应不仅出现在记忆任务中，在非记忆任务中，如单词再认、图片辨认、模糊字识别、词干补笔等认知任务中也存在。

已有研究表明老化对于认知能力的显著影响，这些认知能力包括注意、记忆和言语。对干扰信息的控制能力可作为理解老化效应的重要概念，也由此提出老化的抑制假说。此假说认为，老年人很难阻止不相关的信息或抑制不相关的信息进入脑海，由于不相关的信息占用了心理资源，就不能对相关信息进行有效地加工，这就导致了认知缺失。一些研究结果支持这一假说，认为老年人在很多抑制任务中的表现都比较差。而到目前为止，关于老化的研究专注于对执行抑制监控进行深入探讨，而很少对自动抑制，尤其是记忆领域中的自动抑制进行研究。部分线索效应是指提供词表中的部分项目作为回忆线索，对回忆会产生损害作用，部分线索效应中的"抑制"效应是不受被试意志控制的，因此可以认为是自动加工的结果。

关于老化对部分线索效应影响的研究目前相对较少，并且各研究所得结论也存在分歧：赫尔奇和克莱格（D. Hultsch, E. Craig）率先对此进行了研究，在他们的研究中，老年被试不存在部分线索效应，这似乎可以归结为老化过程中的抑制缺失所导致的，但是他们的报告中并没有深入分析这一点;[1] 福斯和克拉克让被试回忆电影明星名字和美国州的名称，回忆的时候一部分被试被提供部分线索，另一部分没有提供部分线索，在回忆美国州的名称的任务中，两个年龄组的被试均没有出现部分线索效应。在回忆电影明星的名字的任务上，部分线索的提供使青年组被试出现了部分线索效应，而老年被试却从部分线索的提供上获得了帮助。而与此相反，马什等人的研究表明老年组被试和青年组被试一样，都得到了同等程度的部分线索效应；安德烈斯也发现老年人和年轻人具有同等的部分线索效应。鉴于关于部分线索效应和老化的研究比较少，而各研究之间又没有得出一致的结论，本研究对这一问题进行重新验证，阐明部分线索效应在老年群体中是否存在。

在总结前人对部分线索效应研究的基础上，本研究提出如下假设：部分线索效应在青年组和老年组被试中具有一致性。

（二）方法

1. 被试

选取青年人 26 名，其中男生 16 名、女生 10 名，平均年龄 22.15 岁；60 岁以上的老年被试 26 名，年龄范围为 62—82 岁，其中男性 3 名、女性 23 名，平均年龄 67.07 岁。参加实验的每位被试在实验开始之前每人获得一份小礼物。

2. 实验材料

实验材料为两个学习词表，每个词表包含 30 个高频名词，如 "草案"，词频范围为 0.0100—0.0200 之间，这些词全部选自《现代汉语常用词词频词典——音序部分》。随机选取每个词表中的 15 个词作为线索词，其他的 15 个词作为目标词。

在正式实验开始之前，先选取两个年龄组被试各 15 名，对两个词表进行学习，学习条件与正式实验的学习条件相同，然后进行自由回忆。统计结果显示，两个年龄组被试对两个词表的回忆成绩不存在差异，表明本实验中两个词表的选取是合适的，可以排除实验结果由材料的差异而造成的可能。

3. 实验设计

采用 2×2 的混合设计，其中，A. 线索条件，线索条件有两个水平，即部分

① Hultsch, David F. and Eugene R. Craig. "Adult Age Differences in the Inhibition of Recall as a Function of Retrieval Cues." *Developmental Psychology*, Vol. 12, No. 1, 1976, pp. 83-84.

线索和无部分线索，线索条件因素是被试内设计；B. 年龄，共两个水平，青年人和老年人。

本实验的因变量为被试对目标词的正确回忆个数。

无关变量的控制：（1）对两个词表的学习顺序及两个词表的线索条件进行了平衡；（2）为了使被试能够同时有效地看到计算机屏幕上的词，实验安排被试坐在距计算机屏幕中心约50cm处。

4. 实验程序

实验分为两个部分，每部分均包括两个阶段，第一个阶段为项目学习阶段，要求他们学习30个双字词，并努力把它们记住；第二阶段为回忆阶段。两个部分的区别在于学习词表的不同和线索条件的不同。正式实验开始之前，被试先进行一个练习，以熟悉实验程序。

正式实验程序如下：

项目学习阶段。在实验开始之前，首先告诉被试他们参加的是一个有关记忆的实验，整个实验大概持续20分钟。词表中的30个双字词相继呈现在计算机屏幕上，每个双字词的呈现时间为5s，被试被要求去尽量记住这些双字词。所有项目学习完毕之后，被试进行一个30s的数字计算任务，以消除近因效应。

测试阶段。在该阶段，部分线索条件下，在被试进行回忆之前，答题纸上会提供刚才学习过的项目中的一半，要求被试认真阅读这些项目，并把这些项目作为回忆目标项目的线索。无线索条件下，被试被要求回忆之前学习过的全部项目。部分线索条件下，被试只需要回忆线索词之外的目标词，无部分线索条件下，被试需要回忆之前学习过的全部项目。

第一部分完成之后，进入实验第二部分。在第一部分是部分线索组的被试，到第二部分变成无部分线索组。反之亦然。具体程序同上所述。

（三）实验结果

对各实验条件下青年组和老年组的平均回忆成绩进行了统计，得到了表4-3。

表4-3　各实验条件下各年龄组被试的回忆成绩（单位：个）

	青年人	老年人
部分线索	5.15（2.11）	1.96（1.64）
无部分线索	6.00（2.71）	2.62（1.60）

对青年组和老年组被试的回忆成绩进行2×2的方差分析，结果如表4-4

所示。

表4-4　年龄对部分线索效应的影响

变异来源	SS	df	MS	F
线索条件	14. 625	1	14. 625	6. 379*
线索条件×年龄	0. 240	1	0. 240	0. 105
年龄	281. 163	1	281. 163	45. 078**

注: * $p < 0.05$, ** $p < 0.01$。

方差分析的结果表明，线索条件主效应显著，F (1, 50) = 6. 379, $p < 0.05$，线索条件和年龄交互作用不显著，说明青年组和老年组被试均存在部分线索效应，各年龄组被试的部分线索效应如图 4-2 所示。

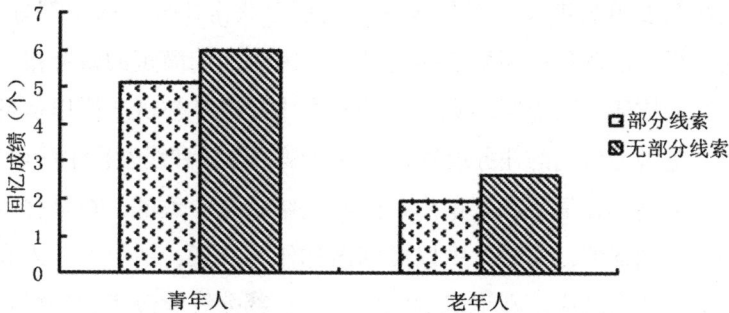

图4-2　青年人和老年人的部分线索效应

年龄主效应显著，F (1, 50) = 45. 078, $p < 0.01$，说明青年组的回忆成绩显著高于老年组被试。

虽然老年组被试和青年组被试都出现了部分线索效应，但是部分线索的提供对青年组和老年组被试的记忆损害是否有差异？因此，本实验又对青年组和老年组被试的部分线索的绝对削减量和相对削减量进行了比较，绝对削减量的计算方式是：绝对削减量=无线索条件下的回忆成绩 − 线索条件下的回忆成绩，独立样本 T 检验的结果表明，t (50) = 0. 324, $p > 0.05$，绝对削减量主效应不显著，说明部分线索的提供对老年人（M = 0. 65, SD = 2. 04）和青年人（M = 0. 85, SD = 2. 24）所产生的绝对损害效应是相同的；相对削减量 =（无线索条件下的回忆成绩-线索条件下的回忆成绩）/无线索条件下的回忆成绩，独立样本 T 检验的结果表明，t (35. 891) = −0. 643, $p > 0.05$，相对削减量主效应不显著，说明部分线索的提供对老年人（M = 0. 25, SD = 0. 78）和青年人（M = 0. 14, SD =

0.37）所产生的相对损害效应是相同的，即老年人在记忆能力和部分线索对记忆的削减上产生了分离。

（四）讨论

本实验的目的是考察老化现象对部分线索效应的影响。实验结果表明，部分线索的提供，使得青年和老年组被试均产生了损害效应，线索提示组被试的回忆成绩都显著低于不受线索提示组被试的回忆成绩，说明青年组和老年组被试均产生了部分线索效应。

与赫尔奇和克莱格、福斯和克拉克等人的结果相矛盾，本实验中，老年人在提取回忆时并不能无视部分线索的存在，而是受到了部分线索的干扰使得回忆成绩降低。赫尔奇和克莱格的研究表明老年人并不存在部分线索效应，而福斯和克拉克的研究甚至表明老年人从部分线索的提示上获得益处。前言部分也提到过，我们很难去分析赫尔奇和克莱格的研究结果，因为他们简短的研究报告中没有给出很详细的细节描述。而福斯和克拉克的研究中，老年被试之所以从部分线索的提示中受益，是因为他们的任务设置中没有把学习阶段和线索提示阶段区别开来。

本实验结果与马什等人和安德烈斯的研究结果是一致的，在马什等人的研究中，使用的是类别词汇，实验 1 中以类别名称作为线索，结果老年人和青年人一样都出现了部分线索效应，在他们的实验 2 中，部分线索改为类别样例，也得出了同样的结果，不过更少的线索数量对老年被试的回忆损害更大；而在安德烈斯的研究中，在部分线索条件下，让被试学习 25 个电影明星的名字，告诉被试学习这些名字会提高他们之后的回忆成绩，他的研究中用的是部分线索的标准范式，考虑到老年被试比较长的生活经历，他们人生中所经历的电影明星会更多。而对于电影明星的回忆并没有限制在某个特定的年代，而是开放式的回忆，按道理老年被试应该回忆起更多的电影明星的名字，此外，也有研究证明当学习词表过长时，部分线索的提供反而会帮助而不是阻碍回忆，虽然有这么多老年人不会出现部分线索效应的可能，安德烈斯的研究中老年人还是出现了部分线索效应。

自动抑制假说认为自动抑制在老化过程中保持相对稳定，那么根据自动抑制假说老年人和青年人应发生同等程度的部分线索效应。实验结果验证了这一假设，本实验中老年被试和青年被试发生了同等程度的部分线索效应。在本实验中，在回忆阶段部分线索的提供确实增加了这些项目的强度，而同时也降低了其他项目的提取力，之所以称这一过程是自动加工过程，是因为这一过程的发生是不受被试的意识控制的，因此，尽管部分线索效应对青年组和老年组的回忆都发生了损害作用，但却并不能由此区分出两个年龄组被试的不同之处；阿斯兰等人的研究结果也与本实验结果一致，他们的研究发现老年被试也有提取诱发遗忘现象，在回忆之前对部分项目的提取联系导致老年被试最终回忆成绩的降低，这种抑制效应也是不受被试意识控制的；① 梅勒和汉森（E. Maylor, R. Henson）发现郎斯伯格效应（Ranschburg effect）也不存在年龄差异，郎斯伯格效应是指在不需要执行抑制的短时记忆发生的一种抑制效应。② 总之，这些结果研究结果表明部分线索效应中所包含的抑制加工过程在生命早期就已经获得发展，并且在整个生命过程中保持恒定，这也可以支持认为存在不同的抑制机制而非单一的抑制机制的观点，认为当抑制效应不受被试执行控制过程约束时，该抑制效应对于老年人和青年人具有同等效用。本实验中，老年人记忆成绩显著低于青年人，而部分线索对记忆的削减量却和年轻人没有区别，这一实验结果符合记忆中的自动抑制加工（automatic inhibitory processes）不随年龄增加而发生变化的观点。

部分线索效应所揭示的这种与一般意义上人们对线索的理解相悖的结果对人们的实际生活也有很大的启示作用。结合本研究结果，部分线索效应对于老年人日常生活有很大启示作用，例如购物时，如果家庭成员提醒老年人要买某一种重要东西时，这就可能对要购买其他物品产生了抑制作用，另外这一研究对于习惯于写小纸条提醒自己不要忘记做某事的人也有启示作用，例如只在便笺纸上写下某一件认为会忘记做的事情，而假定其他的事情都会在头脑中记得清清楚楚，根据本研究的结果，只写其中一部分事情而不是把全部事情都罗列清楚，可能会对没有罗列的那些事情的记忆产生抑制，并且这种抑制程度对于老年人和青年人是等同的。

（五）小结

本实验考察了青年和老年人的部分线索效应，结果表明：（1）部分线索的提供对青年组和老年组被试的回忆都产生了损害效应；但青年被试和老年被试的记

---

① Aslan, A., Bäuml, K-H. T., & Pastötter, B. "No Inhibitory Deficit in Older Adults' Episodic Memory." *Psychological Science*, Vol. 18, No. 1, 2007, pp. 72–78.

② Maylor, Elizabeth A. and Richard N. A. Henson. "Aging and the Ranschburg effect: no evidence of reduced response suppression in old age." *Psychology and aging*, Vol. 15, No. 4, 2000, pp. 657–670.

忆削减量并无差异；（2）老年人的记忆成绩不如青年人，但部分线索效应与青年人相同，表现出了记忆能力和部分线索效应老化的分离。

第二节 部分线索效应的发展性分离

一、问题提出

在一定条件下，部分线索的提示并不总是不利于回忆，它也可能是有益的。戈尔内特和拉森使用列表的定向遗忘任务让被试学习一组项目列表，并在学习之后引导他们要么忘记，要么继续记住这个列表。在对第二个列表进行学习之后，给出了第一个列表中非目标项的 0、4 或 8 个线索，让被试对第一个列表中的目标项进行回忆。结果发现，在记忆条件下，随着越来越多的非目标项被作为回忆线索呈现，目标回忆量也越来越少，这就和典型的部分线索效应相一致。与此相反，在遗忘条件下，随着提供的非目标项目数量的增加，目标回忆也随之增加。这表明定向遗忘的条件下，部分线索的提示有益于回忆的结果。

定向遗忘通常被归因于某种形式的情境遗忘，假设遗忘线索触发了抑制过程，从而阻碍了对学习时编码情境的再激活或诱导参与者的心理环境发生变化，从而导致了学习与测试的编码情境不匹配。根据定向遗忘中这些编码情境解释，戈尔内特和拉森的研究指出了学习中的编码情境是否完整对部分线索效应的影响起着关键作用，他的研究表明部分线索效应在编码情境未被破坏时是有害的（记住条件），但在编码情境受损时是有益的（忘记条件）。因此，部分线索对记忆提取的易化作用被归因于编码情境再激活，即部分线索提示会重新激活学习时的编码情境，然后作为额外的线索提示并激活对剩余项目的回忆。

塞尔纳和贝姆尔使用关联结构的单词表比较了 7—10 岁的儿童和成人，[1] 诺特（L. M. Knott）使用分类和关联结构的单词表对 5—7 岁和 11 岁的儿童和成人进行了测试。[2] 这两项研究采用相对较短的回忆间隔，在学习后不提供遗忘提示，

① Zellner, M. , & Bäuml, K-H. T. , "Intact retrieval inhibition in children's episodic recall", *Memory and Cognition*, Vol. 33, No. 3, 2005, pp. 396-404.

② Knott, Lauren M. , Mark L. Howe, Marina C Wimmer and Stephen A. Dewhurst. "The development of automatic and controlled inhibitory retrieval processes in true and false recall." *Journal of experimental child psychology*, Vol. 109, No. 1, 2011, pp. 91-108.

并且在学习和测试之间没有插入智力想象任务，因此，在这些实验中学习时的编码情境没有被破坏。这两项研究在所有年龄组中均发现部分线索效应的不利影响。值得注意的是，在儿童中有害影响的程度并不比成人小，这表明部分线索效应的机制在5岁之前就已经存在。

当前的研究通过使用定向记忆来操纵编码情境再激活以研究部分线索效应的有害和有益影响的发展。之所以采用定向记忆操作，是因为它从童年到成年都产生了一致的效应，使我们能够在相当大的年龄范围内研究这两种相反的部分线索效应。最近的一项研究发现，当提供适当的遗忘指令时，即使是7岁的孩子也会有成人式的定向遗忘，这表明遗忘的适用性。

而当前关于部分线索效应在编码情境条件下的发展特点的研究很少，约翰和阿斯兰使用部分线索效应的词表范式来研究不同年龄段的儿童在定向记忆条件下的部分线索效应。他们选取7—8岁、9—11岁、13—14岁的儿童和成年人作为被试，以随机单词作为实验材料，将单词首字母作为回忆线索，操纵被试在编码情境完好和被破坏两种条件下的部分线索效应，并设置无线索回忆组作为对照。研究结果表明，在编码情境完好的条件下，各年龄组均呈现出经典的部分线索效应，而在编码情境被破坏的条件下，较为年幼的两个儿童组依然表现出部分线索效应，但13—14岁儿童和成年人表现出了相反的部分线索效应，即部分线索条件下成绩显著高于无线索回忆。这表明编码情境影响了部分线索效应的发展性分离。

国内关于部分线索效应在编码情境影响下的发展性分离的研究很少，在设计实验材料时需考虑到，中文环境下无论是双字词还是四字成语，若依然以首字作为线索提示，那么被试依据已有经验很容易就能联想起完整的词汇。又考虑到儿童识记字词的水平，选取图片作为实验材料相对于单词或者词汇更适合儿童。约翰和阿斯兰的实验以及前人关于部分线索的实验大部分是以随机词表作为实验材料，考虑对于儿童来说随机图片回忆较难容易出现地板效应，所以在此，我们还想探究当线索项目与目标项目存在语义关联时，部分线索效应在编码情境再激活中的表现。

在前人的研究基础上，我们调查了三个年龄组（7—8岁，9—11岁，成年人），并以类别图片作为实验材料，期望发现可靠的部分线索效应的发展性分离。第一个实验，线索项目和目标项目属于不同的类别。学习阶段，让被试学习了一组包含两个类别的图片，并且在学习之后，被指示要么忘记，要么继续记住词表。在回忆阶段，给被试提供一个类别的图片作为线索，让其回忆另一个类别的图片

（部分线索效应条件）或让被试自由回忆（无部分线索效应条件）时，测试第一个词表中的目标图片的回忆量。在先前的基础上，我们认为儿童在利用线索重新激活编码情境上有困难，我们期望发现部分线索效应发展上的分离。第二个实验，线索项目和目标项目属于同一类别，在测试阶段，选取两个类别中各选取一部分作为线索图片让被试回忆其余部分，其余条件保持不变。

二、实验 1：以类别间图片为部分线索对儿童部分线索效应发展的影响

（一）实验目的

以图片为学习材料，用类别间图片作为部分线索，此考察各年龄段的被试在图片学习中的部分线索效应。

（二）实验方法

1. 被试

共计 38 名 7—8 岁儿童（7.61±0.50 岁；20 女），34 名 9—11 岁儿童（9.84±0.61 岁；18 女），41 名成年人（22.26±3.67 岁；22 女）。

2. 材料

从唐卫海等人经过标准化测验后的图片材料中选取 48 张作为正式实验的图片材料，分属水果、动物、服饰、家具四个类别记为 A、B、C、D，每个类别包括 12 张图形，另选了其他 6 张用于练习。正式实验的材料，每个类别随机分为数量相等的两组，如将词表 A 随机分为数量相等的两组 a1、a2，其余类推。然后将 a1 和 b1 组合成词表一，c1 和 d1 组合成词表二，a2 和 b2 组合成词表三，c2 和 d2 组合成词表四，每个词表包含 12 张图片。然后将词表一中的 a1 组的 6 张作为部分线索，另外 6 张作为目标图片；词表三中的 a2 组的 6 张作为部分线索，另外 6 张作为目标图片。

3. 实验设计

采用 2（定向记忆：记住、忘记）×2（线索类型：有部分线索、无部分线索）×3（年龄：7—8 岁、9—11 岁、成年人）的混合实验设计。其中定向记忆为被试内变量，线索类型、年龄为被试间变量。

4. 实验程序

本实验程序采用 E-Prime 1.1 软件进行编程，刺激材料通过 21 英寸 CRT 显示

器（分辨率 1024×768，刷新率 85 Hz）呈现。整个实验任务均由计算机控制计时。部分线索效应的测量采用经典的学习—干扰—测试（自由回忆）范式。正式实验之前先进行练习，让被试熟悉实验程序。

正式实验包括两轮，每轮学习两组图片，均包括学习、干扰和回忆三个阶段，如图 4-3 所示。

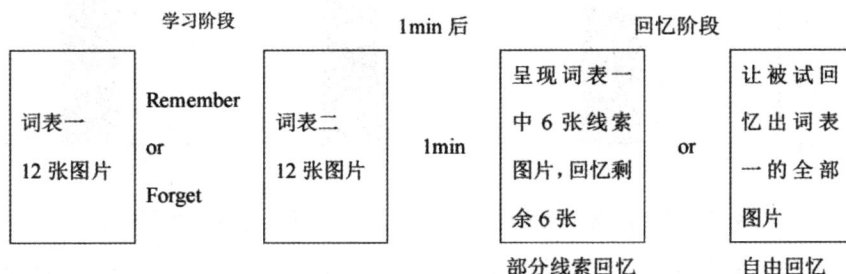

图4-3　实验流程图

学习阶段，计算机顺次呈现词表一的 12 张图片，刺激间在屏幕中央呈现"+"字（既为注视点又为刺激间的时间间隔 ISI，ISI = 1100±100 ms），图片的呈现时间为 4000 ms，词表一图片呈现完毕后要求被试采取最有效的记忆策略记住屏幕上呈现的图片，在另一轮实验中要求被试尽量忘记词表一的图片，然后计算机顺次呈现词表二的 12 张图片，学习系列的刺激相对于每个被试来说都采用相同的伪随机顺序呈现。

干扰阶段，两组图片学习完毕，进行连续加 3 运算分心任务 60 s，要求被试口头报告给主试。

回忆阶段，先让被试回忆第一组的图片。部分线索回忆组，在一张图上呈现词表一中的 6 张缩小的线索项目，要求被试认真阅读这些项目，并把这些项目作为回忆目标项目的线索，在答题纸上回忆出词表一剩余的目标项目（7—8 岁儿童由于未掌握足够的文字书写，允许其用拼音代替）。自由回忆组，要求被试在答题纸上默写回忆刚才学习过的词表一的所有词。第二组的图片让被试全部回忆并报告在答题纸上。两组回忆时间均为 2 min。每轮大约用时 7 min，组间休息 1 min，要求被试尽量放松大脑准备下一轮实验。对两种学习方式的学习顺序、线索条件进行了平衡。

（三）实验结果

对定向记住条件下各年龄组在有无部分线索效应情况中的平均回忆成绩进行

描述统计后，得到了相应数据，如图 4-4 所示。

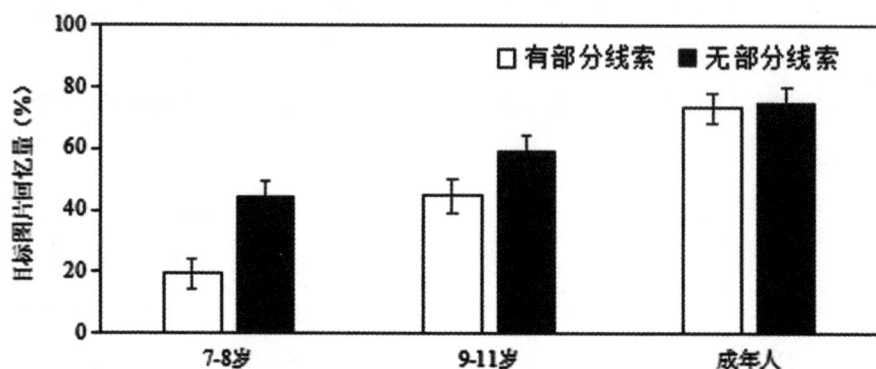

图4-4　各年龄段被试在定向记住条件下对词表一目标项的回忆量

在定向忘记条件下各年龄组在有无部分线索效应情况中的平均回忆成绩如图 4-5 所示。

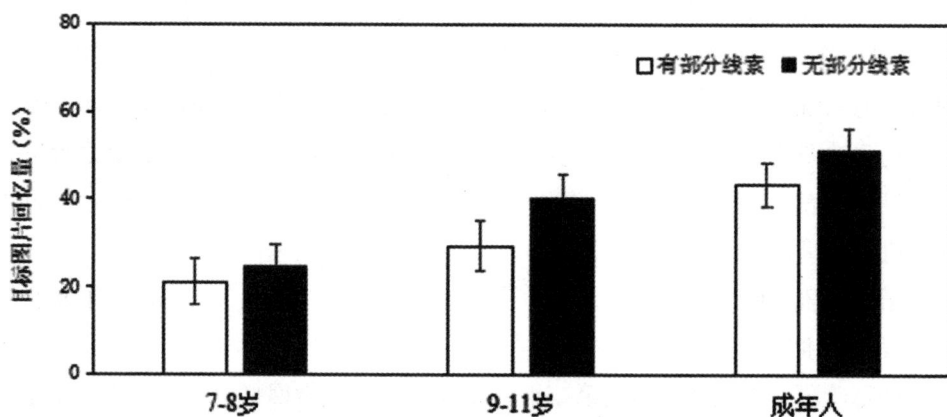

图4-5　各年龄段被试在定向忘记条件下对词表一目标项的回忆量

进一步对三个年龄被试在定向记忆的两种线索类型下的回忆成绩进行 2×2×3 的重复测量方差分析，如表 4-5 所示。

表4-5　定向记忆、年龄对类别间的部分线索效应的影响

变异来源	SS	df	MS	F
组内				
定向记忆	1.860	1	1.860	38.988***
定向记忆×线索类型	0.056	1	0.056	1.170

续表

变异来源	SS	df	MS	F
定向记忆×年龄	0.312	2	0.156	3.273*
定向记忆×线索类型×年龄	0.195	2	0.097	2.040
误差（定向记忆）	5.103	107	0.048	
组间				
线索类型	0.624	1	0.624	11.590**
年龄	4.390	2	2.195	40.782***
线索类型×年龄	0.102	2	0.051	0.945
误差	5.759	107	0.054	

注：* 表示差异显著，$p<0.05$，** 表示差异显著，$p<0.01$，*** 表示差异显著，$p<0.001$，下同。

结果发现，定向记忆主效应显著，$F(1, 107) = 38.988$，$p < 0.001$，说明被试在定向记忆情况下所体现出的回忆成绩不同，且定向记住情况下的回忆成绩优于定向忘记情况下的回忆成绩。线索类型主效应显著，$F(1, 107) = 11.590$，$p < 0.01$，说明不同线索类型下的回忆成绩不同，且无部分线索方式下的回忆成绩优于有部分线索回忆方式下的回忆成绩；年龄主效应显著，$F(2, 107) = 40.782$，$p<0.001$，进一步的多重比较结果表明，大学生成人的成绩高于9—11岁儿童的成绩高于7—8岁儿童的回忆成绩（所有 $p<0.001$），说明随着年龄的增长，被试的记忆能力也在提高。

定向记忆与线索类型交互作用不显著，$F(1, 107) = 1.170$，$p>0.05$，这表明部分线索并没有影响定向记忆和定向忘记两种不同条件下的目标回忆。

定向记忆与年龄交互作用显著，$F(1, 107) = 3.273$，$p<0.05$，即各被试在定向记忆条件下的回忆量受年龄的影响。进一步的简单效应检验表明，在定向记住的条件下，成年人的回忆量显著高于9—11岁儿童高于7—8岁儿童（所有 $p<0.05$）；而在定向忘记的条件下7—8岁和9—11岁儿童的回忆量没有显著差异（$p>0.05$），但成年人的回忆量显著高于7—8岁和9—11岁儿童的回忆量（所有 $p<0.05$）。在7—8岁儿童中，定向记住和定向忘记的成绩没有显著差异（$p>0.05$）；9—11岁儿童在定向记住条件下的成绩显著高于定向忘记（$p<0.01$）；成年人在定向记住条件下的成绩显著高于定向忘记（$p<0.01$）。

线索类型×年龄的交互作用不显著，$F(2, 107) = 0.945$，$p>0.05$。因此，分别在定向记住和定向忘记条件下，对被试的线索类型和年龄进行了两因素完全随机方差分析。结果表明，在定向记住条件下，线索类型和年龄的交互作用存在边缘显著，$F(2, 107) = 2.709$，$p = 0.071$。进一步的简单效应检验表明，两组儿童的无线索回忆成绩显著高于有线索回忆成绩（$p < 0.05$），而成年人的两种线索回忆成绩没有显著差异（$p > 0.05$）。

定向记忆×线索类型×年龄的交互作用不显著，$F(2, 107) = 2.040$，$p > 0.05$。

三、实验2：以类别内图片为部分线索对儿童部分线索效应发展的影响

（一）实验目的

考察线索图片和目标图片为同一语义类别下的图片部分线索效应。

（二）实验方法

1. 被试

共计30名7—8岁儿童（7.83 ± 0.51 岁；16女），40名9—11岁儿童（10.26 ± 0.63 岁；20女），42名成年人（22.31 ± 2.68 岁；22女）。

2. 材料

同实验1。

3. 实验设计

同实验1。

4. 实验程序

实验程序基本同实验1，不同之处在于：测试阶段给部分线索组提供的线索为列表一种的两类图片中各二分之一，将两个类别剩余的二分之一图片作为目标图片，让被试回忆出来。

（三）实验结果

对定向记住条件下各年龄组在有无部分线索效应情况中的平均回忆成绩进行描述统计后，得到了相应数据，如图4-6所示。

在定向遗忘条件下各年龄组在有无部分线索效应情况中的平均回忆成绩，如图4-7所示。

进一步对三个年龄被试在定向记忆的两种线索类型下的回忆成绩进行2×2×3

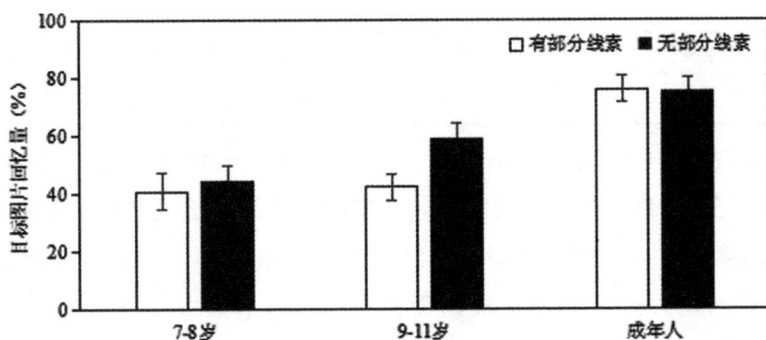

图4-6 各年龄段被试在定向记住条件下对词表三目标项的回忆量

□有部分线索 ■无部分线索

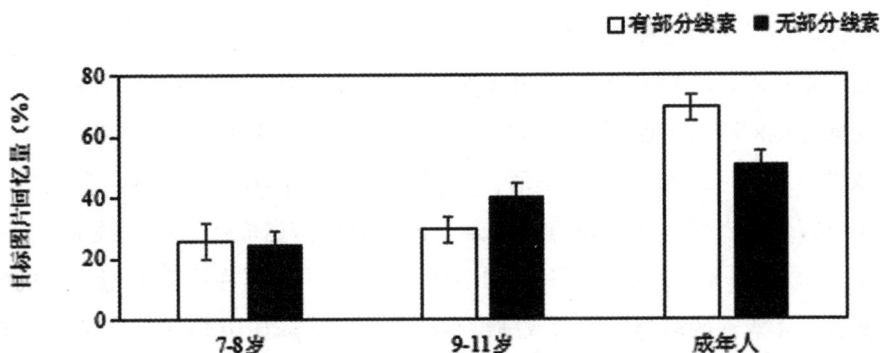

图4-7 各年龄段被试在定向忘记条件下对词表三目标项的回忆量

的重复测量方差分析，如表4-6所示。

表4-6 定向遗忘、年龄对类别内的部分线索的影响

变异来源	SS	df	MS	F
组内				
定向记忆	1.406	1	1.406	38.423***
定向记忆×线索类型	0.124	1	0.124	3.379
定向记忆×年龄	0.005	2	0.002	0.067
定向记忆×线索类型×年龄	0.048	2	0.024	0.661
误差（定向记忆）	3.878	106	0.037	
组间				
线索类型	0.017	1	0.017	0.390
年龄	4.597	2	2.298	52.730***
线索类型×年龄	0.563	2	0.282	6.461**

续表

变异来源	SS	*df*	*MS*	F
误差	4.620	106	0.044	

结果发现，定向记忆主效应显著，$F_{(1, 106)} = 38.423$，$p < 0.001$，说明被试在定向记忆条件下的回忆成绩不同，定向记住的回忆成绩优于定向忘记的回忆成绩。线索类型主效应不显著，$F_{(1, 106)} = 0.390$，$p > 0.05$，说明自由回忆与部分线索回忆方式下的回忆成绩无差别；年龄主效应显著，$F_{(2, 106)} = 52.730$，$p < 0.001$，进一步的多重比较结果表明，大学生成人的成绩高于9—11岁儿童的成绩、高于7—8岁儿童的回忆成绩（所有$p < 0.05$），说明随着年龄的增长，被试的记忆能力也在提高。

定向记忆×线索类型的交互作用不显著，$F_{(1, 106)} = 3.379$，$p > 0.05$。

定向记忆×年龄的交互作用不显著，$F_{(2, 106)} = 0.067$，$p > 0.05$。

线索类型×年龄的交互作用显著，$F_{(2, 106)} = 6.461$，$p < 0.01$，随着进一步的简单效应检验表明，无论是有无线索，被试成绩均是成年人的成绩高于9—11岁儿童、高于7—8岁儿童（都是$p < 0.001$）；7—8岁儿童在线索类型上的成绩差异不显著，无线索成绩与有线索成绩没有显著差别（$p < 0.01$）；9—11岁儿童在线索类型上的成绩差异显著，表现为无线索成绩显著高于有线索（$p < 0.05$）；成年人在线索类型上的成绩差异显著，无线索成绩显著低于有线索成绩（$p < 0.05$）。

定向记忆×线索类型×年龄的交互作用不显著，$F_{(2, 106)} = 0.661$，$p > 0.05$。

四、综合讨论

本研究通过两个实验发现，实验一：在提供的线索和目标项属于不同类别图片类别（类别间）的条件下，部分线索效应在所研究的三个年龄组中存在发展性分离。在定向记住条件下，两组儿童均呈现部分线索有害影响，但成年人的无部分线索成绩和有部分线索成绩没有差异；在定向忘记的条件下，被试均呈现无部分线索成绩高于有部分线索成绩。这与约翰和阿斯兰的研究有所不同。他们的研究发现，在定向记住条件下，被试均呈现无部分线索成绩高于有部分线索成绩；定向忘记条件下，成年人的部分线索成绩高于无线索成绩，原因可能是采用的实验材料不同。实验二：而在提供的线索和目标项属于同一类别图片（类别内）的条件下，无论是定向记住还是定向忘记，两组儿童均呈现部分线索有害影响；而成年人在定向忘记条件下的无线索成绩显著低于有线索成绩，部分线索呈现了有益的影响。这一结果与约翰和阿斯兰的研究相一致。表明部分线索效应受线索类型的影响，虽然两种线索条件下部分线索效应都存在发展性分离，但在部分线索为类别内图片的条件下，线索提示有益于成年人的回忆。

贝姆尔和萨梅尼耶提出了两种情境下部分线索效应引发的机制。他们假设，当学习时的编码情境未被破坏时，并且项目之间的干扰相对较高，部分线索效应触发主要是抑制/阻塞进程，从而导致部分线索效应有害。在编码情境被破坏时，项目之间的干扰相对较低，部分线索效应被假定为激活学习时的编码情境，重新激活的编码情境可以作为额外的线索，指导后续剩余项目，产生有益的效果。

有研究表明，部分线索有害的发展相对较早，并且在小学阶段就已经出现，这与之前的研究报告一致，在5—7岁的儿童中出现和成人一样的部分线索有害影响。此外，阿斯兰和贝姆尔发现，线索提示可以提高13岁儿童对要遗忘的目标项目的回忆，但7—9岁儿童的目标记忆没有受到影响。由于线索提示的有益效果被归因于编码情境的重新激活过程。这一发现与当前的结果相一致，表明无论类别间还是类别内线索，小学生都不能利用其进行编码情境再激活。这两项研究的结果集中在一起的观点认为，重新激活编码情境的困难是小学儿童情境记忆的一个独立且相当普遍的特征。

目前的结论是，小学生不能充分利用提供的线索进行编码情境再激活。在当前的实验中，我们使用列表定向遗忘来操纵编码情境激活，这是一种研究定向遗忘的范式，它被反复地归因于研究编码情境激活受损。与以前的发展工作相一致，我们在三个年龄组中，发现了一致的定向遗忘，这表明对编码情境的操作是有效的，而且，即使是最年幼的孩子，给予定向遗忘的指示，其编码情境也会受到损害。或者，我们可以假设小学生可以利用编码情境的重新激活，但是他们（成功的）定向的遗忘是由过程而不是编码情境的被破坏来调节的。然而，这样的替代假设需要假设定向遗忘在不同的年龄组中有不同的过程，这是一种不太清楚的假设，至今没有证据。尽管如此，未来的研究应该通过检查小学生是否能从部分线索中获益，来验证当前的研究结果。

综上所述，目前的研究是对儿童部分线索的两种对立效应的研究。我们发现，在7—8岁、9—11岁的儿童中，部分线索的有害影响是完整的，而只有成人在线索项和目标项属于同一类别时表现出了有益的效果。从应用的角度来看，这些发现呼吁教育者们意识到一个事实，即一份精心准备的部分信息可能并不总是有用，有时甚至会阻碍孩子们对其他信息的记忆。从理论的角度来看，研究结果表明，小学生表现出完整的抑制过程，但还不能充分利用编码情境激活。

五、小结

本研究发现：（1）当线索项和目标项属于不同类别时，在编码情境完好的条件下部分线索效应存在发展性分离，即部分线索在儿童中对记忆表现出了不利影响，而成年人在有无线索两种条件下的回忆没有差异。（2）当部分线索项和目标项属于同一类别时，部分线索效应表现出发展性分离，即部分线索在儿童中对记忆表现出了不利影响，而在成年人中表现出了有益影响。表明部分线索效应的发展性分离受编码情境和线索类型的影响，儿童在利用线索进行编码情境再激活方面有困难。

第三节　部分线索效应的个体差异

一、引言

提取抑制假说认为，部分线索效应是线索效应认知抑制执行控制的一种后效，即在回忆过程中线索的提供使得个体对线索项目进行内隐提取，内隐提取导致对相关联项目的抑制，抑制直接影响项目的整体表征强度。研究者从项目间关联程度、编码条件、线索类型、抑制进程、线索—测试时间间隔及个体差异等方面进行的研究均支持了抑制的观点。

执行控制（认知控制）使得人们能够灵活和新颖地指导和协调自我的思想和行为，以达到既定目标，即使在面临冲突刺激和不适宜优势反应时，也能如此。执行控制的核心包括抑制（抑制控制，包括反应抑制和认知抑制）、工作记忆和认知灵活性。其中，认知抑制反映了主动抑制并限制与当前任务无关刺激的加工能力；工作记忆是一个容量有限的系统，主要负责在各种复杂认知活动中，对信息的暂时存储和处理。工作记忆和认知抑制彼此相关且共存，工作记忆能预测认知抑制能力，认知抑制有助于工作记忆效率。具体而言，工作记忆中的目标保持，有利于个体明确当前任务要求，即明确该做什么和不能做什么，这有助于对不适宜的刺激进行快速有效的抑制；认知抑制是对想法或记忆的抑制，通过对不适宜的分心刺激的抑制，个体可以更好地将认知资源集中于感兴趣的工作记忆任务内容上。

前人研究表明，执行控制能力存在较大的个体差异。从个体差异的视角，研究者们通过选取不同的被试群体，发现抑制能力较低个体的部分线索效应量显著低于抑制能力较高个体，研究结果支持了提取抑制假说。但以上研究中抑制能力较低的被试群体基本为临床患者（如遗忘症、精神分裂症）、儿童和老年人（通常以正常成年人为对照组），这些被试群体虽然在抑制能力上与正常成年人存在差异，但在年龄、学习经验、生活时代背景等方面也存在差异。而前人研究表明，认知抑制能力的发展和老化具有异质性，并且抑制能力本身是一个随年龄不断发展变化的过程，因此采用不同年龄的儿童或老年人，得出的研究结果可能是不同的。如果从同一年龄群体选取不同抑制能力个体，最大可能地排除年龄、学习经验、生活时代背景等的不同对于实验结果的可能影响，在此基础上对于提取抑制假说的检验，更具有说服力。

在前人的研究中，对于认知抑制的考察，通常采用的实验范式有：Stroop 范式、Flanker 范式、返回抑制范式和负启动范式。对于工作记忆容量的考察，通常采用工作记忆广度任务来实现。因此，本研究试图采用研究认知抑制的常用实验范式，从个体差异的角度，考察不同抑制能力个体部分线索效应的差异，以便检验提取抑制假说。

前人研究表明，Stroop 任务是测定认知抑制的有效指标，如果 Stroop 效应较小，则表明个体的抑制控制能力较强，因为个体只需付出较小的努力即可对干扰特征、过程或者是心理活动进行有效抑制，相反的，如果个体的 Stroop 效应较大，则表明个体的抑制控制能力较弱，因为个体在抑制无关信息的过程中需要付出较大的努力或较多的时间。有很多研究采用 Stroop 任务考察抑制机制，在多个被认为有抑制参与的认知任务中，均发现 Stroop 效应量能预测这些任务的成绩。根据 Stroop 效应与认知抑制控制过程相关联的观点，如果部分线索效应是基于线索项目对目标项目的抑制，那么可以预期，Stroop 效应量越小的个体，部分线索对其回忆的破坏作用越大。

目前，很多研究发现抑制控制能力与工作记忆容量（working memory capacity，WMC）存在正相关，工作记忆容量越高，抑制能力越强。在多个被认为有抑制参与的认知任务中，例如，Stroop 任务、反向眼跳任务、定向遗忘任务、提取诱发遗忘任务、记忆抑制任务和睡眠对记忆巩固影响等中均发现 WMC 能预测这些任务的表现。根据 WMC 与抑制控制加工过程的有效性相关的观点，如果部分线索效应是基于抑制的，那么可以预期，WMC 容量越大的个体，部分线索对其回忆的破坏作用越大。

本研究将通过测量大学生的部分线索效应任务表现及其与 Stroop 任务和操作广度任务（OAPSN）之间的关系来对以上预期进行检验。经典 Stroop 任务中，要求对不一致的刺激做出正确的反应，即同一个刺激的两个维度或特征产生相互干扰，由此激活两种竞争性反应。如果部分线索效应反应的是受控制的资源需求的抑制过程，那么部分线索效应与 Stroop 效应呈负相关，Stroop 效应越小的个体，部分线索效应也应越大。OSPAN 任务被广泛应用于个体差异研究，它要求被试同时存储和加工信息，并能有效测量被试的 WMC。如果部分线索效应反应的是受控制的资源需求的抑制过程，那么部分线索效应与 WMC 呈正相关，OSPAN 任务得分越高的个体，部分线索效应也应越大。

二、实验 1：Stroop 效应量与部分线索效应

（一）被试

102 名大学生参加本实验（40 男）。被试年龄范围 18—24（岁），平均年龄 19.58±1.31 岁。所有被试视力或矫正视力正常，均为右利手。实验后有小礼品赠送。

（二）部分线索任务

1. 材料

从《现代汉语常用词词频词典（音序部分）》中选取名词 70 个，其中一半作为词表 1，另一半组成词表 2。从词表 1、2 中均选取 14 个词作为线索项目，剩余 21 个词作为目标项目。对每个词表中作为线索项目和目标项目的词的词频、首字笔画、尾字笔画、首字部件和尾字部件均做了控制，采用与检验词表 1 和词表 2 类似的方法进行统计检验，结果表明均不存在显著差异。

2. 设计

记忆任务采用单因素两个水平的被试内设计，两个水平分别为：部分线索条件和无部分线索条件。因变量为被试对目标词的回忆结果。

3. 程序

本实验程序采用 E-Prime1.1 软件进行编程，刺激材料通过 21 英寸 CRT 显示

器（分辨率1024×768，刷新率85 Hz）呈现。整个实验任务均由计算机控制计时。

部分线索效应的测量采用经典的学习—干扰—测试（自由回忆）范式。正式实验之前先进行练习，让被试熟悉实验程序。

正式实验包括两个区组，每个区组学习1个词表，均包括学习、干扰和回忆三个阶段。

学习阶段，计算机顺次呈现35个双字词，刺激间在屏幕中央呈现"+"字（既为注视点又为刺激间的时间间隔ISI，ISI = 1100±100ms），双字词的呈现时间为2000ms，要求被试采取最有效的记忆策略记住屏幕上呈现的双字词，学习系列的刺激相对于每个被试来说都采用相同的伪随机顺序呈现。

干扰阶段，学习完毕，进行两位数加减法运算分心任务60s（计算题呈现时间为2500ms，ISI = 1000ms），要求被试在答题纸上写出答案。

回忆阶段，部分线索回忆组，呈现线索项目，要求被试按顺序认真阅读这些项目，并把这些项目作为回忆目标项目的线索，在答题纸上回忆出目标项目。自由回忆组，要求被试在答题纸上默写回忆刚才学习过的所有词。两组回忆时间均为4min。

每个区组大约用时8min，组间休息2min，要求被试尽量放松大脑准备下一组实验。对两种学习方式的学习顺序、线索条件进行了平衡。

（三）Stroop 任务

采用经典Stroop色—词范式。刺激材料是"红""绿""黄""蓝"四个汉字，分别用红、绿、黄、蓝四种颜色书写。要求被试尽量忽略字的意义，按照字的颜色进行反应。每一试次中刺激的呈现顺序为，首先呈现注视点250ms，然后呈现色词刺激，被试做出按键反应后刺激消失，四种颜色分别对应计算机键盘的D、F、J、K键，如果2000ms之内被试未做出反应，则刺激消失，进入到下一个试次。在实验过程中，要求被试又快又好的做出反应。色词一致和不一致条件下试次数均为48个。正式实验之前先进行练习，让被试熟悉任务要求。计算机自动记录从目标刺激呈现到被试做出反应的时间及反应的正误。

（四）结果与简要讨论

1. 回忆成绩和 Stroop 效应

对部分线索条件和无部分线索条件下的平均回忆成绩进行了统计，同时借助信号检测论的方法，计算两种条件下的辨别力 d' 和判断标准 β，结果如表4-7所示。

表4-7　部分线索和无部分线索条件下的回忆结果（$M \pm SD$）

因变量指标	无部分线索	部分线索
正确回忆量	6.05±2.41	4.98±2.52
错误回忆量	1.89±1.72	1.46±1.15
d'	1.05±0.53	0.74±0.57
β	4.40±2.89	2.78±1.80

对部分线索和无部分线索条件下的回忆结果进行配对样本 t 检验，结果表明，无部分线索和部分线索条件在正确回忆量、错误回忆量、d' 和 β 上均存在显著差异，无部分线索条件显著大于部分线索条件，$t_{正确回忆量}$（101）= 4.208，$p < 0.001$，$d = 0.43$；$t_{错误回忆量}$（101）= 2.742，$p < 0.01$，$d = 0.35$；$t_{d'}$（101）= 4.977，$p < 0.001$，$d = 0.50$；t_{β}（101）= 5.035，$p < 0.001$，$d = 0.50$。

对 Stroop 任务的反应时和正确率进行了统计，色—词一致条件下反应时为 $M = 668$ms，$SD = 87$ms，正确率为 $M = 0.97$，$SD = 0.03$；不一致条件下反应时为 $M = 789$ms，$SD = 114$ms，正确率为 $M = 0.94$，$SD = 0.05$。对一致和不一致条件下的反应时进行配对样本 t 检验，t（101）= -19.246，$p < 0.001$，$d = 1.19$，一致条件下显著低于不一致条件下；对一致和不一致条件下的正确率进行配对样本 t 检验，t（101）= 6.042，$p < 0.001$，$d = 0.51$，一致条件下正确率显著高于不一致条件下。

2. 部分线索效应与 Stroop 效应量的相关和回归分析

对 Stroop 效应量和部分线索效应量的计算采用比例法。表4-8 呈现了 Stroop 效应量（反应时：[不一致条件下的反应时—一致条件下的反应时]／不一致条件下的反应时；正确率：[一致条件下的正确率—不一致条件下的正确率]／一致条件下的正确率）与部分线索效应量（[自由回忆条件下的回忆成绩—部分线索条件下的回忆成绩]／自由回忆条件下的回忆成绩）、辨别力 d' 差值（自由回忆条件 d'—部分线索条件 d'）和判断标准 β 差值（自由回忆条件 β—部分线索条件 β）之间的相关系数。

表4-8　Stroop 效应量与部分线索效应各指标的相关系数

因变量指标	Stroop 效应量（反应时）	Stroop 效应量（正确率）
部分线索效应量	-0.307**	0.067
d' 差值	-0.218*	0.077
β 差值	-0.208*	0.050

注：***代表 $p < 0.001$，**代表 $p < 0.01$，*代表 $p < 0.05$，+代表边缘显著，下同。

由表4-8可知，Stroop效应量（反应时）与部分线索效应的三个指标均呈显著负相关。Stroop效应量（正确率）与部分线索效应的三个指标均相关不显著。

以Stroop效应量（反应时）为自变量，以部分线索效应量、辨别力 d' 差值和判断标准 β 差值为因变量，进行分层回归分析，如表4-9。在回归模型中，第一步将性别和年龄作为控制变量纳入方程，男性编码为1，女性编码为2；第二步将Stroop效应量作为预测变量纳入方程。

表4-9 部分线索效应各指标关于Stroop效应量的分层回归分析

变量		部分线索效应量 (β)		d'差值 (β)		β差值 (β)	
		第一步	第二步	第一步	第二步	第一步	第二步
第一步：	人口统计学变量						
	性别	0.069	0.038	0.129	0.107	0.101	0.080
	年龄	0.003	0.019	−0.021	−0.010	−0.085	−0.075
第二步：	Stroop效应量						
	Stroop效应量		−0.304**		−0.207*		−0197*
	F	0.243	3.475*	0.825	2.044	0.774	1.885
	R^2	0.005	0.096	0.016	0.059	0.015	0.054
	ΔF		9.897**		4.424*		3.971*
	ΔR^2		0.091		0.042		0.038

由表4-9可知，控制了性别和年龄的影响效应之后，Stroop效应量仍然可以显著预测部分线索效应量、辨别力 d' 差值和判断标准 β 差值。

部分线索效应各指标关于Stroop效应量的散点图及最佳拟合线如图4-8。部分线索效应量关于Stroop效应量的回归线的斜率为负，并且绝对值显著大于0，$t(101) = -3.146$，$b = -2.525$，$SE = 0.803$，$p < 0.01$；d'差值关于Stroop效应量的回归线的斜率为负，并且显著大于0，$t(101) = -2.103$，$b = -2.097$，$SE = 0.997$，$p < 0.05$；β 差值关于Stroop效应量的回归线的斜率为负，并且显著大于0，$t(101) = -1.993$，$b = -10.485$，$SE = 5.262$，$p < 0.05$。

3. 不同Stroop效应量个体部分线索效应的差异

以Stroop效应量（反应时）为指标，按效应量大小选取后20名和前20名被试，作为高和低抑制能力组，其部分线索效应量、d'差值和 β 差值如表4-10所示。

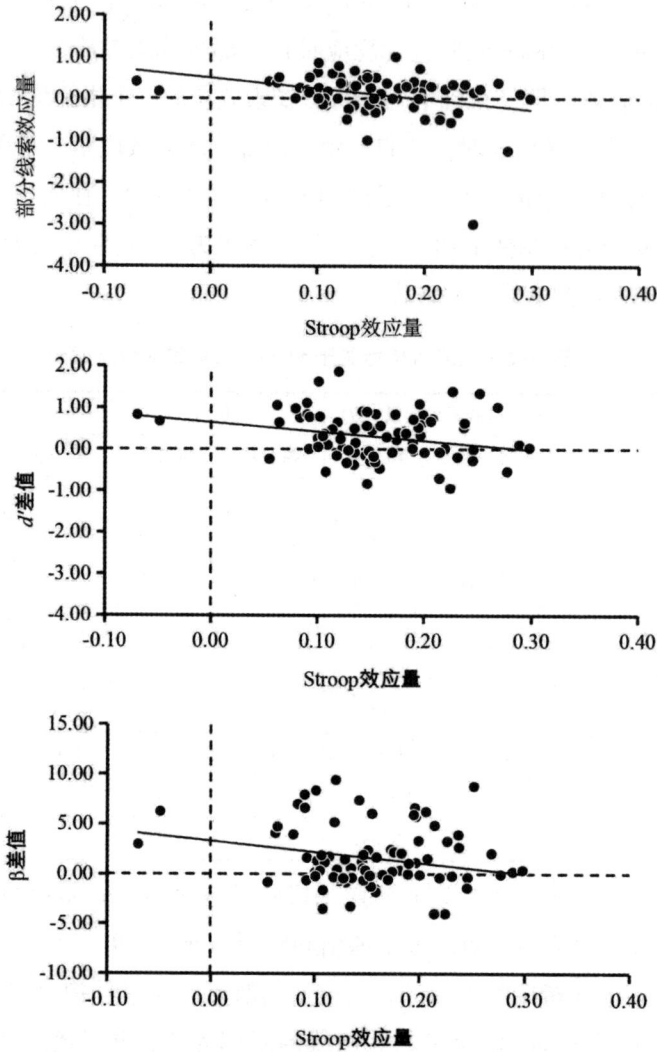

图4-8　部分线索效应各指标关于 Stroop 效应量的函数

表4-10　高低抑制能力组部分线索效应各指标情况（*M*±*SD*）

因变量指标	高抑制能力	低抑制能力
部分线索效应量	0.33±0.29	−0.25±0.78
d'差值	0.64±0.59	0.07±0.72
β 差值	3.40±3.56	0.58±3.67

　　对高、低抑制能力组各部分线索效应指标进行独立样本 *t* 检验，结果表明，两组在部分线索效应量、d'差值和 β 差值上均存在显著差异，高抑制能力组显著

大于低抑制能力组，$t_{部分线索效应量}$（38）= 9.947，$p<0.01$，$d=0.98$；$t_{d'差值}$（38）= 7.557，$p<0.01$，$d=0.87$；$t_{\beta差值}$（38）= 6.088，$p<0.05$，$d=0.78$。

实验 1 考察了部分线索效应量与 Stroop 效应的关系。结果表明，在回忆成绩、辨别力 d' 和判断标准 β 上，自由回忆方式下优于部分线索方式下，表明部分线索对回忆产生了消极影响，降低了回忆成绩，这一结果与前人研究结果一致。在部分线索效应与 Stroop 效应的关系上，部分线索效应量、d' 差值和 β 差值均随着 Stroop 效应量的降低而增加，即 Stroop 效应越小，部分线索效应越大，表明抑制能力越高，部分线索效应越大。

基于此，我们在实验 2 中进一步采用工作记忆容量作为衡量抑制能力的指标，考察抑制能力不同个体部分线索效应的差异。

三、实验2：工作记忆容量与部分线索效应

（一）被试

105 名大学生参加本实验（39 男）。被试年龄范围 18—25（岁），平均年龄 19.53±1.07（岁）。所有被试视力或矫正视力正常，均为右利手。实验后有小礼品赠送。

（二）部分线索任务

同实验 1。

（三）工作记忆容量任务

参考前人研究，以 OSPAN 任务作为测量工作记忆容量的任务。该任务要求被试同时存储和处理信息，因此测量的工作记忆容量具有较高的信效度。本研究中使用的是 OSPAN 的中文版本。该任务通过 E-Prime1.1 呈现，整个实验流程通过 E-Prime 软件自动控制。

OSPAN 任务包含 15 个试次，每个试次包含特定数量的（3—7 个）相继呈现的数学等式—字母对，例如，（3×7）−3 =? J。

屏幕上首先会呈现一个数学等式，要求被试计算出等式的答案，被试计算出等式的答案后，马上点击鼠标，随后屏幕上会呈现一个数字，要求被试判断该数字是否是等式的正确答案，正确则用鼠标点击"正确"按钮，错误则用鼠标点击"错误"按钮，要求被试又快又好地做出判断。做出判断之后，一个字母将呈现

在屏幕上，呈现时间为 800ms，要求被试记住这个字母。

每个试次中，最后一个等式—字母对呈现完毕后，屏幕上会呈现 12 个备选字母，要求被试按顺序用鼠标左键选出在这个试次中要求记住的字母，忘记的字母可点击"空白键"代替。每个试次结束后，会给以反馈，告知被试正确回忆的字母个数及数学等式计算错误的个数，反馈屏呈现时间为 2000ms。每种数量（3—7个）的试次均重复三次，随机出现。因此 OSPAN 得分最大值为 3× (3+4+5+6+7) = 75。为了避免被试产生数学计算正确率和字母记忆成绩间的权衡，要求被试的数学计算正确率达到 85% 以上。

整个任务完成后，程序自动报告五项得分：OSPAN 分数（完全正确回忆的试次中，字母个数的总和）、T-OSPAN 分数（正确回忆出的总的字母个数）、数学题总错误个数、因速度而导致的数学题错误个数、因计算错误而导致的数学题错误个数。整个任务大约需要 20min。

（四）结果与简要讨论

1. 回忆成绩和工作记忆容量

对部分线索条件和无部分线索条件下的平均回忆成绩进行了统计，同时借助信号检测论的方法，计算两种条件下的辨别力 d' 和判断标准 β，结果如表 4-11 所示。

表4-11　部分线索和无部分线索条件下的回忆结果 （$M \pm SD$）

因变量指标	无部分线索	部分线索
正确回忆量	6.18±2.54	4.99±2.33
错误回忆量	2.13±2.01	1.62±1.21
d'	1.01±0.55	0.71±0.53
β	4.15±2.83	2.61±1.66

对部分线索和无部分线索条件下的回忆结果进行配对样本 t 检验，结果表明，无部分线索和部分线索条件在正确回忆量、错误回忆量、d' 和 β 上均存在显著差异，无部分线索条件显著大于部分线索条件，$t_{正确回忆量}$（104）= 5.540，$p < 0.001$，$d = 0.54$；$t_{错误回忆量}$（104）= 2.808，$p < 0.01$，$d = 0.35$；$t_{d'}$（104）= 5.469，$p < 0.001$，$d = 0.29$，t_{β}（104）= 5.128，$p < 0.001$，$d = 0.50$。

对 OSPAN 任务得分进行了统计，OSPAN 分数的平均值为 44.18 （$SD = 14.35$，分值范围为 0—69），T-OSPAN 分数的平均值为 59.30 （$SD = 9.77$，分值范围为 30—75）。

2. 部分线索效应与工作记忆容量的相关和回归分析

表4-12 呈现了 OSPAN 分数和 T-OSPAN 分数与部分线索效应量、辨别力 d' 差值和判断标准 β 差值之间的相关系数。

表4-12 OSPAN 分数和 T-OSPAN 分数与部分线索效应各指标的相关系数

因变量指标	OSPAN 分数	T-OSPAN 分数
部分线索效应量	0.376**	0.353**
d'差值	0.211*	0.242*
β 差值	0.173+	0.191+

由表 4-12 可知，OSPAN 分数和 T-OSPAN 分数与部分线索效应量、辨别力 d' 差值均呈显著正相关，OSPAN 分数和 T-OSPAN 分数与判断标准 β 差值均呈边缘显著正相关。

以 OSPAN 分数为自变量，以部分线索效应量、辨别力 d' 差值和判断标准 β 差值为因变量，进行分层回归分析，如表 4-13。在回归模型中，第一步将性别和年龄作为控制变量纳入方程，男性编码为 1，女性编码为 2；第二步将 OSPAN 分数作为预测变量纳入方程。

表4-13 部分线索效应各指标关于 OSPAN 分数的分层回归分析

变量		部分线索效应量 (β)		d'差值 (β)		β 差值 (β)	
		第一步	第二步	第一步	第二步	第一步	第二步
第一步	人口统计学变量						
	性别	0.055	−0.027	0.102	0.048	0.107	0.065
	年龄	0.060	0.031	−0.014	−0.032	−0.050	−0.065
第二步	OSPAN 分数						
	OSPAN 分数		0.356***		0.234*		0.182+
	F	0.356	4.863**	0.540	2.223+	0.689	1.561
	R^2	0.007	0.126	0.010	0.062	0.013	0.044
	ΔF	13.788***		5.541*		3.273+	
	ΔR^2		0.119		0.051		0.031

由表 4-13 可知，控制了性别和年龄的影响效应之后，OSPAN 分数仍然可以显著预测部分线索效应量、辨别力 d' 差值和判断标准 β 差值。

部分线索效应各指标关于 OSPAN 分数的散点图及最佳拟合线如图 4-9。部分线索效应量关于 OSPAN 分数的回归线的斜率为正，并且显著大于 0，t (104) =

3.713，$b = 0.012$，$SE = 0.003$，$p < 0.001$；d' 差值关于 OSPAN 分数的回归线的斜率为正，并且显著大于 0，$t(104) = 2.354$，$b = 0.009$，$SE = 0.004$，$p < 0.05$；β 差值关于 OSPAN 分数的回归线的斜率为正，并且显著大于 0，$t(104) = 1.807$，$b = 0.039$，$SE = 0.022$，$p = 0.073$。

以 T-OSPAN 分数为自变量，以部分线索效应量、辨别力 d' 差值和判断标准 β 差值为因变量，进行分层回归分析，如表 4-14。在回归模型中，第一步将性别和年龄作为控制变量纳入方程，男性编码为 1，女性编码为 2；第二步将 T-OSPAN 分数作为预测变量纳入方程。

表4-14　部分线索效应各指标关于 T-OSPAN 分数的分层回归分析

变量		部分线索效应量 (β)		d' 差值 (β)		β 差值 (β)	
		第一步	第二步	第一步	第二步	第一步	第二步
第一步	人口统计学变量						
	性别	0.055	−0.016	0.102	0.065	0.107	0.076
	年龄	0.060	0.047	−0.014	−0.021	−0.050	−0.056
第二步	T-OSPAN 分数						
	T-OSPAN 分数		0.377**		0.199*		0.161+
	F	0.356	5.643**	0.540	1.725	0.689	1.334
	R^2	0.007	0.144	0.010	0.049	0.013	0.038
	ΔF		16.113***		4.062*		2.632+
	ΔR^2		0.137		0.038		0.025

由表 4-14 可知，控制了性别和年龄的影响效应之后，T-OSPAN 分数仍然可以显著预测部分线索效应量、辨别力 d' 差值和判断标准 β 差值。

部分线索效应各指标关于 T-OSPAN 分数的散点图及最佳拟合线如图 4-10。部分线索效应量关于 T-OSPAN 分数的回归线的斜率为正，并且显著大于 0，$t(104) = 4.014$，$b = 0.018$，$SE = 0.005$，$p < 0.001$；d' 差值关于 T-OSPAN 的回归线的斜率为正，并且显著大于 0，$t(104) = 2.016$，$b = 0.012$，$SE = 0.006$，$p < 0.05$；β 差值关于 T-OSPAN 的回归线的斜率为正，并且大于 0，$t(104) = 1.622$，$b = 0.051$，$SE = 0.031$，$p = 0.088$。

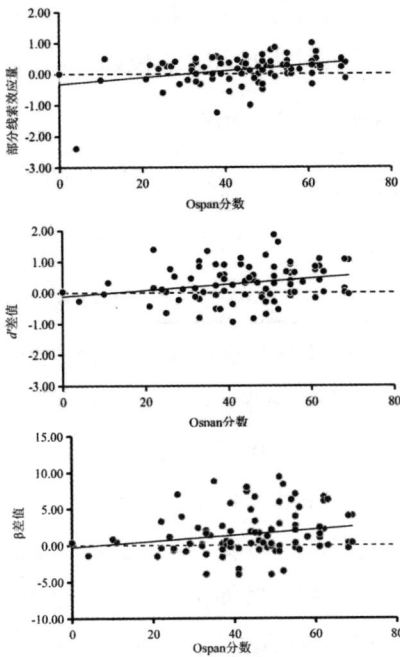

图4-9 部分线索效应各指标
关于 Ospan 分数的函数

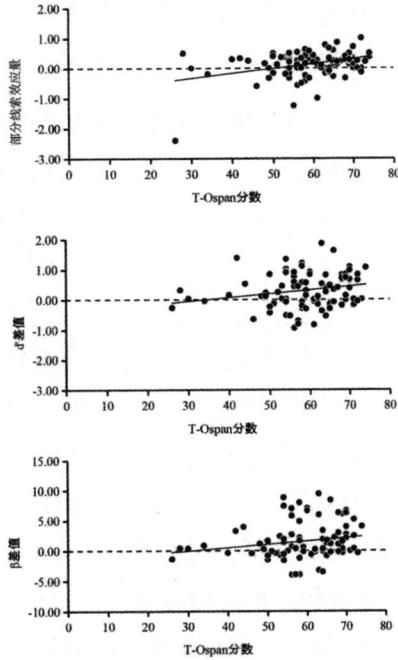

图4-10 部分线索效应各指标
关于 T-Ospan 分数的函数

3. 不同工作记忆容量个体部分线索效应的差异

以工作记忆容量 OSPAN 分数为指标，按效应量大小选取前 20 名和后 20 名被试，作为高和低抑制能力组，其部分线索效应量、d' 差值和 β 差值如表 4-15 所示。

表4-15 高低抑制能力组部分线索效应各指标情况（$M \pm SD$）

因变量指标	高抑制能力	低抑制能力
部分线索效应量	0.36±0.36	−0.06±0.75
d'差值	0.52±0.43	0.13±0.45
β差值	2.17±2.19	0.89±2.17

对高、低抑制能力组各部分线索效应指标进行独立样本 t 检验，结果表明，两组在部分线索效应量、d' 差值上均存在显著差异，高抑制能力组显著大于低抑制能力组，$t_{部分线索效应量}(38) = 5.065$，$p<0.05$，$d=0.71$；$t_{d'差值}(38) = 8.150$，$p<0.01$，$d=0.89$；两组在 β 差值上差异边缘显著，高抑制能力组大于低抑制能力组 $t_{\beta差值}(38) = 3.425$，$p=0.072$，$d=0.59$。

以工作记忆容量 T-OSPAN 分数为指标，按效应量大小选取前 20 名和后 20 名被试，作为高和低抑制能力组，其部分线索效应量、d'差值和 β 差值如表4-16所示。

表4-16 高低抑制能力组部分线索效应各指标情况（$M\pm SD$）

因变量指标	高抑制能力	低抑制能力
部分线索效应量	0.36±0.34	-0.03±0.76
d'差值	0.56±0.42	0.23±0.45
β差值	2.56±2.28	0.49±1.60

对高、低抑制能力组各部分线索效应指标进行独立样本 t 检验，结果表明，两组在部分线索效应量、d'差值和 β 差值上均存在显著差异，高抑制能力组显著大于低抑制能力组，$t_{部分线索效应}$（38）= 4.414，$p<0.05$，$d=0.66$；$t_{d'差值}$（38）= 9.756，$p<0.01$，$d=0.76$；$t_{\beta差值}$（38）= 11.055，$p<0.01$，$d=1.05$。

实验 2 考察了部分线索效应量与工作记忆容量的关系。结果表明，部分线索效应量、d'差值和 β 差值均随着工作记忆容量的增加而增加，即工作记忆容量越大，部分线索效应越大，表明抑制能力越高，部分线索效应越大，与实验 1 的结果一致。

四、讨论

（一）认知抑制能力与部分线索效应

部分线索效应常被认为由于部分线索项目对目标项目的抑制所导致。前人关于抑制理论的检验，较多采用单一的任务范式考察认知抑制能力，而实际上，执行控制本身包含复杂成分，并且执行控制中的认知抑制和工作记忆紧密相关。

本研究以 Stroop 任务和工作记忆容量作为衡量个体抑制能力的指标，考察了抑制能力与部分线索效应的关系。研究结果发现，实验 1 中 Stroop 效应量与部分线索效应量、辨别力 d'差值和判断标准 β 差值呈显著负相关，Stroop 效应量越低的个体，部分线索对其回忆的破坏作用更大；实验 2 中工作记忆容量与部分线索效应量、辨别力 d'差值和判断标准 β 差值呈显著正相关，即相较于低工作记忆容量个体，高工作记忆容量的个体在回忆过程中受部分线索的影响作用更大，实验结果与实验 1 一致，表明 Stroop 效应和工作记忆容量均可以解释部分线索效应中的个体差异。

本研究中部分线索效应的三个指标中，部分线索效应量反映的是被试的回忆成绩之间的差异，辨别力 d'反映了被试的客观辨别力，即主观上信号和噪声分离程度大小，判断标准 β 反映了被试的决策过程是宽松还是严格，两个实验的结果均表明，个体抑制能力越高，其在部分线索和无部分线索条件下回忆成绩的差异越大，辨别信号和噪声的敏感性程度差异也越大，决策过程的宽松程度差异也越大。随后对高低抑制能力被试比较的结果也说明，抑制能力不同的个体，其在回忆成绩、辨别力和判断标准上均存在差异。

工作记忆容量与认知抑制效率密切相关，工作记忆容量高的个体，其应对干扰和抑制任务无关信息的能力比工作记忆容量低的个体强。工作记忆的注意控制观认为工作记忆反映了个体保持任务目标、抑制冲突和避免分心的能力，因此，高工作记忆容量个体通常能更好地保持自上而下的注意控制并保持专注，而低工作记忆容量个体由于不能有效地抑制冲突或干扰，因而在目标保持上常常失败。已有研究采用实验室研究从个体差异的角度对这一观点进行了验证，在这类实验中通常要求被试保持与优势反应倾向相反的任务目标。而工作记忆容量的个体差异反映了总体认知控制能力和经历认知失败的易感性。

在前人研究中也常用 Stroop 任务来考察个体对冲突刺激的抑制能力，该任务要求被试忽略单词本身所表示的颜色意义而对单词的印刷颜色进行命名。当单词的意义和颜色一致时（色词"红"用红色墨水印刷），任务是相对容易的。而当颜色和意义不一致时（色词"红色"用蓝色墨水印刷），任务就变得比较难。并且，不一致条件下的优势反应（阅读色词）与任务目标是冲突的，被试反应时会变长且错误率会增加。并且，凯恩和恩格尔（M. Kane, R. Engle）的研究发现这种效应对于低工作记忆容量个体来说更显著。并且在反眼跳任务中，也发现了相同的结果，低工作记忆容量个体发生更多的眼动错误、启动反眼跳时速度更慢。[①] 采用 Stroop 和反眼跳任务的结果表明，工作记忆容量是衡量个体任务目标保持能力和抑制冲突能力的指标。

部分线索效应的提取抑制假说认为部分线索效应是线索项目对目标项目抑制控制的结果，因此，由线索项目引发的干扰对于不同工作记忆容量个体产生的影响是不同的。由于高工作记忆容量个体更善于保持任务目标，因此部分线索呈现后，高工作记忆容量个体对于线索项目的内隐提取水平更强，并且前人指出，部分线索效应的存在实际上是部分线索呈现阶段执行控制加工过程的后效，因此这就导致在提取阶段，对于高工作记忆容量个体来说，线索项目对目标项目的抑制程度

---

① Kane, M. J., & Engle, R. W. "Working-memory capacity and the control of attention: the contributions of goal neglect, response competition, and task set to Stroop interference." *Journal of Experimental Psychology: General*, Vol. 132, vNo. 1, 2003, pp. 47-70.

更强，因而相较于无线索条件，出现了显著的遗忘效应。而低工作记忆容量个体由于其较差的目标保持能力和认知抑制能力，因而受线索项目抑制的作用较小。

本研究结果与前人以儿童、老年人或临床患者等抑制能力较低个体为被试的研究结果是一致的。这些研究中所选取的研究对象有老年人、精神分裂症患者、遗忘症患者、儿童等，研究结果发现这些人群部分线索效应的降低。由于这些临床人群通常存在着抑制能力的缺陷，这些群体表现出的部分线索效应降低现象，与本研究在排除了年龄、记忆能力等方面差异的基础上得到的结果一致，表明了抑制能力在部分线索效应中起着重要作用。但也有少部分研究以老年人为被试发现老年人与青年人存在同等的部分线索效应，但在这些研究中，学习阶段采用对电影明星名字进行词干补笔的不限时任务，但老年人对目标项目（测验阶段设定的）的词干补笔正确数量显著低于青年人，表明其实验材料的难度对于老年人和青年人来说不对等，另外在测验阶段提供的线索词为学习阶段位于奇数位置的项目，这样的线索呈现方式降低了部分线索效应，使得在此基础上对老年人和青年人的部分线索效应差异的比较不具有代表性。

（二）部分线索效应的抑制机制

前人研究表明部分线索效应与提取诱发遗忘具有相同的抑制机制，根据提取抑制假说，被试在阅读实验者提供的部分线索时，实际上是对线索项目的内隐提取，这一内隐提取过程与提取诱发遗忘中选择性提取的外显提取机制是一样的。在部分线索呈现阶段，其他非线索项目（目标项目）对线索项目的内隐提取产生竞争，为克服非线索项目的干扰以完成对线索项目的内隐提取，启动抑制机制对非线索项目的记忆表征进行抑制，使得在随后的记忆测试中，非线索项目的回忆受到损害。本研究结果发现抑制能力越强，部分线索效应量越大。与前人采用提取诱发遗忘范式进行的个体差异的研究结果是一致的，也与部分线索效应的提取抑制假说一致。

部分线索效应量与工作记忆容量和 Stroop 效应的相关关系也表明，如果个体在执行任务的过程中，注意资源被占用或被分配到其他任务上，则部分线索效应量应减小，并且在认知神经水平上，应伴随大脑额叶区的活动。间接的证据来自罗曼（P. Román）等人的采用提取诱发遗忘范式进行的研究，该研究发现当提取练习阶段有次级任务存在时，提取诱发遗忘效应减弱。[①] 克里森蒂尼（C. Crescentini）等人

---

① Román, P., Soriano, M. F., Gómez-Ariza, C. J., & Bajo, M. T. "Retrieval-induced forgetting and executive control." *Psychological Science*, Vol. 20, No. 9, 2009, pp. 1053–1058.

采用 fMRI 技术考察了部分线索效应的大脑活动特点，发现在部分线索条件下左额极皮层和右背外侧前额皮层被激活，研究结果支持提取抑制的观点。[①]

　　当前研究结果也对策略破坏假说提出了质疑。策略破坏假说认为对于学习材料的提取依赖于人们在提取时使用同编码过程相同或相似的组织结构，部分线索的呈现，使得提取和编码的组织框架不一致，导致了提取失败。本研究结果对策略破坏假说的质疑主要表现在两个方面，首先，策略破坏假说认为，项目间关联程度越高，被试形成的编码策略就越紧密，部分线索的提供对于被试策略的破坏作用就越大。本研究以随机词表作为实验材料，在项目间关联程度很低的情况下，仍然在高抑制能力个体中发现了显著的部分线索效应，这与策略破坏假说的观点不一致。其次，本研究的两个实验均发现高抑制能力个体受部分线索的影响更大，低抑制能力个体的回忆较少受部分线索的影响，表明了抑制能力在其中发挥作用，而按照策略破坏假说的观点，只要被试使用了不同于自己原有提取策略的回忆策略，遗忘就会发生。部分线索的提供是导致策略破坏的方式之一，为何抑制能力较低个体并没有发生显著的遗忘？策略破坏假说很难去解释这一结果。

　　执行控制中个体差异的研究是近年来的热点问题，本研究从部分线索效应的提取抑制假说着手，以 Stroop（考察认知抑制）和工作记忆容量（考察工作记忆）两个具有紧密关系的任务作为衡量抑制能力的指标，同时以执行控制能力已发展成熟的大学生为被试，尽可能的排除了以往研究中以不同发展或老化进程中的儿童或老年人为被试带来的其他因素的影响。这样的设计，实现了对抑制机制多层面的检验，也更具说服力。实验结果表明工作记忆容量与部分线索效应存在正相关关系，而 Stroop 效应与部分线索效应存在负相关关系，这一研究结果与前人个体差异的研究结果是一致的，进一步验证了认知抑制能力在部分线索效应中的作用。

五、小结

　　本研究结果发现，Stroop 效应与部分线索效应各指标呈负相关关系，工作记忆容量与部分线索效应各指标呈正相关关系。结果表明，抑制能力越强，部分线索效应越大。研究结果支持提取抑制假说。

---

①　Crescentini, C., Shallice, T., del Missier, F., & Macaluso, E., "Neural correlates of episodic retrieval: An fMRI study of the part-list cueing effect", *NeuroImage*, Vol. 50, No. 2, 2010, pp. 678-692.

第五章　部分线索干扰与促进作用的分离

第一节　词表长度和项目呈现时间对部分线索效应的影响

一、引言

为了解释部分线索对记忆提取的不同影响，莱默尔和贝姆尔提出了部分线索的多机制假说。该假说认为，当学习情境的通达被保持，部分线索通过提取抑制或策略破坏对记忆提取产生干扰作用，而当学习情境的通达受损时，部分线索通过对学习情境的再激活而对记忆提取产生促进作用。该假说指出，当学习情境的通达被保持时，何种损害机制发挥作用取决于编码条件：在高关联编码条件下主要是策略破坏发挥作用，即当被试能够建立起大量项目间的链式关联和精细系列提取计划时，部分线索的提供使得被试已有的编码策略被破坏，因而难以进行有效回忆；在低关联编码条件下主要是提取抑制发挥作用，即在缺乏建立项目间关联和精细提取计划时，部分线索的提供使得被试首先对线索项目进行内隐提取，这将导致其他非线索项目（即目标项目）表征强度降低，因而对非线索项目的回忆成绩也随之降低。当学习情境的通达被破坏时，部分线索对记忆提取的促进作用也同样取决于编码条件：在低关联编码条件下，情境再激活的相对贡献作用比抑制的作用要大，因而部分线索会促进回忆。而在高关联编码条件下，情境再激活可以促使对原始提取计划的快速重建，因此由部分线索引起的情境再激活的潜在促进作用，可能会被相同的由部分线索引起的策略破坏的损害作用所掩盖，其最终结果是对回忆没有影响。多机制假说指出，高关联编码可以通过重复的学习—测试循环或者明确要求被试对项目进行序列编码来实现；低关联编码可以通过对学习材料学习一次或仅学习两次但没有测试或没有明确要求被试对项目进行序列编码来实现。

研究者通过采用定向遗忘任务来实现对学习情境通达性的保持或破坏。在定向遗忘任务中，通常要求被试学习一个词表（词表1），随后接受继续记住或忘记该词表的指令，在学习完另一个词表后（词表2），接受记住或忘记指令的被试均被要求回忆第一个词表。在记住指令条件下，词表1和词表2为同类事件，因而在学习词表2时能保持在学习词表1时形成的情境元素的激活，即为学习情境的通达被保持；而在忘记指令条件下，词表1和词表2为不同事件，因而在学习词表2时不会继续维持词表1情境元素的激活，并且此时被试更有可能采用新的情境元素，使得编码和测试时情境不匹配，即为学习情境的通达被破坏。

有研究将定向遗忘任务与部分线索范式相结合来分离部分线索对记忆提取的干扰与促进效应。在低关联编码条件下，戈尔内特和拉森采用词表定向遗忘任务考察了部分线索的两面性作用，结果发现，在记住条件下，部分线索损害了对目标项目的回忆，但在遗忘条件下部分线索却提高了回忆成绩。贝姆尔和萨梅尼耶采用同样的任务，得到了与戈尔内特和拉森一致的研究结果。约翰和阿斯兰、阿斯兰和约翰采用同样的方法考察了部分线索干扰与促进作用的发展性分离，结果发现，在记住条件下，各年龄组被试均有明显的部分线索干扰效应，在忘记条件下，部分线索对13—14岁儿童和大学生的回忆起促进作用。莱默尔和贝姆尔操纵了关联编码水平，低关联编码条件下的结果与以上研究结果一致，而在高关联编码条件下，记住条件下存在部分线索的干扰效应，忘记条件下，不存在部分线索的促进作用。这些研究结果均与部分线索效应的多机制假说的假设一致。但也有研究采用同样的方式考察部分线索的作用，却得到了与以上研究不同的结果。例如，李宏英等考察了有意遗忘和部分线索对错误记忆的影响，结果发现无论是记住指令还是忘记指令条件下，部分线索均对已学项目的记忆提取产生干扰，这一结果在连少英的ERPs研究中得到了验证。[1][2] 同样的，陈云也采用类似的方法考察部分线索的作用，结果发现，在记住条件下存在部分线索干扰效应，而在忘记条件下，部分线索未对记忆提取起促进作用。这几项研究的结果对多机制假说提

① 李宏英、连榕、李乐琴：《有意遗忘和部分呈现线索对错误记忆的影响》，载《心理科学》，2009年第32卷第6期，第1295-1297+1294页。
② 连少英：《提示线索对高低频词语定向遗忘的影响》，硕士学位论文，河南大学，2018年。

出了挑战。[①]

不一致的结果提示我们，可能有其他因素调节了部分线索的作用。对前人研究进行分析可以发现，以上得到不一致结果的研究中，研究者在实验材料的设置上有所不同。在学习情境的通达被破坏条件下得到部分线索促进作用的研究中，采用的词表中包含的项目数量通常较少且项目呈现时间较长（12—15 个左右，3—4s），而在未得到促进效应的研究中，实验中采用的词表中包含的项目数量范围较广且项目呈现时间较短（26 个、48 个或 80 个，1.5—3s）。多机制假说认为，高、低关联编码的操纵通过学习次数或是否明确要求被试进行序列编码来实现，而词表长度效应的相关研究表明，词表包含的项目数量的多少，直接影响被试的识记策略，进而影响被试对项目之间关联的建立，因而随着词表长度的增加，被试的回忆率随之降低，同样的，项目呈现时间也影响项目间关联建立的巩固程度，随着加工时间的增加，被试的回忆率随之增高。据此我们推断，对于不同长度的词表来说，通过相同的学习次数所能达到的项目关联编码程度是不同的，应表现为随词表长度增加而逐渐降低的变化过程。同样的，对于相同长度的词表来说，采用不同项目呈现时间所能达到的项目关联编码程度也是不同的，应表现为随着项目呈现时间增加而逐渐增加的变化过程。

这一推断也可以从已有发展研究中获得佐证：例如，有研究发现策略破坏机制不会对年幼儿童的部分线索效应产生作用，因为与年龄较大儿童或成年人相比，年龄较小儿童较少使用有利于项目间链式关联建立的关联性、组织性和累积复述策略；另外约翰和阿斯兰等人的研究也发现，当学习情境的通达被破坏时，部分线索对年龄较小的 7—8 岁、9—11 岁儿童和老年人的回忆无显著影响，这些研究均表明了基于在关联和组织水平上的年龄差异，即使采用相同次数的学习，年龄较小的儿童也无法像成年人和年龄较大儿童一样，能够建立足够的项目间链式关联和精细系列提取计划。因此，对于正常成年人来说，词表长度和项目呈现时间也会影响被试对于项目间关联的加工速度和加工程度，因而也影响了原始编码策略恢复的速度和学习情境再激活的速度。但是，词表长度和项目呈现时间是否会影响部分线索的作用？目前尚未有研究对这一问题进行考察。

在已有考察不同关联编码程度下的部分线索干扰效应的研究中，也有研究发

① 陈云：《字表法范式下呈现部分线索对有意遗忘的影响》，硕士学位论文，闽南师范大学，2014 年。

现关联编码程度与部分线索效应量的关系，并非如多机制假说所说的，当学习情境的通达被保持，无论高、低关联编码条件下，部分线索均对记忆提取产生干扰作用。例如，拉伊梅克斯和希夫林的研究发现随着项目间关联程度的增加，有、无部分线索条件下回忆成绩的差异随之减小；塞拉和奥斯瓦尔德（M. Serra, K. M. Oswald）的研究要求被试对 12 个具有关联关系的项目建立项目间的链式关联，结果发现在项目呈现时间较长时，部分线索并不显著降低提取成绩，而当项目呈现时间缩短时，部分线索促进记忆提取，而当项目间不具有关联关系时，部分线索显著降低回忆成绩；[①] 克里森蒂尼等人采用 fMRI 技术对由 16 个项目形成的高、低关联编码条件下的部分线索效应进行考察，结果发现，仅低关联条件下存在显著的部分线索干扰效应，且左侧额极和右背外侧前额皮层仅在低关联编码条件下被激活，表明编码水平导致了提取策略的差异；唐卫海等人发现随着材料关联度的增加，部分线索效应量显著降低。这些研究均表明，部分线索对记忆提取的显著效应是局限在一定的范围之内的，即部分线索效应是存在边界条件的，但多机制假说并未对部分线索的干扰或促进作用的边界条件进行界定。

　　基于以上的论述，我们认为有必要在保持其他编码条件恒定的前提下，从词表长度和项目呈现时间着手，系统考察这两者对部分线索效应的影响，并在此基础上探寻部分线索干扰与促进作用的发生条件。本研究之所以对这一问题进行研究，目的有二：首先，需要确定在编码过程中词表长度和项目呈现时间在多大程度上影响了部分线索对记忆提取的作用；其次，考察词表长度和项目呈现时间的作用，可以对多机制假说进行进一步的检验。也就是说，词表长度和项目呈现时间的变化如何影响部分线索对记忆提取的干扰和促进作用？因此，本研究中将要求被试对学习项目仅学习一次的基础上，首先考察词表长度和项目呈现时间对部分线索效应的影响（第一节）。如果此时各词表长度和项目呈现时间下均存在部分线索效应，表明部分线索效应比较稳定，不受词表长度和项目呈现时间的影响，如果在特定的词表长度和项目呈现时间下才出现部分线索效应，则表明词表长度和项目呈现时间是部分线索效应的边界条件。如果发现了部分线索效应的边界条件，则进一步在边界条件外（第二节）和边界条件内（第三节）分别考察当学习情境通达被保持和被破坏时，部分线索对记忆提取的影响。最后，在实验边界条

---

　　① Serra, M. , & Oswald, K. M. , "Part-list cuing of associative chains: tests of strategy disruption", *Journal of General Psychology*, Vol. 133, No. 3, 2006, pp. 301–317.

件内和外实验的基础上，在第四节将尝试采用简化的实验范式，进一步验证显著的干扰效应和促进效应的稳定性。

因此，本节将在学习次数恒定为 1 次的条件下，系统检验词表长度和项目呈现时间对部分线索效应的影响，考察词表长度和项目呈现时间是否是部分线索效应的边界条件。

二、研究方法

（一）被试

共招募 43 名在校大学生（6 男）参加实验，年龄范围 20—25 岁，平均年龄 21.47±1.18 岁。被试分为两组，项目呈现时间 3s 组 20 名，项目呈现时间 4s 组 23 名。所有被试视力或矫正视力正常，均为右利手。实验前签署知情同意书，并赠送礼品作为酬谢。

（二）实验材料

实验材料选取步骤如下：

（1）选取双字词材料。从《〈人民日报〉词频库》选取不相关双字名词 128 个，确保所选的所有双字词首字和尾字各不相同，词频范围为 0.1—3.7。并请 60 名不参加正式实验的大学生对所选双字词的熟悉度进行 5 点量表评定。

（2）形成词表。将 128 个双字词分为 8 个词表，词表长度有 4 种：4、12、20 和 28，每种词表长度的词表各两个。每个词表中均选取其中一半词语作为线索词，另外一半作为目标词。

（3）使用 Adobe Photoshop CS5 软件将词汇材料编制成 bmp 格式的位图，被试距离电脑屏幕约 50cm。采用 E-rime1.1 软件编写程序，使用 14.1 英寸（1280×800）DELL 笔记本电脑呈现实验刺激。

（三）实验设计

2（线索条件：无部分线索、有部分线索）×2（项目呈现时间：3s、4s）×4（词表长度：4、12、20、28）的三因素混合实验设计。线索条件和词表长度为被试内设计，项目呈现时间为被试间设计。因变量为各词表中目标词的回忆正确率。

（四）实验程序

正式实验前，被试先完成一个练习，以确保熟悉实验流程。正式实验包括 8

个区组，每个区组学习一个词表，均包括学习、干扰、测试三个阶段。为避免被试疲劳，正式实验分两次实施，被试每次完成四个区组。

实验流程图如图 5-1 所示：

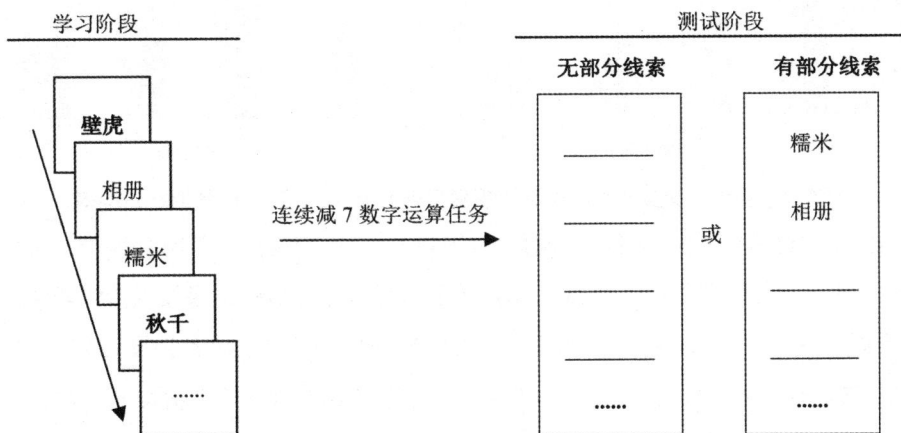

图5-1　实验流程图

（1）学习阶段：告知被试需要学习一个词表，要求被试对屏幕上呈现的词语进行识记。根据被试所在组别的不同，每个词语呈现时间为 3s 或 4s。对于所有被试来说，所有词表均以相同的伪随机顺序呈现。

（2）干扰阶段：屏幕呈现一个三位数，要求被试进行连续减 7 的数字运算任务，时长 1 分钟，并将计算过程写在答题纸上。

（3）测试阶段：无部分线索条件，要求被试回忆所学词表的所有词语，每个词表的回忆时间均为两分钟；有部分线索条件，在被试回忆前，先提供所学词表中的线索词，要求被试大声朗读线索词，再根据线索词回忆剩下的目标词。

每个区组大约用时 5min，区组间休息 2min，要求被试尽量放松大脑准备下一个区组的学习任务。对区组顺序以及词表的线索条件均进行了平衡控制。

三、研究结果

不同项目呈现时间下被试在两种线索条件和不同词表长度条件下的回忆成绩，如图 5-2 所示：

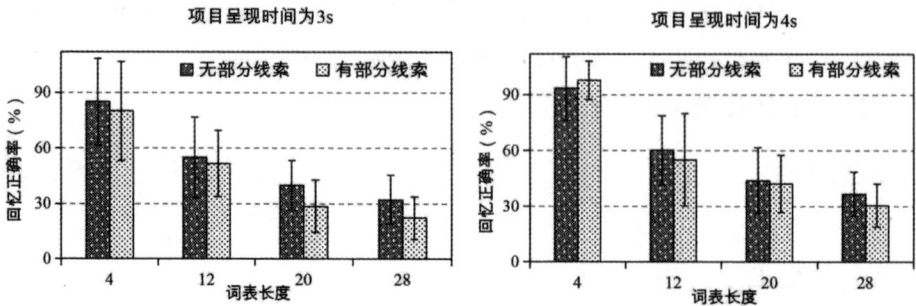

图5-2　各词表长度和线索条件下项目呈现时间为 3s 和 4s 时的回忆正确率

对 3s 项目呈现时间条件下的回忆成绩进行 2（线索条件：无部分线索、有部分线索）×4（词表长度：4、12、20、28）重复测量方差分析的结果发现：线索条件主效应边缘显著，F（1，19）$= 3.032$，$p = 0.098$，$\eta_p^2 = 0.138$；词表长度主效应显著，F（3，57）$= 56.919$，$p<0.001$，$\eta_p^2 = 0.750$，回忆成绩随词表长度增加而下降；线索条件与词表长度的交互作用边缘显著，F（3，57）$= 2.682$，$p = 0.055$，$\eta_p^2 = 0.124$；进一步简单效应分析发现，词表长度为 4 [F（1，19）$= 0.487$，$p = 0.494$] 和 12 [F（1，19）$= 0.669$，$p = 0.424$] 时有、无部分线索条件下的回忆成绩差异不显著，词表长度为 20 [F（1，19）$= 9.563$，$p = 0.006$，$\eta_p^2 = 0.335$] 和 28 [F（1，19）$= 7.245$，$p = 0.014$，$\eta_p^2 = 0.276$] 时有部分线索条件下的回忆成绩显著低于无部分线索条件。

对 4s 项目呈现时间条件下的回忆成绩进行 2（线索条件：无部分线索、有部分线索）×4（词表长度：4、12、20、28）重复测量方差分析的结果发现：线索条件主效应不显著，F（1，22）$= 1.059$，$p = 0.315$；词表长度主效应显著，F（3，66）$= 113.960$，$p<0.001$，$\eta_p^2 = 0.838$，回忆成绩随词表长度增加而下降；线索条件与词表长度的交互作用边缘显著，F（3，66）$= 2.749$，$p = 0.076$，$\eta_p^2 = 0.136$；进一步简单效应分析发现，词表长度为 4 [F（1，22）$= 1.000$，$p = 0.328$]、12 [F（1，22）$= 0.681$，$p = 0.418$] 和 20 [F（1，22）$= 0.338$，$p = 0.567$] 时有、无部分线索条件下的回忆成绩差异不显著，词表长度为 28 [F（1，22）$= 4.500$，$p = 0.045$，$\eta_p^2 = 0.170$] 时有部分线索条件下的回忆成绩显著低于无部分线索条件。

四、讨论

本研究的结果发现，当词表长度为 4、12 和词表长度为 20 且项目呈现时间为 4s 时，部分线索的呈现对回忆成绩无显著影响，当词表长度为 20 且项目呈现时间为 3s 和当词表长度为 28 时，部分线索显著降低了对目标词的回忆成绩。这一结果表明，词表长度和项目呈现时间共同影响部分线索效应，部分线索效应存在边界条件。边界条件是指某种现象的存在是有局限的，在某些特定条件内，现象就存在；超过某些特定条件现象就不存在。根据本研究的结果，当词表长度为 4 和 12 和词表长度为 20 且项目呈现时间为 4s 时，无显著部分线索效应，而当词表长度为 20 且项目呈现时间为 3s 和当词表长度为 28 时，存在显著的部分线索效应，前者在部分线索效应边界之外，而后者则在部分线索边界条件之内。

本研究考察了词表长度和项目呈现时间对部分线索效应的影响，结果发现仅当词表长度为 20 且项目呈现时间为 3s 或词表长度为 28 时，部分线索显著降低了对目标词的回忆成绩，当词表长度为 4 和 12 时和词表长度为 20 但项目呈现时间为 4s 时，部分线索的呈现对回忆成绩无显著影响，这一结果表明，词表长度和项目呈现时间是部分线索效应的边界条件。

尽管人们对信息的存储能力是无限的，但即使将要回忆的信息已在记忆中被编码，精准的回忆也并非易事。在这其中，学习内容的多少和学习时长对回忆效果具有显著影响。相关研究表明随着学习词表长度的增加，对词表内项目的回忆率随之下降，同样的，随着项目呈现时间的减少，对目标项目的回忆率也随之降低。与前人研究一致，本研究发现，在有、无部分线索条件下，随着词表长度的增加和项目呈现时间的减少，被试对目标项目的回忆率均随之降低。但在不同的词表长度和项目呈现时间下，有、无部分线索条件下回忆成绩的变化步调并不一致。当词表长度较短或项目呈现时间较长时，有、无部分线索条件下的回忆成绩无显著差异，而当词表长度较长且项目呈现时间较短时，有部分线索条件下的回忆成绩显著低于无部分线索条件，此时，部分线索对记忆提取产生干扰作用。

本研究在对实验材料的熟悉度和词频进行严格控制下的结果表明，仅单次学习时，当词表长度较短或项目呈现时间较长时，被试仍可能对词表形成高关联编码。因此，在界定项目关联编码高、低时，不能仅以学习次数或是否明确要求被试进行序列编码作为衡量的标准，还需考虑词表长度和项目呈现时间的作用。

五、小结

词表长度和项目呈现时间共同影响部分线索效应，部分线索效应存在边界条件。

第二节　部分线索的干扰与促进作用的分离：边界外条件的检验

一、引言

在上一节研究的基础上，本节和第三节分别选择边界之外和边界之内的词表长度和项目呈现时间条件，进一步考察当学习情境通达被保持和被破坏时，部分线索对记忆提取的作用。

将定向遗忘任务与部分线索范式相结合，考察在部分线索基本效应的边界条件之外（即当词表长度为12时），当学习情境的通达被保持和被破坏时，部分线索对记忆提取的影响。

二、研究方法

（一）被试

共招募116名在校大学生（34男）参加实验，被试年龄范围18—26岁，平均年龄21.03±1.81岁。被试分为四组，部分线索-3s组27人、无部分线索-3s组27人、部分线索-4s组31人、无部分线索-4s组31人。所有被试视力或矫正视力正常，左利手2名，其他均为右利手。实验前签署知情同意书，并赠送礼品作为酬谢。

（二）实验设计

2（线索条件：无部分线索、有部分线索）×2（指令类型：记住、忘记）×2（项目呈现时间：3s、4s）的三因素混合实验设计。线索条件和项目呈现时间为被试间设计，指令类型为被试内设计。因变量为被试对词表1中目标词的回忆正确率。

（三）实验材料

实验材料选取步骤如下：

（1）选取双字词材料。从《〈人民日报〉词频库》选取不相关双字名词48个，确保所选的所有双字词首字和尾字各不相同，词频范围为0.1—3.6。并请60名不参加正式实验的大学生对所选双字词的熟悉度进行5点量表评定。

（2）形成词表。将48个双字词分为四个词表（A、B、C和D），每个词表包含 12 个词语。由于词表法定向遗忘要求被试先后学习两个词表，因此词表 A 和 B 被用作词表 1，词表 C 和 D 被用作词表 2。本实验中，词表 A 之后呈现词表 C（A—C），词表 B 之后呈现词表 D（B—D）。每个词表中均选取其中 6 个词语作为线索词，另外 6 个作为目标词。

（四）实验程序

正式实验前，被试先完成一个练习，以确保熟悉实验流程，在练习实验中不显示指令类型。正式实验包括两个区组，每个区组学习两个词表，均包括学习、干扰、测试三个阶段。

实验流程图如图 5-3 所示：

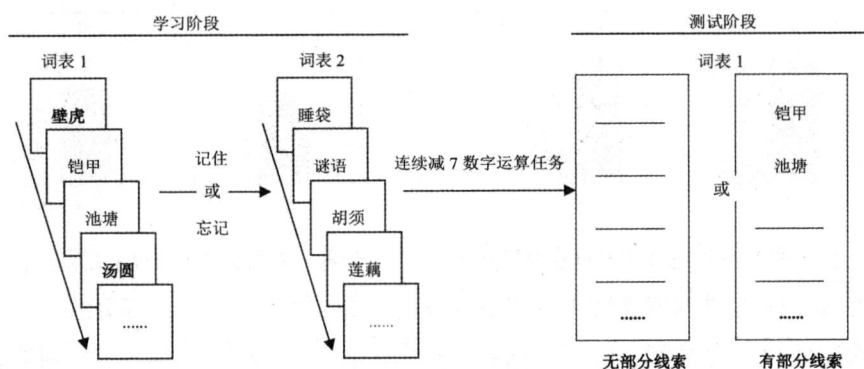

图5-3　实验流程图

（1）学习阶段：告知被试需要学习两个词表，每个词表包含 12 个词语，根据被试所在组别的不同，每个词语呈现时间为 3s 或 4s。要求被试对屏幕上呈现的词语进行识记。首先呈现词表 1（如词表 A），该词表呈现完毕后主试给出记住或忘记的指令。记住指令："词表 1 学习完毕，下面学习词表 2。在学习词表 2 时，请仍然记住词表 1。"忘记指令："不好意思，不是学习这个词表，是我打错程序了，请尽可能地忘记刚才学习的这个词表，我现在打开正确的词表让你学习，真的不好意思！"接着呈现词表 2（如词表 C）。对于所有被试来说，词表 1 和词表 2 均以相同的伪随机顺序呈现。

（2）干扰阶段：屏幕呈现一个三位数，要求被试进行连续减 7 的数字运算任务，时长 1 分钟，并将计算过程写在答题纸上。

（3）测试阶段：无部分线索组，要求被试回忆所学所有词语，先回忆词表 1，再回忆词表 2，每个词表的回忆时间均为两分钟；有部分线索组，在被试回忆前，先提供词表 1 的 6 个线索词，要求被试大声朗读线索词，再根据线索词回忆剩下的 6 个目标词，词表 1 回忆结束后，再以同样方式回忆词表 2。

每个区组大约用时 8min，组间休息 2min，要求被试尽量放松大脑准备下一轮实验。对被试完成两种指令任务的先后顺序以及词表被分配到记住和忘记的条件均进行了平衡控制。

三、研究结果

两种线索条件下被试在记住和忘记指令下的回忆成绩如图 5-4 所示：

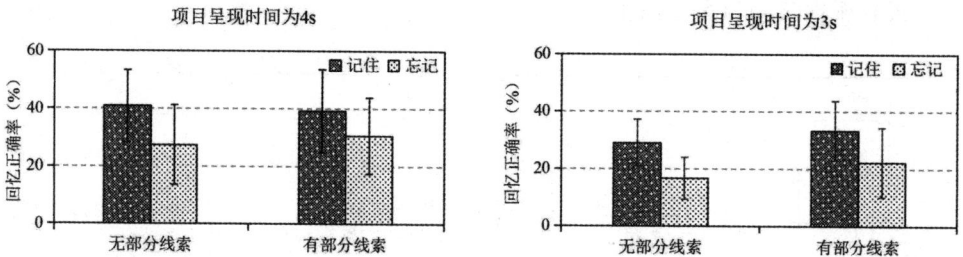

图5-4 记住和忘记指令下项目呈现时间为 3s 和 4s 时有、无部分线索条件的正确回忆率

对 3s 项目呈现时间条件下的回忆成绩进行 2（线索条件：无部分线索、有部分线索）×2（指令类型：记住、忘记）重复测量方差分析的结果发现，线索条件主效应不显著，$F_{(1, 52)} = 2.258$，$p = 0.139$；指令类型主效应显著，$F_{(1, 52)} = 16.323$，$p < 0.001$，$\eta_p^2 = 0.24$，记住条件下回忆成绩显著高于忘记条件；指令类型和线索条件的交互作用不显著，$F_{(1, 52)} = 0.045$，$p = 0.832$。

对 4s 项目呈现时间条件下的回忆成绩进行 2（线索条件：无部分线索，有部分线索）×2（指令类型：记住，忘记）重复测量方差分析的结果发现，线索条件主效应不显著，$F_{(1, 60)} = 0.030$，$p = 0.863$；指令类型主效应显著，$F_{(1, 60)} = 10.949$，$p = 0.002$，$\eta_p^2 = 0.15$，记住条件下回忆成绩显著高于忘记条件；指令类型和线索条件的交互作用不显著，$F_{(1, 60)} = 0.53$，$p = 0.471$。

四、讨论

本研究的结果发现，当词表长度为 12 时，无论项目呈现时间为 3s 还是 4s，在定向记住条件下，即当学习情境的通达被保持时，有、无部分线索条件下的回忆成绩差异不显著，部分线索未对记忆提取产生显著影响；在定向忘记条件下，即当学习情境的通达被破坏时，同样的，有、无部分线索条件下的回忆成绩差异不显著，部分线索仍未对记忆提取产生显著影响。但定向记住条件下的回忆成绩显著高于定向忘记条件，表明本实验中对编码情境的通达性操纵是有效的。

本研究在边界条件外、条件内，通过将定向遗忘任务与部分线索范式相结合，通过对学习情境的通达性的操纵，考察部分线索对记忆提取的作用。本研究结果发现，无论学习情境的通达性被保持还是被破坏，部分线索对记忆提取均无显著影响；在词表长度为12时，无论项目呈现时间长短，在定向记住和定向忘记条件下，部分线索对记忆提取均无显著影响。有研究表明，词表包含项目的多少或项目呈现时间，影响被试的识记策略。当词表长度较短或项目呈现时间较长时，识记任务相对容易，即使经过单次学习，被试也有比较充足的时间对项目进行识记，并可能会建立起项目间的链式关联，较高的整合水平使得项目间竞争强度降低，因而部分线索较少有机会通过提取抑制或策略破坏对记忆提取产生干扰。本研究发现，当词表长度较短、项目呈现时间较长时，无论是否提供部分线索，被试的回忆成绩无显著差异，表明在控制学习次数恒定的前提下，在特定的条件下，词表长度和项目呈现时间使得部分线索效应发生从干扰到无显著效应和从促进到无显著效应的变化。以上结果表明，词表长度和项目呈现时间影响着部分线索对记忆提取的作用，词表长度和项目呈现时间是部分线索干扰效应和促进效应的边界条件。

五、小结

在较短词表长度下，无论学习情境通达与否，部分线索对记忆提取的干扰和促进作用均不存在。

第三节 部分线索的干扰与促进作用的分离：边界内条件的检验

一、引言

将定向遗忘任务与部分线索范式相结合，考察在部分线索基本效应的边界条件之内（即当词表长度为20且项目呈现时间为3s时），当学习情境的通达被保持和被破坏时，部分线索对记忆提取的影响。

二、研究方法

（一）被试

共招募 106 名在校大学生（39 男）参加实验，被试年龄范围 18—28 岁，平均年龄 20.79±1.52 岁。被试分为四组：部分线索—记住组 25 人、部分线索—忘记组 26 人、无部分线索—记住组 25 人、无部分线索—忘记组 30 人。所有被试视力或矫正视力正常，均为右利手。实验前签署知情同意书，并赠送礼品作为酬谢。

（二）实验材料

选自第一节中词表长度为 20 的两个词表，分别作为词表 1 和词表 2。本实验中，词表 1 之后呈现词表 2。每个词表的线索词和目标词也均同第一节中实验材料。

（三）实验设计

2（线索条件：无部分线索、有部分线索）×2（指令类型：记住、忘记）的两因素完全被试间实验设计。因变量是词表 1 中目标词的回忆正确率。

（四）实验程序

正式实验前，被试先完成一个练习，以确保熟悉实验流程，在练习实验中不显示指令类型。练习实验结束后，休息两分钟，要求被试尽量放松大脑准备正式实验。正式实验包括一个区组，学习两个词表，包括学习、干扰、测试三个阶段。

（1）学习阶段：告知被试需要学习两个词表，每个词表包含 20 个词语，每个词语的呈现时间为 3 秒钟，要求被试对屏幕上呈现的词语进行识记。首先呈现词表 1，该词表呈现完毕后主试给出记住或忘记的指令。记住指令："词表 1 学习完毕，下面学习词表 2。在学习词表 2 时，请仍然记住词表 1。"忘记指令："不好意思，不是学习这个词表，是我打错程序了，请尽可能地忘记刚才学习的这个词表，我现在打开正确的词表让你学习，真的不好意思！"接着呈现词表 2。对于所有被试来说，词表 1 和词表 2 均以相同的伪随机顺序呈现。

（2）干扰阶段：屏幕呈现一个三位数，要求被试进行连续减 7 的数字运算任务，时长 1 分钟，并将计算过程写在答题纸上。

（3）测试阶段：无部分线索条件，要求被试回忆所学所有词语，先回忆词表 1，再回忆词表 2，每个词表的回忆时间均为两分钟；有部分线索条件，在被试回忆前，先提供词表 1 的 10 个线索词，要求被试大声朗读线索词，再根据线索词回忆剩下的 10 个目标词，词表 1 回忆结束后，再以同样方式回忆词表 2。

三、研究结果

两种线索条件下被试在记住和忘记指令下的回忆成绩如图 5-5 所示：

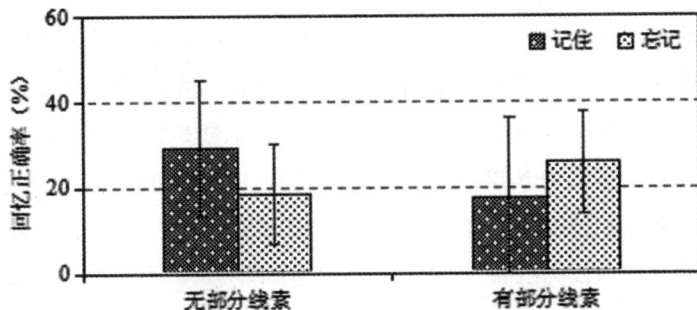

图5-5 记住和忘记指令下有、无部分线索条件的正确回忆率

2（线索条件：无部分线索、有部分线索）×2（指令类型：记住、忘记）方差分析的结果发现，线索条件主效应不显著，$F_{(1, 102)} = 0.623$，$p = 0.432$；指令类型主效应不显著，$F_{(1, 102)} = 0.172$，$p = 0.679$；线索条件与指令类型的交互作用显著，$F_{(1, 102)} = 10.771$，$p < 0.001$，$\eta_p^2 = 0.10$，进一步简单效应分析发现，无部分线索条件下，记住指令下的回忆成绩显著高于忘记指令下的，$F_{(1, 102)} = 7.288$，$p = 0.008$，$\eta_p^2 = 0.067$，有部分线索条件下，记住指令下的回忆成绩显著低于忘记指令下的，$F_{(1, 102)} = 4.905$，$p = 0.029$，$\eta_p^2 = 0.046$；记住条件下，有部分线索条件下回忆成绩显著低于无部分线索条件，$F_{(1, 102)} = 8.102$，$p = 0.005$，$\eta_p^2 = 0.074$，忘记条件下，有部分线索条件下回忆成绩显著高于无部分线索条件，$F_{(1, 102)} = 4.157$，$p = 0.044$，$\eta_p^2 = 0.039$。

四、讨论

本研究的结果发现，当词表长度为 20 时且项目呈现时间为 3s 时，在定向记住条件下，即当学习情境的通达被保持时，部分线索条件下的回忆成绩显著低于无部分线索条件下，部分线索对记忆提取产生干扰作用；在定向忘记条件下，即当学习情境的通达被破坏时，部分线索条件下的回忆成绩显著高于无部分线索条件下，部分线索对记忆提取产生促进作用。同时，无部分线索条件下，定向记住条件下的回忆成绩显著高于定向忘记条件，表明本实验中对编码情境的通达性操纵是有效的。

本研究在边界条件内，通过将定向遗忘任务与部分线索范式相结合，通过对学习情境的通达性的操纵，考察部分线索对记忆提取的作用。结果发现了部分线索的两面性作用，即在定向记住条件下损害回忆，而在定向忘记条件下改善回忆，与前人研究结果一致。

进一步的，当词表长度为 20 且项目呈现时间为 3s 时，在定向记住条件下，部分线索的提供显著的降低了回忆成绩，在定向忘记条件下，部分线索的提供显著的降低了回忆成绩。有研究表明，词表包含项目的多少或项目呈现时间，影响被试的识记策略。当词表长度较短或项目呈现时间较长时，识记任务相对容易，即使经过单次学习，被试也有比较充足的时间对项目进行识记，并可能会建立起项目间的链式关联，较高的整合水平使得项目间竞争强度降低，因而部分线索较少有机会通过提取抑制或策略破坏对记忆提取产生干扰；而随着词表长度的增加或项目呈现时间的缩短，识记任务难度增加，被试可能需要调整识记策略才能尽可能完成项目的学习，此时被试更倾向于采用分段识记的方法，此时，项目间整合水平较低，则部分线索更可能通过提取抑制对目标项目的回忆产生干扰。本研究发现，当词表长度较短、项目呈现时间较长时，无论是否提供部分线索，被试的回忆成绩无显著差异，表明在控制学习次数恒定的前提下，在特定的条件下，词表长度和项目呈现时间使得部分线索效应发生从干扰到无显著效应和从促进到无显著效应的变化。以上结果表明，词表长度和项目呈现时间影响着部分线索对记忆提取的作用，词表长度和项目呈现时间是部分线索干扰效应和促进效应的边界条件。

以往也有研究发现了部分线索干扰效应边界条件的存在，例如有研究发现当呈现词表外线索时，部分线索的干扰效应消失；有研究考察了部分线索对文字片段和场景回忆的影响，结果发现部分线索对文字的回忆具有显著破坏作用，而对场景的回忆没有显著影响；还有研究发现跨域线索条件下部分线索的干扰效应也不存在。而目前的研究中，对于部分线索促进作用的研究较少，已有的研究还没有关注部分线索促进效应的边界条件，本研究首次揭示了与词表长度和项目呈现时间相关的部分线索效应的两面性作用的分离，表明部分线索干扰与促进作用均受词表长度和项目呈现时间的影响，这是对部分线索边界条件的新认识。

在前文已指出，已有将定向遗忘任务与部分线索范式相结合来分离部分线索的干扰与促进效应的研究中，研究者得到的结果不尽相同。在对这些不一致结果进行梳理后，我们指出词表长度和项目呈现时间可能是这些结果不一致的原因。通过本研究的系统验证，我们发现，词表长度和项目呈现时间确实影响了部分线索的作用。但同时，我们的结果与前人研究结果也有不同。上一节的研究中，词表长度为 12 的结果与已有采用较短词表长度的拼音文字材料的研究结果不一致，这提示我们中文与拼音文字材料下的结果可能有不同，可能的原因与意音文字和表音文字的特点有关。汉字是意音文字，具有见形知意的特点，汉字具有丰富性、复杂性，在建立项目间关联时，被试可以借助的关联路径更多；而拼音文字属表音文字，在建立项目间关联时，因其单调性和简洁性，难以迅速找到有效的关联路径，因而同等长度的词表，中文材料可能更易建立项目间关联，而拼音材料则相对困难。这也可以从以往以拼音文字和汉字作为实验材料的相关研究中得到佐证，对已有的部分线索效应研究进行梳理可以发现，在以拼音文字为实验材料的研究中，正如前文所述，词表中包含的项目数量通常较少而呈现时间较长，而以汉字作为实验材料的研究中，词表长度通常较长且项目呈现时间较短。

　　按照多机制假说的观点，在高关联编码条件下，当学习情境的通达被保持时，存在部分线索干扰效应，而学习情境的通达被破坏时，不存在部分线索的促进效应。但以汉字作为实验材料且词表长度较长的研究中，也有研究未发现部分线索干扰与促进作用的分离。在李宏英等人的研究中，每个词表中包含了 4 个 DRM 词表，因而实际上每个词表包含 4 个高关联编码的次级词表，但在该研究中，当学习情境的通达被破坏时，部分线索仍然对记忆提取产生干扰作用。可能的原因该研究在回忆阶段要求被试对词表 1 和词表 2 同时进行回忆，对于记住指令下的被试而言，词表 1 和词表 2 均是要求记住的，而对于忘记指令条件的被试而言，词表 1 是要求遗忘的，词表 2 是要求记住的，同时回忆使得词表 1 和词表 2 的回忆过程没有区分开来进行，这对记住指令下的学习情境通达性的影响不大，而忘记指令下词表 1 的学习情境被破坏的状态可能发生改变。在忘记指令条件下，部分线索组被提供的部分线索词既有隶属于词表 1 的也有隶属于词表 2 的，对于词表 1 来说，其学习情境的通达性受损，部分线索的呈现应通过对学习情境的再激活促进提取；对于词表 2 来说，仍属于典型的学习情境通达的情况。此时，部分线索可能因学习情境通达性的相互混淆而无法对被破坏的学习情境再激活，并进而产生有效的促进作用，这就使得词表 1 与词表 2 混合的结果表现为干扰效应。这表明当学习情境的通达性被严重破坏的情况下，才有更多提高和易化的机会，此时情境再激活才能产生促进作用。

更重要的是，上一节的研究中，在定向记住条件下，部分线索并未干扰记忆提取，这也不符合多机制假说的预期。按照多机制假说的观点，无论关联编码水平高低，当学习情境的通达被保持，部分线索均应对记忆提取产生干扰。在连少英和陈云的研究中，被试需要学习的项目数量较多，且学习次数仅为一次，但在定向忘记条件下，部分线索并未对回忆产生显著促进作用，这与上一节研究的结果是一致的。戈尔内特和拉森也发现部分线索的促进作用随着提供的部分线索数量的增加而增大，即随着部分线索数量的增加，情境激活的量也随之增大，这表明部分线索对学习情境的再激活是一个逐渐的过程，这一过程与选择性提取对学习情境的再激活过程类似。这些结果表明在从项目关联编码这一角度界定部分线索对记忆提取的作用时，需要考虑关联编码的变化应该是随着学习次数、词表长度或学习时间呈现出从高到低的连续变化过程，而并不是像多机制假说多认为的单次学习就一定是低关联编码条件下，多次学习就一定是高关联编码条件。

五、小结

在较长词表长度和较短项目呈现时间下，当学习情境的通达被保持，部分线索对记忆提取产生干扰，当学习情境的通达受损，部分线索对记忆提取起促进作用。

第四节　部分线索的干扰与促进作用的分离：简化实验范式的证据

一、引言

在第二节和第三节中，通过定向遗忘任务来实现对学习情境通达性的保持或破坏，在定向遗忘经典任务中，被试需要学习两个词表，但在本研究中，我们只关注被试对词表1的识记效果，因此，在本研究中，只要求被试学习词表1，呈现记住或忘记指令后，不再要求被试学习词表2，进一步检验第三节的实验结果的稳健性。即本研究将采用简化的实验范式，再次检验学习情境的通达被保持和破坏时，部分线索对记忆提取的作用，验证第三节中研究结果的稳健性。

二、研究方法

（一）被试

样本量的估算方法同第三节。共招募116名在校大学生（31男）参加实验，被试年龄范围18—25岁，平均年龄在20.55±1.46。被试分为四组：部分线索—记住组28人、部分线索—忘记组30人、无部分线索—记住组28人、无部分线索—忘记组30人。所有被试视力或矫正视力正常，左利手两名，其他均为右利手。实验后签署知情同意书，并赠送礼品作为酬谢。

（二）实验材料

实验材料为第三节中所使用的词表1。

（三）实验设计

同第三节。

（四）实验程序

基本流程同第三节。不同之处在于：被试在学习阶段仅需学习词表1而不再学习词表2。

三、研究结果

两种线索条件下被试在记住和忘记指令下的回忆成绩，如图5-6所示：

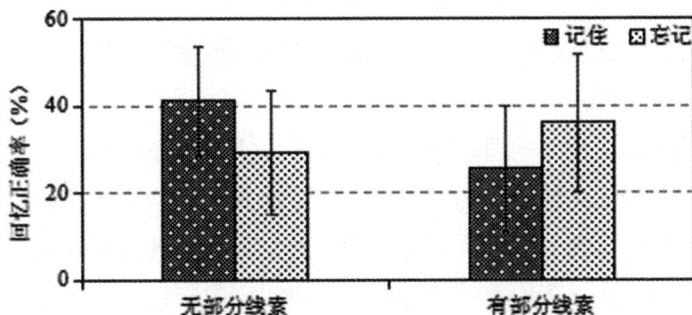

图5-6　记住和忘记指令下有、无部分线索条件的回忆正确率

2（线索条件：无部分线索、有部分线索）×2（指令类型：记住、忘记）的单因素方差分析。结果发现，线索条件主效应边缘显著，$F_{(1, 112)} = 2.878$，

$p=0.093$，$\eta_p^2=0.023$；指令类型主效应不显著，$F（1，112）=0.042$，$p=0.838$；线索条件与指令类型的交互作用显著，$F（1，112）=17.609$，$p<0.001$，$\eta_p^2=0.136$，进一步简单效应分析发现，无部分线索条件下，记住指令下的回忆成绩显著高于忘记指令下的，$F（1，112）=12.609$，$p<0.001$，$\eta_p^2=0.097$，有部分线索条件下，记住指令下的回忆成绩显著低于忘记指令下的，$F（1，112）=8.001$，$p=0.006$，$\eta_p^2=0.067$；记住指令下，有部分线索条件下的回忆成绩显著低于无部分线索条件，$F（1，112）=16.78$，$p<0.001$，$\eta_p^2=0.130$，忘记指令下，有部分线索条件下的回忆成绩显著高于无部分线索条件，$F（1，112）=4.682$，$p=0.033$，$\eta_p^2=0.040$。

四、讨论

本研究采用简化的实验范式，再次验证了当学习情境的通达被保持时，部分线索对记忆提取产生干扰作用；当学习情境的通达被破坏时，部分线索对记忆提取产生促进作用，这一结果表明了第三节中研究结果的稳定性。

本研究采用简化的定向遗忘任务与部分线索范式相结合的方式，验证了第三节中研究结果的稳健性。

在实验范式上，本研究通过将简化的定向遗忘任务与部分线索任务相结合，对定向遗忘任务的简化，一方面在编码阶段可以减少词表2的呈现对词表1识记的可能干扰作用；另一方面在提取阶段也减少了词表1与词表2的可能混淆，使得在简化实验任务的同时更有效地提高了实验效度。同时，本研究的结果也再次证明了部分线索的两面性作用，同时也表明了两面性作用的体现在边界内条件的稳健性。

另外，本研究采用定向遗忘任务来操纵学习情境的通达性。定向遗忘这种情境遗忘通常被归因于某种形式的情境失活，可能是由于抑制性控制过程破坏了词表1学习情境的通达性。与先前的研究相一致，我们发现各词表长度和项目呈现时间条件下，均存在显著的定向遗忘效应，表明定向忘记指令能够有效抑制词表1的学习情境的通达性。未来的研究应使用其他学习情境通达性的操纵方式对本研究的结果进行进一步检验。

多机制假说认为部分线索的呈现可以触发不同的过程：一方面是抑制和策略破坏；另一方面是情境再激活。具体而言，该假说认为这些过程的相对贡献随测试时学习情境的可及性而变化,当学习情境的通达性被保持时,抑制和策略破坏过程发挥更大的作用,当学习情境的通达被破坏时,情境再激活过程发挥更大的作用。学习与测试情境之间的重叠程度会影响部分线索的效应。情境保持任务能够保持学习情境的通达性,学习后呈现记住指令会保持学习情境的通达;而情境变化任务会导致学习后的情境漂移,学习后呈现忘记指令会改变情境或抑制对整个学习情境的通达,从而使学习情境的通达受损。

本研究将定向遗忘任务与部分线索范式相结合,考察当学习情境的通达被保持或被破坏时,部分线索对记忆提取的影响。结果发现,在特定的词表长度和项目呈现时间条件下,当学习情境的通达被保持,部分线索对记忆提取产生干扰作用,当学习情境的通达被破坏,部分线索对记忆提取起促进作用。具体而言,在边界条件内,当学习情境的通达被保持时,出现部分线索干扰效应,而当学习情境的通达被破坏时,出现部分线索促进效应,这一结果与部分线索效应的多机制假说相吻合。而在边界条件外,无论学习情境的通达性被保持还是被破坏,部分线索对记忆提取均无显著影响。

总之,本研究的结果丰富了对部分线索边界条件和作用机制的认识,未来的研究应该在提取策略的使用、编码的整合水平以及项目间关联程度方面寻求更为精准的操纵和测量方法,以对部分线索干扰和促进作用各种解释进行更为系统的检验和区分。

五、小结

部分线索干扰与促进作用在不同操纵范式下稳健存在。

第六章　部分线索效应中
记忆成分的加工分离

第一节　记得—知道程序下的部分线索效应

一、引言

通常认为部分线索效应是提取抑制的结果，即部分线索的呈现抑制了目标项目。在很多记忆测验任务包括自由回忆、类别线索回忆和首字母线索回忆中均发现了部分线索效应。

关于再认的理论通常认为对学习材料的成功再认需要两种不同的记忆加工的参与。一方面，个体的再认判断可以基于对学习情境信息的有意识的记住（recollection）；另一方面，当不能记住任何细节时，个体可以评估对刺激的主观熟悉性程度（familiarity），这与我们的实际生活经验相符，在实际生活中我们可能会有这样的经历，即知道我们知道（feeling of knowing）某个人，但却不能回忆起何时、何地我们曾见过他。记住常被定义为相对缓慢的产生先前事件的质的信息的过程，而熟悉性则是指相对快速的产生量的信息的记忆强度信号。

大量行为研究对再认记忆中的记住和熟悉成分进行了测量。最常用到的是记得—知道（remember/know）程序。在记得—知道程序中，当被试做出"旧"判断时，要求被试内省的对主观再认过程进行判断。即当能够回忆出任一与学习事件相关的细节时，要求被试做出"记得"判断，反映了意识性提取；当不能回忆这些细节时，要求被试做出"知道"判断，反映的是熟悉性提取。为了计算记得—知道程序的记住和熟悉成分，约内利纳斯和雅各比（A. Yonelinas, L. Jacoby）提出了独立记得—知道法（independence remember-know method），这种方法假定记得反应可以作为记住（"记得"=R）的指标，而知道反应则反映了熟悉性成分，可以表示为"知道" = F（1−R）。独立 R/K 法能够从互斥的记得—知道反应中分离出记住和熟悉性这两个独立参数。① 尽管把记得反应作为记住的指标这一观点最近受到了一些质疑，但记得—知道程序作为一种能够把意识性加工过程从再认成绩中分离出来的简单易行的方法，仍然被广泛接受。

因为记住经常被认为与回忆过程类似，那么理论上任何影响回忆成绩的变量都应该影响再认记忆中的记住成分。部分线索被证实会降低线索回忆和自由回忆中目标项目的回忆成绩，那么部分线索就应该影响再认任务中目标项目的记住成分。最直接的证据来自奥斯瓦尔德等人的研究，该研究考察了类别词汇再认任务中的部分线索效应。在该研究中，首先要求被试学习类别样例，之后呈现学习项目的一部分作为部分线索，随后采用再认任务测量被试的记忆。结果发现，部分线索组对目标词的击中率显著低于对照组，表明部分线索组记住成分的降低。但该研究没有采用记得—知道呈现，而仅仅采用经典的再认任务，因此，无法对其中的记住和熟悉成分进行分离。

基于双加工模型，奥斯瓦尔德等人的研究间接证明部分线索效应中记住成分会受到干扰，但由于无法得到熟悉成分的结果，因此熟悉性在部分线索效应中是否起作用不得而知。实际上，有大量的证据表明再认是基于有意识记，并且可能对关于目标项目熟悉性的操纵不是非常敏感。在前人的研究中再认任务主要是有意识记驱动的，因此，部分线索对于目标项目的熟悉性的破坏作用是否存在还需要进一步来研究。

而基于前人的研究，部分线索对于熟悉性加工过程的破坏作用似乎很有可能存在。奥斯瓦尔德等人采用的快速再认任务中证明了部分线索效应，快速再认任务要求被试快速对项目新旧做出判断。通常认为当要求被试快速做再认判断时，再认成绩更多的是依赖熟悉性而不是记住加工过程，这一结果反映的更多是熟悉性成分而非记住成分。如果部分线索效应是部分线索抑制的结果并导致对目标项目记忆表征减弱（激活水平降低），那么由于熟悉性反映了项目的总体记忆强度，那么无论是目标项目的记住还是熟悉性成分都会降低。

近年来，双加工框架模型受到了相当多的质疑。尤其是大部分再认研究的结

① Yonelinas, A. P., & Jacoby, L. L. Yonelinas, Andrew P. and Larry L. Jacoby. "The Relation between Remembering and Knowing as Bases for Recognition: Effects of Size Congruency." *Journal of Memory and Language*, Vol. 34, No. 5, 1995, pp. 622−643.

果符合再认记忆的单加工过程理论。根据单加工模型，再认记忆是基于单一来源的记忆信息，也即学过项目记忆强度与未学过项目记忆强度的比较。再认成绩可被定义为一个包含单维记忆强度的标准信号检测过程，与双加工模型的刺激熟悉性概念相似。相较于双加工模型，单加工模型排除了类阈限意识加工过程对再认成绩的独立贡献。相反，为了解释再认 ROCs 的特征曲线，研究者通常假定学过项目的强度分布的变异大于未学过项目的强度分布变异（非齐性变异信号检测模型，unequal-variance signal-detection model）。

相较于双加工模型，单加工信号检测模型能够对记得—知道和 ROC 实验的数据做出更为充分的解释。对于部分线索效应来说，应该出现同样的结果，即单加工模型能够对部分线索效应的实验结果做出更好的解释。如果这样的话，部分线索的作用就可以通过学习项目的总体记忆强度的变化来体现，即部分线索会降低目标项目的辨别力（d'）。单加工模型与部分线索效应的提取抑制假说是一致的，部分线索效应的提取抑制假说认为部分线索的呈现减弱了对目标项目的记忆表征。特别是它能够对再认任务中部分线索的破坏作用提供一个比双加工模型更为严谨的解释。

前人研究表明部分线索效应在再认测验中存在，表明部分线索的呈现影响了对目标项目的意识性加工过程。

本研究有两个目的：第一，探究基于双加工解释的再认记忆任务中，部分线索的呈现是否也会影响目标项目的熟悉性加工过程。本研究中要求被试学习类别材料，然后呈现学习材料的一部分作为线索，要求被试认真阅读这些线索，随后进行项目再认任务。为了研究部分线索对再认任务的可能的质的影响，我们在实验采用记得—知道程序。

第二，比较再认记忆的双加工和单加工理论，考察哪个理论能对部分线索效应做出更好的解释。比较的结果对于部分线索效应的理论解释具有一定的启示作用，即意味着部分线索影响了目标项目的记住和/或熟悉（双加工观点）或者部分线索削减了目标项目的总体记忆强度（单加工观点）。

采用记得—知道程序考察部分线索对项目再认的破坏作用。根据记得—知道程序的双加工理论，再认出的项目可以分为记住的（记得）和不记得的（知道）。记住成分的降低会导致较少的记得反应，产生较多的知道和/或新反应；熟悉成分的降低会导致较少的记得反应和较多的新反应，因此降低了整体再认成绩。根据自由回忆任务的实验结果，我们知道部分线索影响目标项目的记住成分，因此我们预期本实验中目标项目的记住成分会降低。关键问题是总体再认成绩的降低是由记住反应的降低还是由熟悉性成分的降低而引起的。当然，实验结果也可能与记得—知道程序的单一加工理论一致，在这种情况下，部分线索对于项目再认成绩的破坏作用均可归因于目标项目整体记忆强度的降低，与双加工理论所认为的记住和/或熟悉成分降低的观点矛盾。

研究假设：如果部分线索效应反应的是线索项目对非线索项目整体表征激活强度的降低，则部分线索的呈现应仅降低熟悉性成分，而不降低记住成分。

二、研究方法

（一）被试

22 名大学生参加本实验（6 男）。被试年龄范围 19—24 岁，平均年龄 21.32±1.64 岁。所有被试视力或矫正视力正常，3 名女性被试为左利手，其余被试均为右利手。实验后有小礼品赠送。

（二）材料

实验材料为两个学习词表，每个学习词表均包含 9 个语义类别，每个类别中均包含 12 个样例。每个类别中的中等强度的 8 个项目（分类等级顺序 3—10）作为学习项目，采用配对联结呈现方式呈现实验材料：即类别—样例。两个最强（分类等级顺序 1—2）和两个最弱（分类等级顺序 11—12）的项目作为测验阶段的干扰项目。材料选自刘旭的博士论文中评定的类别材料，共选取 20 个类别，其中 18 个类别作为实验类别，这 18 个类别分别为：珠宝、鸟类、布料、乐器、蔬菜、运动、职业、家具、疾病、文具、昆虫、调料、音乐、水果、舞蹈、交通、花卉、罪行。[①] 另外两个类别建筑和木匠分别作为两个学习词表的填充材料，每个类别下选取 4 个样例，两个样例在词表的前面呈现，两个样例在词表最后呈现。

（三）实验设计

单因素两水平（有部分线索，无部分线索）被试内设计。

（四）实验程序

正式实验开始之前，被试先进行部分线索条件和无线索条件的练习，熟悉整

---

① 刘旭：《提取诱发遗忘的发展及其机制研究》，博士学位论文，天津师范大学，2013 年。

个实验流程。之后进行一个按键练习任务，目的是保证被试熟悉不同的再认判断所对应的反应键，按键反应的正确率要求达到95%以上。

正式实验包括两个区组，每个区组学习1个词表，均包括学习、干扰任务和再认三个阶段。

在学习阶段开始之前，告知被试尽可能地将类别与样例联系在一起，并努力记住他们。计算机顺次呈现76个学习项目（4个填充项目、72个实验项目），刺激间在黑色屏幕中央呈现白色"+"字（既为注视点又为刺激间的时间间隔ISI，ISI=1100±100ms），双字词的呈现时间为2000ms，双字词以白色字体呈现在黑色屏幕中央。为了避免相同类别内样例间的相互关联为随后的提取形成额外的线索，样例的学习采用block随机的方式，每个block中从9个类别中各随机选取1个项目，形成8个block。

学习阶段结束后，屏幕上呈现一个3位数，要求被试完成连续减6的分心任务，部分线索条件下分心任务时间为30s，无线索条件下分心任务时间为120s，以保证两组开始再认判断的时间相同。接着给部分线索组被试呈现学习项目中的一半（36个，每个类别中4个）作为线索项目，这些项目以伪随机的方式呈现，线索呈现时间为90s，要求被试按顺序认真阅读这些项目，并把这些项目作为随后回忆目标项目的线索。

在测验阶段，采用记得—知道再认测验方式。告知被试再认判断的流程，并向被试解释记得和知道的含义，"记得"是指不但确信见过该词，并且还能回忆出该词在学习阶段呈现时的一些细节，"知道"是指虽然确信见过该词，但是无法提取其呈现时的相关细节。并列举生活中的辨别面孔的例子给被试，以确保被试真正理解记得和知道的含义。测验阶段包含72个项目（36个新项目、36个旧项目，线索项目不出现在再认阶段）。72个项目按照随机顺序依次呈现，刺激间在屏幕中央呈现"+"字（既为注视点又为刺激间的时间间隔ISI，ISI=1100±100ms），词的呈现时间没有限制，即被试做出反应之后，这一词的呈现结束。要求被试对这些项目进行新旧判断。如果被试对某项目做出了旧的判断，则还需要被试进一步明确这一词是属于记得还是知道，如果被试对某项目做出了新的判断，则继续进行下一个项目的判断。

每组大约用时10分钟，组间休息两分钟，要求被试尽量放松大脑准备下一组实验。

对两种学习方式的学习顺序、线索条件及反应键均进行了平衡。

实验流程图如图6-1所示：

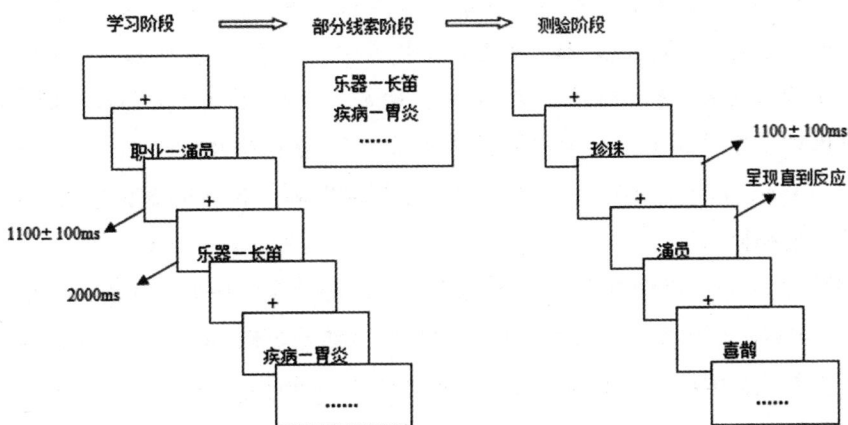

图6-1 学习与测验流程图

三、研究结果

对部分线索条件和无部分线索条件下新旧再认的击中率和虚惊率及记得反应的击中率和虚惊率进行统计，结果如表6-1所示：

表6-1 各条件下的击中率和虚惊率 （M±SE）

	新旧判断		记得反应	
	击中率	虚惊率	击中率	虚惊率
有部分线索	0.72±0.04	0.14±0.03	0.60±0.05	0.05±0.01
无部分线索	0.81±0.03	0.18±0.03	0.68±0.04	0.08±0.02

对不同条件下的击中率进行2（判断标准：新旧判断、记得判断）×2（线索条件：有部分线索、无部分线索）重复测量方差分析的结果表明，线索条件主效应显著，$F_{(1, 21)} = 7.19$，$MSE = 0.150$，$\eta^2 = 0.255$，$p < 0.01$，部分线索条件下正确率显著低于无线索条件下；判断标准主效应显著，$F_{(1, 21)} = 27.13$，$MSE = 0.376$，$\eta^2 = 0.564$，$p < 0.01$，新旧判断击中率显著高于记得判断；两者的交互作用不显著，$F_{(1, 21)} = 0.02$，$MSE = 0.000$，$\eta^2 = 0.000$，$p > 0.05$。以上结果表明部分线索条件下的新旧判断和记得反应的击中率均显著低于无部分线索条件下的，并且部分线索和无部分线索条件下新旧判断的击中正确率均显著高于记得判断。

对两种条件下的虚惊率也进行了 2（判断标准：新旧判断、记得判断）×2（线索条件：有部分线索、无部分线索）的重复测量方差分析，结果表明，线索条件主效应不显著，F（1，21）= 2.93，MSE = 0.025，η^2 = 0.122，p>0.05；判断标准主效应显著，F（1，21）= 24.58，MSE = 0.195，η^2 = 0.539，p<0.01，新旧判断虚惊率显著高于记得判断；两者的交互作用不显著，F（1，21）= 0.20，MSE = 0.009，η^2 = 0.000，p>0.05。以上结果表明新旧再认的虚惊率比记得反应的虚惊率更频繁。

采用独立 R/K 模型对本实验的记得—知道数据进行基于双加工过程的分析。记住=旧项目的记得反应—新项目的记得反应，熟悉= Know/（1−Remember）。从而对于把新项目的熟悉成分从旧项目中提取出来。统计结果如表6-2所示：

表6-2　基于双加工过程的参数估计

	F（熟悉）	R（记住）	d_x	d_y	C_0	C_r
	独立 R/K 模型					
有部分线索	0.20	0.55				
无部分线索	0.31	0.59				
	和差模型					
有部分线索			0.47	0.87	0.11	0.83
无部分线索			0.57	0.86	0.14	0.84

注：d_x=总体记忆强度；d_y=具体记忆强度；C_0=新项目分布的平均值与新旧判断标准的距离；Cr=旧项目分布的平均值与记得—知道判断标准的距离。

2（成分估计：记住、熟悉）×2（线索条件：有部分线索、无部分线索）重复测量方差分析的结果表明，线索条件主效应显著，F（1，21）= 7.428，MSE = 0.144，η^2 = 0.261，p<0.05，表明部分线索条件下记忆水平整体降低；成分估量主效应显著，F（1，21）= 27.416，MSE = 2.147，η^2 = 0.566，p<0.01，记住成分估计值显著大于熟悉性成分；两者的交互作用不显著，F（1，21）= 0.750，MSE = 0.017，η^2 = 0.034，p>0.05。由于实验关注熟悉性成分和记住成分在两种线索条件下是否表现出差异，因此分别对两种线索条件下的熟悉性成分和记住成分进行了事前检验，结果表明，部分线索条件下熟悉性成分显著低于无线索条件下，t（16）= 2.075，p<0.05；部分线索条件下记住成分与无线索条件下差异不显著，t（21）= 1.615，p>0.05。

同时把当前实验数据与记得和知道的和差理论（STREAK）进行了匹配度检验。和差理论任务认为存在两种不同的连续的记忆信息源：总体记忆强度反应刺激的熟悉性，具体的记忆强度反应有意识记信息。新—旧辨别是基于总体和具体记忆强度的加权和，而记得—知道决策则是基于这两类记忆强度的加权差。借助于新项目的强度分布的标准差，该理论模型对总体和具体记忆强度（分别用 d_x 和 d_y 表示）采用独立的参数来进行估计。所有项目类型的参数 s 均设置为 0.8。

对于总体和具体记忆强度的最佳适配 STREAK 参数如表 6-3 所示。部分线索条件下与无部分线索条件下的总体记忆强度 d_x 分别为 0.47 和 0.57，而具体记忆强度 d_y 分别为 0.87 和 0.86。STREAK 模型中有 4 个自由参数来解释记得—知道程序中的 4 种数据（记得和知道的击中率和虚惊率），模型已达到饱和，因此不能拟合度进行统计检验。因此采用似然比检验来考察该模型的参数能否很好拟合实验数据。似然比检验的结果表明，部分线索条件下 d_x 显著低于无部分线索条件下，$\chi^2 (1) = 4.78$，$p<0.05$，而部分线索条件下 d_y 与无部分线索条件下 d_y 差异不显著，$\chi^2 (1) = 0.91$，$p>0.05$。

单加工信号检测模型采用单一的参数 d' 代表旧项目减去新项目的总体记忆强度，并认为记得和知道（参数 r 和 k）的反应标准在同一强度连续体上（如表 6-3 所示）。似然比检验的结果表明，部分线索条件下 d' 显著低于无部分线索条件下，$\chi^2 (1) = 5.29$，$p<0.05$，而部分线索条件下 k、r 与无部分线索条件下 k、r 差异均不显著，χ^2 均小于 1.5，$ps>0.05$。

表6-3　基于单加工过程的参数估计

	d'	σ	k	r
有部分线索	1.66	1	0.86	2.15
无部分线索	1.79	1	0.82	2.11

注：d'：辨别力；σ：目标项目分布（等差模型中值为 1）；k：新—旧判断标准；r：记得—知道判断标准。

四、讨论

采用标准项目再认任务，实验结果发现在新—旧判断标准下和记得—知道判断标准下，部分线索的呈现均降低了对目标项目的再认成绩。对记得—知道数据进行基于双加工过程的分析，结果发现，部分线索的呈现降低了目标项目的熟悉性（总体记忆强度），但并未降低目标项目的记住（具体记忆强度）。记住被经常被认为与回忆过程类似，因此，任何会降低回忆的变量都应降低再认记忆中的记住成分。部分线索效应已在大量采用自由回忆任务的实验中被证实是存在的，按照这一逻辑，目标项目的再认中记住成分应该受到影响。本研究的结果发现记住成分并未受到损害，与这一预期相矛盾，因此也就与双加工过程观点相矛盾。

与双加工过程观点相比，单加工过程信号检测模型认为再认记忆是完全基于单一的记忆信息来源。将该模型应用于本研究的记得—知道数据，结果发现，目标项目回忆成绩的降低是由于项目整体记忆强度降低所致。这一观点与部分线索效应的提取抑制假说是一致的，根据提取抑制假说的观点，部分线索的呈现降低了目标项目的记忆表征强度，由于项目记忆强度的降低，对于目标项目的自由回忆、线索回忆及再认回忆都应受到损害。同时，单一加工过程的观点对于实验结果的解释也更为简洁明了。

尽管本研究的结果表明部分线索效应是基于单一加工过程的，是提取抑制的结果，但仅由本研究的结果，尚不能下此结论。实际上，标准的记得—知道数据并不能为双加工过程和单加工过程观点的统计检验提供十分充足的数据。因此，在本章第二节中，我们呈现了采用 ROC 程序对部分线索效应进行的检验。采用 ROC 程序可以为统计检验提供充足的实验数据，可以为两个模型的验证提供更为充分的数据支撑。

五、小结

由本研究结果可知，部分线索的呈现降低了目标项目的熟悉性成分，而不影响记住成分，表明部分线索降低了目标项目整体记忆强度。

第二节　接受者操作特征程序下的部分线索效应

一、引言

大量行为研究对再认记忆中的记住和熟悉成分进行了测量。最常用到的是记得—知道（remember/know）程序和接受者操作特征（the receiver operating characteristic procedure，ROC）程序。

在 ROC 程序中，对学过项目（击中率）和新项目（虚惊率）做出的正确和错误的"旧"反应的测量是在不同的反应标准下进行的。通常可以通过要求被试对一个项目的新旧做出信心评定并计算他们在不同信心水平上的评定结果来变化反应标准。把累积虚惊率和击中率绘制在坐标轴上（一般击中率为纵坐标，虚报率为横坐标）即可得到反应被试再认成绩的 ROC 曲线。再认实验中得到的 ROC 曲线一般情况下在形状上都是非对称的，信心水平越高辨别成绩越好。约内利纳斯认为这种非对称是由于记住和熟悉性共同起作用的结果：熟悉性被定义为能够产生对称 ROC 的记忆信号强度监测过程，记住被认为是一个阈限加工过程，在各信心水平上贡献了同样的击中率。在双加工结构模型中，基于熟悉性的对称 ROC 和记住概率形成的非对称再认 ROC 在表现为高信心区域 ROC 曲线向上偏移。两个加工过程均可通过数学方法表示出来，记住（R）和基于熟悉的辨别力（d'）的数学估算值可以从实际的 ROC 数据中得到。

借助双加工理论模型，本章第一节中的研究采用不同的分析方法，对部分线索对记住和熟悉的破坏作用进行了分析，研究结果发现部分线索主要影响目标项目的熟悉性成分，几乎不影响记住成分，实验结果符合部分线索效应的提取抑制假说的观点。为了进一步证明这一研究结果的普遍性，本研究进一步检验同样的结果在不同的测量程序中是否还存在。因此，在本研究中我们使用 ROC 程序来进一步证明部分线索对记住和熟悉成分的作用。同样的，双加工和单加工理论对于再认结果的解释力可以通过这一程序来验证。实验结果有助于明确哪种模型能对项目再认任务中的部分线索效应做出更好的解释。

研究假设：如果部分线索效应反应的是线索项目对非线索项目整体表征激活强度的降低，则部分线索的呈现应仅降低熟悉性成分，而不降低记住成分。

二、研究方法

（一）被试

20 名大学生参加本实验（7 男）。被试年龄范围 18—25 岁，平均年龄 21.10±1.97 岁。所有被试视力或矫正视力正常，两名女被试为左利手，其余被试均为右利手。实验后有小礼品赠送。

（二）材料

同本章第一节研究所用材料。

（三）实验设计

同本章第一节研究设计。

（四）实验程序

除了测验阶段反应要求不同，实验程序基本与同本章第一节研究相同。

在测验阶段，采用新旧再认测验的方式，要求被试对某个项目新或者旧做出信心判断，采用 6 点等级评定，1 表示绝对新，6 表示绝对旧。建议被试尽量使用 6 个等级上的各个点以便尽可能准确地对他们的信心度进行标示。每个测验项目呈现在屏幕中央，屏幕下方呈现 6 点等级示意图。要求被试按电脑键盘上的相应数字键做出反应。被试做出按键反应之后，接着呈现下一个项目。

三、结果

为了对实验数据进行 ROC 分析，首先对 6 种评价等级下将刺激判断为信号和噪声的概率进行了统计，在此基础上计算了部分线索条件和无部分线索条件下 5 种判断标准下的击中率和虚报率的累计概率，结果如表 6-4 所示：

表6-4　5 种判断标准下的击中率和虚报率累计概率

判断标准	无部分线索					部分线索				
	C_1	C_2	C_3	C_4	C_5	C_1	C_2	C_3	C_4	C_5
击中率	0.68	0.73	0.78	0.83	0.90	0.60	0.68	0.73	0.79	0.87
虚报率	0.07	0.11	0.17	0.24	0.38	0.08	0.12	0.19	0.27	0.46

以累积虚惊率为横坐标，累积击中率为纵坐标，绘制了无部分线索和部分线索条件下的 ROCs 曲线和 zROCs 曲线，分别如图 6-2 和图 6-3 所示。

把双加工过程信号检测模型与原始数据进行拟合，双加工模型认为 ROCs 结果是两种本质不同的记忆过记住和熟悉共同作用的结果，记住和熟悉分别独立的对记忆成绩产生作用。把该模型应用于 5 点 ROC 数据，则该模型在新旧等级判断实验中有 7 个自由参数（熟悉性 d'，记住 R，和 C_1—C_5 5 个判断标准）去拟合 10 个数据点（判断标准 1—5 的击中和虚惊）。因此，因此，该模型在进行拟合度检验时其自由度为 3。模型参数通过最大似然法进行计算。部分线索条件下 d' 为 1.49，无线索条件下 d' 为 1.75，部分线索条件下 R 为 0.55，无线索条件下 R 为 0.61，对部分线索和无部分线索条件进行了似然比检验，结果发现，对于熟悉性

指标 d' 来说，部分线索条件下显著低于无线索条件下，$\chi^2 = 4.23$，$p < 0.05$，而对于记住指标 R 来说，部分线索条件与无线索条件下差异不显著，$\chi^2 = 1.03$，$p > 0.05$。

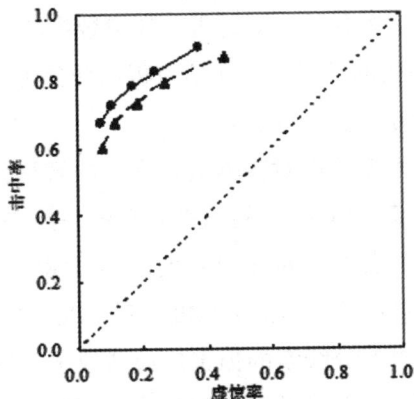

图6-2　有部分线索和无部分
线索条件下的 ROCs 曲线

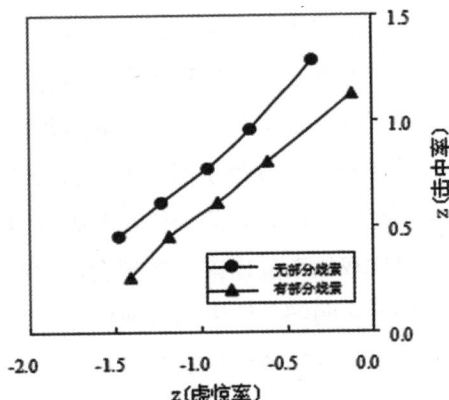

图6-3　有部分线索和无部分
线索条件下的 zROCs 曲线

同第一节中的 R/K 判断一样，把单加工过程模型与实验数据进行拟合，把该模型应用于 5 点 ROC 数据，则该模型在新旧等级判断实验中有 6 个自由参数（熟悉性 d' 和 C_1—C_5 5 个判断标准）去拟合 10 个数据点（判断标准 1—5 的击中和虚惊）。部分线索条件下 d' 为 2.44，无线索条件下 d' 为 2.65，似然比检验的结果表明，部分线索条件下显著低于无线索条件下，$\chi^2 = 3.84$，$p < 0.05$。

表6-5　基于双加工和单加工过程的参数估计

	d'	R	σ
双加工过程模型			
有部分线索	1.49	0.55	
无部分线索	1.75	0.61	
单加工过程模型			
有部分线索	2.44		1.57
无部分线索	2.65		1.41

注：d'：熟悉性（双加工过程模型中）或整体记忆强度（单加工过程模型中）；R：记住；σ：目标项目分布的标准差。

四、讨论

采用记得—知道程序，本章第一节的研究发现了稳定的部分线索效应，根据双加工过程的观点，发现部分线索的呈现主要损害了目标项目的熟悉性成分。在本研究中，我们采用 ROC 程序，结果再次发现部分线索的呈现对整体再认成绩的损害作用。对 ROC 数据进行基于双加工过程的分析再次发现部分线索的呈现降低了目标项目的熟悉性而对记住成分并未产生影响作用。对记得—知道数据和 ROC 数据进行的基于双加工过程的分析得到了一致的结果，即在项目再认任务中，部分线索的呈现主要是对目标项目的熟悉性成分产生影响作用。

相较于双加工过程模型，单一加工过程模型可以对数据进行很好的解释，单一加工过程模型可以对部分线索和无部分线索条件下的数据进行解释，并且从统计学上也比双加工过程模型的拟合度更好。根据单一加工过程模型，目标项目辨别力的降低表明部分线索的呈现降低了目标项目的总体记忆强度。对 ROC 数据这一解释与记得—知道数据的解释是一致的，对部分线索的损害效应达成了一致的解释。由于双加工过程的分析未发现目标项目的记住成分受到损害，而单加工过程模型认为是整体记忆强度的降低，因此，基于当前的实验结果，支持单加工过程的观点。

同时，当前的实验结果也再次为部分线索效应的提取抑制假说提供了支持，提取抑制假说认为部分线索的呈现降低了目标项目的记忆表征强度，由于项目记忆强度的降低，对于目标项目的自由回忆、线索回忆及再认回忆都应受到损害。

基于再认记忆的双加工过程模型，前人采用自由回忆、线索回忆等的研究发现在提取过程中，呈现先前所学项目的一部分会对非线索项目的记住成分产生干扰作用。本研究的目的之一在于，从再认双加工过程的观点出发，探索部分线索效应是纯粹受有意识记驱动的还是熟悉性成分也在部分线索遗忘效应中发挥着作用。本章第一节中采用记得—知道程序、本研究中采用 ROC 程序，分别对这一问题进行了探索。两项研究的结果发现部分线索效应在再认任务中也存在，与前人研究结果是一致的。另外，两个实验均发现，部分线索遗忘效应均伴随着熟悉性成分的显著降低，而记住成分并未随部分线索遗忘效应的发生而降低。这一实验结果说明，部分线索主要是对非线索项目即目标项目的熟悉性成分造成损害，而基本上不影响目标项目的有意识记成分。这一实验结果与再认记忆的双加工过程的观点不一致。

当前的实验结果可以用再认记忆的单加工过程模型进行解释。相较于双加工过程模型来说，单加工过程模型能够解释本章中两项研究所得到的实验数据进行拟合。这一实验结果支持再认记忆的单加工过程观点：根据单加工过程的观点，当前实验中的再认记忆依赖于单一来源的记忆信息，即熟悉性。根据这一观点，可以认为部分线索降低了目标项目的整体记忆强度。在本章第一节研究中的记得—知道程序中和本研究的 ROC 程序中，都得到了同样的结果，因此，我们可以认为，单加工过程模型能够稳定地解释部分线索遗忘效应。

当前实验中，单加工过程关于部分线索遗忘效应是由于非线索项目整体记忆强度降低的解释与前人采用自由回忆或线索回忆任务的实验结果是一致的。在自由或线索回忆任务的实验中，部分线索效应被认为是提取抑制的过程，根据提取抑制假说的观点，当部分线索呈现时，相当于对部分线索项目的内隐提取，这一内隐提取过程类似于提取诱发遗忘范式中的提取练习阶段，因此非线索项目会对线索项目的提取产生干扰作用，为了降低非线索项目对于线索项目内隐提取的干扰，通过减弱非线索项目的整体记忆表征强度的抑制降低了非线索项目的干扰作用，也即在这个过程中，非线索项目的整体表征强度降低。由于这种抑制作用，非线索项目的记忆表征强度降低，因此在很多测验类型中如资源回忆、线索回忆及项目再认测验中，非线索项目的回忆成绩降低。

根据再认记忆的双加工过程观点的解释，本章两项研究的结果表明部分线索的呈现降低了非线索项目的熟悉性成分，而并不影响其有意识记成分。这一结果与前人采用自由、线索回忆或联想再认任务实验中发现非线索项目有意识记成分的降低相矛盾，因而，这些结果对双加工过程的观点提出了质疑。根据再认记忆单加工过程的观点，本章两项研究的结果表明部分线索的呈现降低了非线索项目的整体记忆强度。本章两项研究的结果也能很好地被单加工过程模型拟合。更重要的是，这一结果支持部分线索效应的提取抑制假说。因此，我们认为，再认任务中部分线索遗忘效应是由于非线索项目整体表征强度减弱所致。

五、小结

由本研究结果可知，部分线索的呈现降低了目标项目的熟悉性成分，而不影响记住成分，表明部分线索降低了目标项目整体记忆强度，该结果与单加工过程模型观点一致，因而支持提取抑制假说。

第七章　部分线索效应的作用进程

第一节　部分线索效应的认知抑制进程

一、引言

提取抑制假说尽管不是解释部分线索效应的唯一假说，很多研究者仍然认为部分线索效应是基于某种形式的抑制。前人关于抑制观点的验证，主要是采用部分线索效应的经典范式，从项目间关联程度、提取顺序控制、回忆时程、线索类型、测验方式等各个角度来展开。但以上研究更多的是对提取抑制假说的验证，并没有对抑制过程进行验证，即没有回答抑制过程是在部分线索呈现之后产生，还是在记忆提取过程中产生。对该问题的研究，一方面有助于深入认识部分线索效应的发生过程；另一方面如果能够把部分线索呈现过程和提取过程剥离开来，在不以提取成绩作为衡量部分线索作用的指标的前提下，考察抑制过程在线索后是否产生，也可为提取抑制假说的合理性提供更"纯净"的证据。

基于此，本研究试图将部分线索范式和 Stroop 范式相结合来探讨这一问题。在经典的部分线索范式中，首先要求被试学习词表，测试时，控制组被试直接进行自由回忆（无部分线索），实验组被试在回忆之前，随机抽取词表中的一部分词作为线索词，要求被试回忆目标词。作为测定认知抑制机制的最可靠的方法，经典的 Stroop 任务要求被试对不一致的刺激做出正确的反应，由于同一个刺激的两个维度（或特征）产生相互干扰，由此激活两种竞争性反应。

经典 Stroop 任务主要以颜色词作为实验材料，颜色词数量有限，不能满足记忆实验中实验材料数量的要求，基于此，我们考虑使用 Stroop 任务的变式，对变式的要求是既能利于选择数目相当的实验材料，同时反应时任务的难度也不发生较大变化，最后选择情绪 Stroop 任务。与经典的 Stroop 效应相比，情绪 Stroop 效应是由于情绪信息对非情绪信息加工的影响而带来反应时延长，在情绪 Stroop 任务中，刺激词的情绪信息会自动激活积极或消极评价，诱发被试的某种反应倾向，从而促进或抑制对词语的颜色命名，因此被认为是用于验证认知控制过程的最佳方式。通过把这两个任务相结合，在线索呈现后或提取完成后插入情绪 Stroop 任务，形成了新的范式，具体为：

考察部分线索呈现后抑制是否发生，采用以下程序：

实验组：学习词表—呈现部分线索—情绪 Stroop 任务—回忆目标词；

控制组：学习词表—情绪 Stroop 任务—回忆学习词表。

考察提取过程中的抑制，采用以下程序：

实验组：学习词表—呈现部分线索—回忆目标词—情绪 Stroop 任务；

控制组：学习词表—回忆学习词表—情绪 Stroop 任务。

之所以采取这样的程序，原因在于，如果像提取抑制假说所认为的，部分线索效应的发生是由于线索项目对目标项目的抑制，那么，在抑制假说所认为的抑制产生之后，插入 Stroop 任务，即要求被试进行目标词颜色判断任务，部分线索条件下被试对于实验材料中目标词的颜色判断反应时应短于自由回忆条件。其实验逻辑是，情绪词的情绪信息附着于语义上，如果被试对于目标词的语义内容产生了抑制，词的情绪性也应受到抑制，那么要求被试判断目标词的颜色时，受目标词情绪信息的干扰就比控制组小。如果实验结果与设想的一致，则可直接证明部分线索效应的产生是抑制机制作用的结果。

我们对于经典范式的改变，可以对前面提出的问题做出回答。即如果线索呈现后进行情绪 Stroop 任务，部分线索条件下被试对目标词的颜色判断反应时短于自由回忆条件下的，表明抑制在线索呈现后即发生；如果在提取完成后进行情绪 Stroop 任务，部分线索条件下被试对于实验材料中目标词的颜色判断反应时应短于自由回忆条件，表明提取之后，抑制过程仍存在。

本研究通过 4 个实验来探讨上述两个问题。实验 1 考察部分线索呈现后，抑制是否发生；实验 2 考察提取完成后抑制是否持续存在；实验 3 在实验 2 的基础上增加了一次提取任务，考察提取未完成时抑制是否持续存在；实验 4 让被试进行一次不完全的提取，进一步考察即提取未完成时抑制是否持续存在。

基于以上分析，提出研究假设：如果部分线索效应反应的是需要认知资源参与的抑制控制过程，对于负性情绪目标词的颜色判断时间，部分线索条件下应短于无部分线索条件下。具体为：在线索呈现后，如果抑制在线索呈现之后就发生了，则对目标词颜色判断时间应变短；在尝试提取之后，如果抑制在提取过程中发生，则对目标词颜色判断时间应变短。

二、实验1：部分线索①呈现后抑制过程的考察

（一）被试

36名大学生参加本实验（5男）。被试年龄范围19—27岁，平均年龄19.89±1.85岁。所有被试视力或矫正视力正常，均为右利手。实验后有小礼品赠送。

（二）实验材料

当前关于情绪Stroop的研究中，对于负性词所得结论比较一致。而正性词研究相对较少，结论也不一致。因此，本研究选取负性情绪词和中性词作为实验材料。实验材料的选取步骤如下：

（1）选取双字词材料。从汉语情感词系统中选取负性情绪双字动词、名词、形容词各40个（动词效价介于2.33—3.22；名词效价介于2.07—3.61；形容词效价介于2.56—3.29）和中性双字动词、名词、形容词各20个（动词效价介于4.84—5.20；名词效价介于4.80—5.18；形容词效价介于4.76—5.47）。确保所选的所有双字词首字和尾字均不相同。

（2）形成3个词表。三类负性情绪词一半分配到词表1，另一半分配到词表2，最后形成两个负性情绪词词表，每个词表均包含动词、名词、形容词各20个。三类中性词组成词表3。

（3）确定项目呈现顺序。词表1、2、3中均选取24个词作为线索项目（动词、名词、形容词各8个），剩余36个词（动词、名词、形容词各12个）作为目标项目。对每个词表中作为线索项目和目标项目的词的效价、优势度、熟悉度、具体性、首字笔画、尾字笔画和词频均做了控制，采用与步骤（2）类似的方法进行统计检验，结果表明均不存在显著差异。需要说明的是，词表3仅作为对照组，因此不采用部分线索回忆方式，之所以同词表1、2一样也区分线索项目和目标项目，主要是由于情绪Stroop任务只对设置为目标项目的颜色作反应，同时也能确保词表排列构成上与其他两个词表保持一致。学习材料呈现顺序的安排遵循

---

① 这里的"部分线索"并非只表示部分线索组，而是作为自由回忆组和部分线索组同时开始情绪Stroop任务的时间上的标志，即部分线索组呈现完线索后。

以下原则：①保证前后两个项目词性不同；②线索项目均匀分布于整个词表。

(三)　实验设计

实验采用单因素被试内设计。自变量为回忆方式，分为负性情绪词部分线索回忆和负性情绪词自由回忆两种条件。另设置中性词自由回忆条件，作为衡量情绪 Stroop 产生的基线。因变量为被试对目标词颜色的判断反应时和对目标词的回忆成绩。选取红色、绿色两种颜色作为目标刺激材料的颜色。

(四)　实验程序

正式实验开始之前，被试先进行一个按键反应练习，目的是为了让被试熟悉两种颜色相应的键盘位置，练习正确率要求达到95%以上。接着进行部分线索回忆和自由回忆练习，熟悉整个实验流程。

正式实验包括 3 个区组，每个区组学习 1 个词表，均包括学习、情绪 Stroop 任务和回忆三个阶段。

学习阶段，计算机顺次呈现 60 个双字词，刺激间在屏幕中央呈现"+"字（既为注视点又为刺激间的时间间隔 ISI，时间为 1100±100ms），双字词的呈现时间为 2000ms，要求被试采取最有效的记忆策略记住屏幕上呈现的双字词，学习系列的刺激相对于每个被试来说都采用相同的伪随机顺序呈现。

学习完毕，进行两位数加减法运算分心任务（计算题呈现时间为 2500ms，ISI 为 1000ms），要求被试在答题纸上写出答案，部分线索回忆组分心任务时间为 28s，自由回忆组分心任务时间为 70s，以保证两组开始回忆的时间基本相同。接着给部分线索回忆组被试呈现线索项目，这些项目以伪随机的方式呈现，呈现时间为 40s，要求被试按顺序认真阅读这些项目，并把这些项目作为随后回忆目标项目的线索。前人研究中，部分线索呈现后要求被试阅读线索项目，然后以线索项目为线索，回忆目标项目，对于被试阅读线索项目的时间未做明确限定。由于本研究需要在线索呈现之后或是记忆提取完成之后插入情绪 Stroop 任务，必须明确部分线索项目的呈现时间，以保证实验结果具有可比性。因此本研究在实验过程中对部分线索的呈现时间做了明确的界定。

接着告知被试，回忆之前还要完成情绪 Stroop 任务。对于自由回忆组和部分线索组被试来说，均只对目标词颜色做出反应。刺激间在屏幕中央呈现"+"字 250ms，36 个目标词按顺序呈现在屏幕中央，每个目标词的呈现时间为 2000ms，2000ms 内未按键则进入下一试次。36 个目标词中，一半用绿色书写，一半用红色书写，目标词的呈现顺序与学习阶段的相对先后顺序一致。

情绪 Stroop 任务完成之后，即进行回忆，自由回忆组，要求被试在答题纸上默写回忆刚才学习过的所有词；部分线索组，电脑屏幕上会出现 24 个线索项目，要求被试以这些词作为线索，回忆剩下的 36 个目标词。两组回忆时间均为 5min。

每组大约用时 12min，组间休息 2min，要求被试尽量放松大脑准备下一轮实验。为避免负性情绪词汇学习对中性情绪词汇学习的影响，在平衡学习顺序时，采用中—负—负或负—负—中的学习顺序，而不使用负—中—负的学习顺序。

对两种学习方式的学习顺序、线索条件、目标词颜色及反应键均进行了平衡。

（五）结果与简要讨论

1. 情绪词回忆成绩分析

对自由回忆组和部分线索回忆组对情绪词表的回忆成绩进行统计，结果如图 7-1。配对样本 t 检验的结果表明，$t(35) = 6.066$，$p < 0.01$，自由回忆方式下的回忆成绩优于部分线索回忆下的回忆成绩，表明提供部分线索对被试的回忆产生了消极影响。

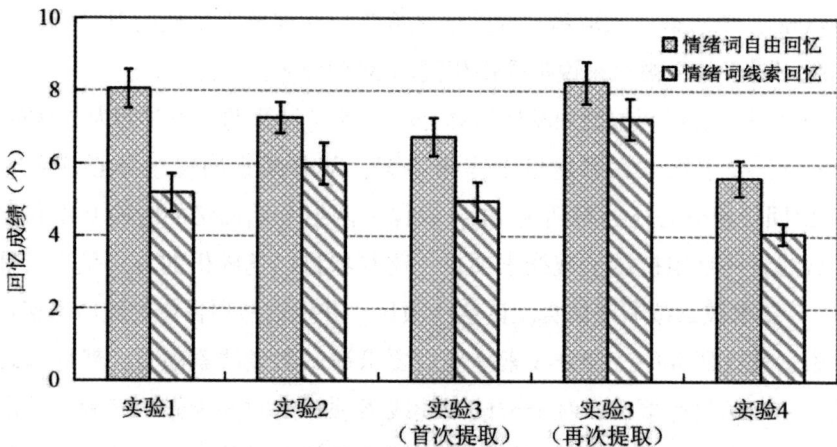

图7-1 实验1-4中各实验条件下被试的回忆成绩

2. 情绪 Stroop 任务的反应错误率和极值剔除率

首先剔除反应时低于 200ms 和超过 1000ms 的极端试次，接着统计被试错误反应的试次。

对各条件下反应错误率（如图 7-2 所示）进行比较的结果发现，$t_{(中性词自由回忆和情绪词自由回忆)}(35) = -0.255, p > 0.05$，差异不显著；$t_{(情绪词部分线索回忆和情绪词自由回忆)}$

（35）＝－0.757，$p>0.05$，差异不显著。对各条件下极值剔除率（如图7-3）进行比较的结果发现，$t_{(中性词自由回忆和情绪词自由回忆)}$（35）＝－3.028，$p<0.01$，差异显著；$t_{(情绪词部分线索回忆和情绪词自由回忆)}$（35）＝－3.820，$p<0.05$，差异显著。不同实验条件在反应错误率上没有显著差异，但在极值剔除率上存在显著差异。

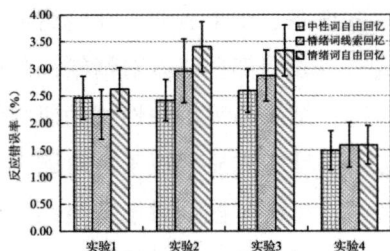

图7-2　实验1-4中各实验条件下的反应错误率

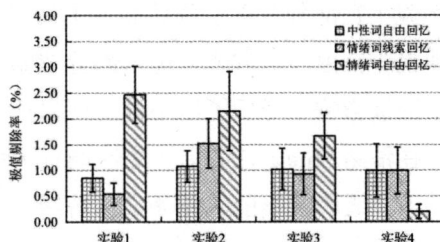

图7-3　实验1-4中各实验条件下的极值剔除率

3. 情绪 Stroop 任务的反应时分析

各条件下反应时结果如图7-4所示：

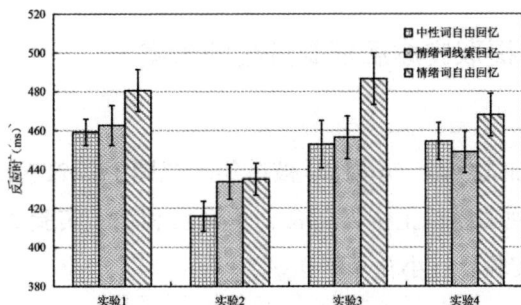

图7-4　实验1-4中各实验条件下被试的反应时

根据本实验的目的，我们首先要考察对于情绪词的颜色判断反应时是否显著长于对中性词的颜色判断（即考察经典的情绪 Stroop 效应），在情绪 Stroop 效应存在的基础上，才可能进一步去分析部分线索回忆条件和自由回忆条件下对于情绪词的颜色判断反应时是否存在差异，因此，采用事前比较（planned comparison）的方法。在后面的实验中，均采用事前比较的方法。

首先对中性词自由回忆和情绪词自由回忆条件下的反应时进行事前比较，$F_{(中性词自由回忆和情绪词自由回忆)}$（1，35）＝ 4.467，$p < 0.05$，表明在同样的回忆方式下，被试对负性情绪词的反应时间显著长于中性词，存在典型的情绪 Stroop 效

应；在此基础上考察不同回忆方式下个体对于负性情绪词反应时间的差异，$F_{(情绪词部分线索回忆和情绪词自由回忆)}(1, 35) = 5.620$，$p < 0.05$，自由回忆条件下反应时显著长于部分线索回忆方式下，表明回忆方式显著影响了被试对于情绪词的反应时间。

实验 1 在部分线索呈现后插入了情绪 Stroop 任务。结果表明，在情绪词的回忆成绩上，自由回忆方式下优于部分线索方式下，表明部分线索对情绪词的回忆产生了消极影响，降低了情绪词的回忆成绩，这一结果与采用中性词的研究结果一致。在情绪 Stroop 任务上，中性词自由回忆条件反应时显著短于情绪词自由回忆条件下，表明在当前的任务中，情绪词的情绪性延缓了被试对于情绪词的颜色判断。在此基础上，我们进一步发现情绪词自由回忆条件反应时显著长于情绪词部分线索回忆方式条件，表明虽然情绪性延缓了对于情绪词的颜色判断，但部分线索的呈现，抑制了个体对于目标情绪词的加工，因而情绪性对于颜色的干扰作用降低。研究结果表明部分线索呈现后，就开始对目标词产生抑制作用。基于此，我们在实验 2 中进一步考察，在回忆任务结束后，这种抑制作用是否还存在。

三、实验 2：提取完成后抑制过程的考察

（一）被试

31 名大学生参加本实验（6 男）。被试年龄范围 18—21 岁，平均年龄 19.45±0.99 岁。所有被试视力或矫正视力正常，均为右利手。实验 2 中的被试与实验 1 中的被试无重复。实验后有小礼品赠送。

（二）实验材料

同实验 1。

（三）实验设计

同实验 1。

（四）实验程序

基本流程同实验 1。不同之处在于：情绪 Stroop 任务是在提取后进行，即先完成回忆任务，然后完成情绪 Stroop 任务。

（五）结果与简要讨论

1. 情绪词回忆成绩分析

自由回忆组和部分线索回忆组的回忆成绩（图7-1）进行配对样本 t 检验的结果表明，$t(30) = 2.006$，$p < 0.05$，自由回忆方式下的回忆成绩优于部分线索回忆下的回忆成绩，表明提供部分线索对被试的回忆产生了消极影响。

2. 情绪 Stroop 任务的反应错误率和极值剔除率

极值和错误试次的统计方法同实验1。对各条件下反应错误率（图7-2）进行比较，结果发现，$t_{(中性词自由回忆和情绪词自由回忆)}(30) = -1.408$，$p > 0.05$，差异不显著；$t_{(情绪词部分线索回忆和情绪词自由回忆)}(30) = -0.614$，$p > 0.05$，差异不显著。对各条件下极值剔除率（图7-3）进行比较，结果发现，$t_{(中性词自由回忆和情绪词自由回忆)}(30) = -1.293$，$p > 0.05$，差异不显著；$t_{(情绪词部分线索回忆和情绪词自由回忆)}(30) = -0.793$，$p > 0.05$，差异不显著。以上结果表明，不同实验条件在反应错误率和极值剔除率上均没有显著差异。

3. 情绪 Stroop 任务的反应时分析

各条件下反应时结果如图7-4。首先对中性词自由回忆和情绪词自由回忆条件下的反应时进行事前比较，$F_{(中性词自由回忆和情绪词自由回忆)}(1, 30) = 7.137$，$p < 0.05$，表明在同样的回忆方式下，被试对负性情绪词的反应时间显著长于中性词，存在典型的情绪 Stroop 效应；在此基础上考察不同回忆方式下个体对于负性情绪词反应时间的差异，$F_{(情绪词部分线索回忆和情绪词自由回忆)}(1, 30) = 0.033$，$p > 0.05$，自由回忆条件下反应时与部分线索回忆方式下反应时差异不显著，表明回忆方式没有影响被试对于情绪词的反应时间。

实验2在提取任务结束后插入情绪 Stroop 任务。在情绪词的回忆成绩上，得到了与实验1同样的结果。在情绪 Stroop 任务上，中性词自由回忆条件反应时显著短于情绪词自由回忆条件下，存在典型的情绪 Stroop 效应。但情绪词自由回忆条件和情绪词部分线索条件下反应时没有显著差异，研究结果与预期不符，即提取完成后抑制就不存在了。而根据前人研究，抑制可以持续长达20分钟，通过对前人研究的分析，推测本研究与前人研究之所以出现矛盾，原因可能在于前人的研究通过提取成绩的高低来体现抑制，提取本身是否在其中起作用？实验3将对提取的作用做进一步考察。

四、实验3：提取未完成时抑制过程的考察

实验 2 中，提取之后进行情绪 Stroop 任务条件，并未发现部分线索条件和自由回忆条件反应时的差异，这一结果似乎表明，部分线索效应存在时间非常短暂，在提取完成之后即不存在。但前人的研究表明，提取之后，进行二次提取，仍存在部分线索效应，实验 2 中，两组反应时没有差异，是否是提取之后没有其他的提取任务造成？为了验证这一疑问，实验 3 中，我们增加了一次提取任务，即第一次提取后，要求被试进行情绪 Stroop 任务，但在进行情绪 Stroop 任务之前，告诉被试，情绪 Stroop 任务完成之后还要再次回忆之前的学习内容。

（一）被试

30 名大学生参加本实验（5 男）。被试年龄范围 17—20 岁，平均年龄 18.63±0.76 岁。所有被试视力或矫正视力正常，均为右利手。实验 3 中的被试与实验 1、2 中的被试均无重复。实验后有小礼品赠送。

（二）实验材料

同实验 1。

（三）实验设计

采用 2（回忆方式）×2（提取任务）两因素被试内设计。回忆方式包括负性情绪词部分线索回忆和负性情绪词自由回忆两种条件，提取任务包括首次提取和再次提取。另设置中性词自由回忆条件，作为衡量情绪 Stroop 产生的基线。因变量为被试对目标词颜色的判断反应时和对目标词的回忆成绩。选取红色、绿色两种颜色作为目标刺激材料的颜色。

（四）实验程序

基本流程同实验 2。不同之处在于：被试进行情绪 Stroop 任务之前，被告知情绪 Stroop 任务完成后还需要再次回忆刚才学习过的内容。

（五）实验结果及讨论

1. 情绪词回忆成绩分析

对情绪词表自由回忆组和部分线索回忆组的回忆成绩进行 2×2 重复测量方差分析（图 7-1），结果显示，回忆方式主效应显著，$F_{(1, 29)} = 7.259$，$p < 0.05$，$\eta^2 = 0.200$，提取任务主效应显著，$F_{(1, 29)} = 24.044$，$p < 0.01$，$\eta^2 =$

0.453，回忆方式和提取任务交互作用不显著，$F (1, 29) = 2.950$，$p > 0.05$，$\eta^2 = 0.092$，表明在两次提取过程中，自由回忆方式下的回忆成绩都优于部分线索回忆下的回忆成绩，表明提供部分线索对被试的回忆产生了消极影响，且再次提取的成绩优于首次提取。

2. 情绪 Stroop 任务的反应错误率和极值剔除率

极值和错误试次的统计方法同实验 1。对各条件下反应错误率（图 7-2）进行比较的结果发现，$t_{(中性词自由回忆和情绪词自由回忆)} (29) = -1.216$，$p > 0.05$，差异不显著；$t_{(情绪词部分线索回忆和情绪词自由回忆)} (29) = -0.595$，$p > 0.05$，差异不显著。对各条件下极值剔除率（图 7-3）进行比较的结果发现，$t_{(中性词自由回忆和情绪词自由回忆)} (29) = -2.249$，$p < 0.05$，差异显著；$t_{(情绪词部分线索回忆和情绪词自由回忆)} (29) = -1.610$，$p > 0.05$，差异不显著。以上结果表明，不同实验条件在反应错误率上差异不显著，极值剔除率上存在差异。

3. 情绪 Stroop 任务的反应时分析

首先对中性词自由回忆和情绪词自由回忆条件下的反应时进行事前比较，$F_{(中性词自由回忆和情绪词自由回忆)} (1, 29) = 12.700$，$p < 0.05$，表明在同样的回忆方式下，被试对负性情绪词的反应时间显著长于中性词，存在典型的情绪 Stroop 效应；在此基础上考察不同回忆方式下个体对于负性情绪词反应时间的差异，$F_{(情绪词部分线索回忆和情绪词自由回忆)} (1, 29) = 5.028$，$p < 0.05$，自由回忆条件下反应时与部分线索回忆方式下反应时差异显著，表明回忆方式影响被试对于情绪词的反应时间（图 7-4）。

实验 3 在实验 2 的基础上，增加了一次提取任务，结果发现在两次提取中均存在部分线索效应，与前人研究结果一致。在情绪 Stroop 任务上，发现了提取对抑制存在与否的作用，结合实验 2 的结果，可以发现提取结束后，部分线索的抑制作用结束，而当提取没有完成时，部分线索的抑制作用还持续存在。实验 4 将设置另一种提取未完成状态，进一步验证这一结果的可靠性。

五、实验 4：提取过程中抑制过程的考察

实验 2 和 3 的结果表明，提取任务指示是抑制存在的前提，即抑制的保持取决于随后是否有回忆任务。但实验 2 中，被试的回忆时间为 5min，回忆时间非常充裕。如果设置一个较短的回忆时间，使得所有被试都无法进行充分的回忆，此

时要求被试完成情绪 Stroop 任务，如果部分线索条件下被试对目标词的颜色判断反应时应短于自由回忆条件，表明提取过程未完成时，抑制仍然存在，提取完成后，则抑制解除。可以进一步验证实验 3 的结果。

（一）被试

28 名大学生参加本实验（9 男）。被试年龄范围 21—26 岁，平均年龄 24.14±1.41 岁。所有被试视力或矫正视力正常，均为右利手。实验 4 中的被试与实验 1、2、3 中的被试均无重复。实验后有小礼品赠送。

（二）实验材料

同实验 1。

（三）实验设计

同实验 2。

（四）实验程序

基本流程同实验 2。不同之处在于回忆时间由 5min 改为 2min。

（五）实验结果及讨论

1. 情绪词回忆成绩分析

对情绪词表自由回忆组和部分线索回忆组的回忆成绩进行（图 7-1）配对样本 t 检验，结果表明，$t(27) = 3.460$，$p < 0.01$，自由回忆方式下的回忆成绩优于部分线索回忆下的回忆成绩，表明提供部分线索对被试的回忆产生了消极影响。

为了验证本实验设置的回忆时程确实使被试无法进行充分回忆，对实验 4 和实验 2 的回忆成绩进行了 2（回忆方式）×2（回忆时程）的方差分析，结果发现，回忆方式主效应显著，$F(1, 57) = 12.712$，$p < 0.01$，$\eta^2 = 0.182$，自由回忆方式下的回忆成绩优于部分线索回忆下的回忆成绩；回忆时程主效应显著，$F(1, 57) = 11.603$，$p < 0.01$，$\eta^2 = 0.169$，2min 回忆时程下的回忆成绩显著低于 5min 回忆时程，表明 2min 回忆时间的设置确实干扰了被试的充分回忆。交互作用不显著，$F(1, 57) = 0126$，$p > 0.05$，$\eta^2 = 0.002$。

2. 情绪 Stroop 任务的反应错误率和极值剔除率

极值和错误试次的统计方法同实验 1。对各条件下反应错误率（图 7-2）进行比较的结果发现，$t_{(中性词自由回忆和情绪词自由回忆)}(27) = -0.254$，$p > 0.05$，差异不显著；$t_{(情绪词部分线索回忆和情绪词自由回忆)}(27) = -0.007$，$p > 0.05$，差异不显著。对各条件下极值剔除率（图7-3）进行比较的结果发现，$t_{（中性词自由回忆和情绪词自由回忆）}$ (27) = −1.549，$p > 0.05$，差异不显著；$t_{（情绪词部分线索回忆和情绪词自由回忆）}$ (27) = −1.769，$p > 0.05$，差异不显著。以上结果表明，不同实验条件在反应错误率和极值剔除率上均没有显著差异。

3. 情绪Stroop任务的反应时分析

各条件下反应时结果如图7-4所示。首先对中性词自由回忆和情绪词自由回忆条件下的反应时进行事前比较，$F_{（中性词自由回忆和情绪词自由回忆）}$ (1, 27) = 4.767，$p < 0.05$，表明在同样的回忆方式下，被试对负性情绪词的反应时间显著长于中性词，存在典型的情绪Stroop效应；在此基础上考察不同回忆方式下个体对于负性情绪词反应时间的差异，$F_{（情绪词部分线索回忆和情绪词自由回忆）}$ (1, 27) = 5.022，$p < 0.05$，自由回忆条件下反应时与部分线索回忆方式下反应时差异显著，表明回忆方式影响被试对于情绪词的反应时间。

实验4通过设置不完全提取任务，得到了与实验3一致的结果，进一步验证了实验2和实验3的结论：提取结束后，部分线索的抑制作用结束，而当提取没有完成时，部分线索的抑制作用还持续存在。

六、综合讨论

（一）部分线索抑制作用的时间进程

抑制控制是人类大脑的重要执行功能之一，部分线索效应通常被认为是对非线索项目的抑制认知控制加工过程。本研究把部分线索效应范式与情绪Stroop任务范式相结合，对部分线索效应的认知抑制进程进行了考察。

实验1在部分线索呈现后插入情绪Stroop任务，结果发现部分线索组反应时显著短于自由回忆组，表明部分线索呈现后被试即对部分线索进行了内隐提取，即对目标词的抑制在线索呈现后即发生了。实验2中，被试在第一次提取结束后进行情绪Stroop任务，结果部分线索组和自由回忆组反应时差异不显著，这一结果似乎表明部分线索的抑制效应在经过一次提取后就消除了，与前人的研究也不一致，但通过分析实验2与前人研究的差异，我们发现，前人研究中，通过提取成绩来考察部分线索效应存在与否，在这里，提取任务只是作为衡量部分线索（抑制）效应是否发生的一项中立性的任务，但测试效应的有关研究曾指出，当我们从记忆中提取之前学习内容的同时提取本身的记忆表征也已发生改变，也就是说，在前人的研究中，第二次提取时仍然存在部分线索效应，很有可能是提取任务本身使得被试形成一种动力紧张状态，在提取结束之前，这种动力紧张状态不会解除，一旦提取结束，动机紧张状态即解除，实验2中部分线索组与自由回忆组反应时差异不显著的原因也可能在此。因此这里就存在一个问题，抑制的产生是否要以随后是否有提取任务为前提？在实验3中，我们也采取了与前人类似的重复提取的实验设计，结果发现，在第一次提取结束后，由于被试明确知道随后还有另一次提取任务，部分线索组和自由回忆组的反应时表现出了差异，因此结合实验2和实验3的结果，经过一次提取之后，部分线索虽然移除，但部分线索效应仍然存在，即部分线索对于目标项目的长时抑制是以提取任务为前提的，抑制的持续时间在某种程度上受提取任务的调节。实验4的结果也为该观点提供了一定证据，实验2中被试的回忆时间为5min，回忆时间比较充分，如果缩短被试的回忆时间，使得被试无法进行充分回忆，也就意味着被试的这种动机紧张状态未解除，如果此时被试完成情绪Stroop任务，部分线索组和自由回忆组反应时的差异反映了提取过程中抑制的存在。实验4的结果也确实如此，不仅证明了抑制的存在与提取任务的关系，也表明提取过程中抑制的存在。

在前面的讨论中也提到，抑制存在与否与后面是否有测试任务有关，因此前人研究以提取成绩作为指标，只能得到抑制的持续时间，解决了时间问题，但却无法知道抑制发生的时间点。本研究实验1的结果表明抑制在部分线索呈现之后即发生，结合实验4和实验2的结果，我们认为提取未完成时，抑制仍然存在；提取结束，则抑制解除。实验3的结果进一步表明，一次提取后，抑制是否存在，与随后是否有提取任务有关，即提取未结束，抑制会一直存在。

任何心理现象都有其发生发展的过程，部分线索效应也不例外，部分线索效应包括编码、部分线索呈现和提取这三个过程，部分线索的干扰作用在线索呈现后就产生还是在提取阶段才出现？诚如我们在前文提到的，前人关于部分线索效应的验证存在两个方面的问题。本研究把部分线索效应与情绪Stroop任务相结合，通过Stroop任务来探测部分线索的作用过程，解决了上述两个问题，为提取抑制假说做了一定的补充。基于我们当前的研究结果，在记忆过程中，可根据部分线索的发生时间，有效克服其消极作用。例如在法庭上，当目击证人回忆事发现场时，给目击证人提供事发现场的部分场景或内容，并不利于其更好地回忆其他细节，因为部分内容的呈现，可能会抑制目击证人的回忆效果。

（二）对提取抑制假说的验证

提取抑制假说认为部分线索的呈现导致人们对线索项目的内隐提取，不过这种内隐提取并不直接导致遗忘，而是导致对目标项目的抑制，本研究结果为提取抑制假说也提供了证据。

根据提取抑制假说，部分线索的损害作用反映的是目标项目激活水平的长时改变，因此部分线索效应是相对持久的。与此一致，在提取诱发遗忘的研究中发现遗忘不会因连续的回忆测试而减弱，因此如果部分线索效应也受同样的抑制机制调节，在部分线索效应中也应得出同样的结果，即部分线索的损害作用应是持久的。有研究通过多次重复提取实验来验证这一问题，具体设置如下：第一次回忆时呈现部分线索，再次回忆时部分线索移除，研究者考察第一次回忆时遗忘是否发生，再次回忆时遗忘是否消失。在实验 3 中，我们也采取了与前人类似的重复提取的实验设计，结果发现，在第一次提取结束后，被试明确知道随后还有另一次提取任务，部分线索组和自由回忆组的回忆成绩和反应时均表现出了差异，该结果与前人研究结果一致，支持提取抑制假说。

提取抑制假说认为，部分线索效应和提取诱发遗忘具有相似的认知过程。相关研究均未发现这两种遗忘过程在质和量上的差异。在安德森等人的研究中，发现对之前学习过的词表中的部分项目进行外显提取的抑制效应会持续至少 20 分钟，并且不会随着连续的回忆测试而减退。因此，如果部分线索效应与提取诱发遗忘具有同等的抑制机制，在部分线索效应的研究中也应出现同样的实验结果。本研究实验 3 的结果表明部分线索效应至少能持续 9 分钟，与提取诱发遗忘研究结果一致，研究结果支持了提取抑制假说。

当前研究结果也对策略破坏假说提出了质疑。策略破坏假说认为部分线索的遗忘效应是短暂的，并且如果线索移除，遗忘随即消失。本研究结果对策略破坏假说的质疑主要表现在两个方面，首先，为了考察抑制是否在线索呈现后随即产生，实验 1 中，设置被试在线索呈现后进行 Stroop 任务时，但被试进行 Stroop 任务时线索移除，实验结果发现部分线索组的反应时显著短于自由回忆组，表明部分线索的抑制效应仍然存在，这与策略破坏假说的观点不一致。其次，实验 3 中设置了第二次提取任务，在第二次回忆时，部分线索并不重新提供给被试，但部分线索组回忆成绩仍显著低于自由回忆组，与策略破坏假说观点也不一致。

（三）实验范式的推进

Stroop 任务作为测量认知抑制的方法，其合理性已得到验证。把部分线索效应范式与情绪 Stroop 任务范式相结合，采取反应时作为反应抑制发生的指标，相较于经典范式中以回忆成绩作为指标，提高了指标的敏感性，采用这种方法可以解决以往悬而未决的问题。先前研究通常以回忆成绩为因变量，根据自由回忆组回忆成绩是否显著高于部分线索组来判断部分线索效应的存在。若要考察线索呈现之后抑制是否发生，需要通过随后的提取成绩来体现，一次提取之后，若要考察抑制是否还存在，需要第二次的提取成绩来体现，虽然通过提取成绩能够反映抑制是否存在。如果想知道在一次提取结束之后，后面设置或者不设置另一次提取任务，部分线索的抑制作用是否还存在，以回忆成绩为指标显然是不可能达成的，相反在提取结束后加入与学习材料相关的情绪 Stroop 任务则可以解决这一问题。

（四）关于部分线索的抑制作用

西森和马拉（J. G. Sison，M. Mara）考察了情绪性对部分线索效应的影响，结果发现以先前学习的部分情绪图片作为线索，会干扰被试对其他情绪图片的回忆，与考察情绪性对提取诱发遗忘的影响的研究结果一致[1]。这些结果表明，无论是中性词还是负性词其回忆成绩均会受到部分线索（提取练习）的干扰。本研究中，实验 1 到实验 4 的实验结果与前人一致。

同时实验 1、3 和 4 的结果均发现，部分线索条件下情绪 Stroop 反应时显著低于自由回忆条件下，表明部分线索对词语的情绪性产生了抑制，并进而促进了颜色判断反应时。本研究中，之所以选择情绪词为实验材料，主要是为了实现对抑制过程的考察，但部分线索的抑制作用并不局限于情绪材料，当前研究结果能否推广到中性词材料或其他非言语材料中，还需要进一步实验验证。

七、小结

在本实验条件下可得出的结论是：在以情绪词为实验材料的部分线索效应中，抑制在部分线索呈现之后即发生，提取未完成时，抑制仍然存在，但抑制的持续存在受随后是否有提取任务制约。研究结果一方面支持了提取抑制假说；另一方面也为提取抑制假说做了重要补充。

---

[1] Sison, J. A. G., & Mara, M., "Does remembering emotional items impair recall of same-emotion items?", *Psychonomic Bulletin & Review*, Vol. 14, No. 2, 2007, pp. 282–287.

第二节　部分线索效应的加工时间进程：ERPs 证据

一、引言

回顾以往研究发现，虽然有研究采用 fMRI 技术对部分线索效应进行了研究，并且也支持了提取抑制假说的观点。但目前还没有研究采用 ERP 技术来对这一现象进行研究，原因可能有两点：一是由于部分线索的呈现一般采用共同呈现而不是序列呈现的方式，因此无法对部分线索阶段的脑电数据进行分析，同时由于对照组不呈现部分线索，也无法比较实验组和对照组的差异；二是前人研究在测试阶段基本采用自由回忆的方式，极少采用再认的方式，采用自由回忆的方式无法对提取阶段的回忆成绩进行基于试次的分析。我们在上一章的研究中采用记得—知道范式，发现再认任务中的部分线索效应，为部分线索效应的 ERPs 研究奠定了基础。在本研究中将采用记得—知道程序来对部分线索效应提取阶段的脑电数据进行分析。

大量事件相关电位的研究发现之前经历过的项目的 ERP 比新刺激的 ERP 更正。这一效应在长时记忆范式中被称之为 ERP 新旧效应，同时被区分为早期 FN400 和晚期成分 LPC。

关于再认的理论通常认为对学习材料的成功再认需要两种不同的记忆加工的参与。一方面，个体的再认判断可以基于对学习情境信息的有意识的回想（recollection）；另一方面，当不能回想任何细节时，个体可以评估对刺激的主观熟悉性程度（familiarity）。回想常被定义为相对缓慢地产生先前事件的质的信息的过程，而熟悉性则是指相对快速地产生量的信息的记忆强度信号。

相应的，研究者们提出了两种再认理论。双加工理论认为熟悉性与回想是两个独立、平行的加工过程，两者的提取信息内容和提取时的信心程度均不同。单加工理论认为记忆信息的提取就是单一的加工机制产生了熟悉性，这种熟悉性在量上发生变化，但其质始终是同一的。

研究者们提出了一些对再认记忆中的回想和熟悉成分进行测量的行为学方法，其中最常用到的是记得—知道（remember/know，简称 R/K）程序。该范式要求被试首先判断是否"学过"某项目，然后进一步报告其判断依据是"记得"还是"知道"。当能够回忆出任一与学习事件相关的细节时，要求被试做出"记得"判断，反映了意识性提取；当不能回忆这些细节时，要求被试做出"知道"判断，反映的是熟悉性提取。

借助 ERP 技术，研究者们也提出了代表回想和熟悉的 ERP 成分，实现了对回想的和熟悉的认知神经层面的考察。但研究者们对何种 ERP 成分代表熟悉性存在分歧。双加工理论认为，额区 FN400（300—500ms）的新旧效应可以指示熟悉性，即在 300—500ms 的时间窗口，旧项目比新项目的 ERP 波形更正，而顶区 LPC（500—700ms）的新旧效应则可以指示回想，即在 500—700ms 的时间窗口，旧项目比新项目的 ERP 波形更正。虽然双加工理论的支持者提供了大量实验证据证明 FN400 效应指示熟悉性加工这一观点，但帕勒（K. A. Paller）等人认为双加工理论得出 FN400 效应很有可能反映了在外显记忆测量中与熟悉性加工同时发生的内隐记忆（概念启动）加工①。他们进行了一系列的实验，证明 FN400 效应反映的是外显记忆测量中的概念启动加工，而不是熟悉性，由此，有研究者提出熟悉性与回想均由 LPC 新旧效应来指示（即："知道"和"记得"判断的 ERP 在 500—700 ms 间都比正确拒斥的 ERP 更正）。

成功再认往往是回想和熟悉性成分共同作用的结果，以往关于部分线索效应的研究并没有对再认提取的回忆成分进行考察，即没有回答部分线索效应的发生是回想还是熟悉性成分的变化。但对于部分线索效应来说，记忆成绩的降低必定意味着记忆成分的某种变化。部分线索被证实会降低自由回忆中目标项目的回忆成绩，因为回想经常被认为与回忆过程类似，那么部分线索就应该降低再认任务中目标项目的回想成分。以往研究中仅奥斯瓦尔德等人考察了类别词汇再认任务中的部分线索效应，但该研究仅采用经典的再认任务，因此，无法对其中的回想和熟悉成分进行分离，因此部分线索效应中熟悉性是否发生变化不得而知。

如果部分线索效应是部分线索抑制的结果并导致目标项目整体记忆表征强度减弱（激活水平降低），那么由于熟悉性反映了项目的总体记忆强度，那么可以推断基于双加工理论的观点，无论是目标项目的回想还是熟悉性成分都应该降低，而基于单加工理论的观点，则是熟悉性成分应该降低。即如果回想和熟悉同时起作用（符合双加工理论），或者仅熟悉起作用（符合单加工理论），则认为部分线索效应是部分线索对目标项目抑制的结果；如果仅回想起作用（符合双加工理

---

① Paller, K. A., Lucas, H. D., & Voss, J. L., "Assuming too much from 'familiar' brain potentials", *Trends in Cognitive Sciences*, Vol. 16, 2012, pp. 313-315.

论），则部分线索效应可能不是提取抑制的结果。

综上，本研究有两个目的：第一，探究再认记忆任务中，部分线索的呈现对目标项目的熟悉性和回想加工过程的影响。第二，比较再认记忆的双加工和单加工理论，考察哪个理论能对部分线索效应做出更好的解释。比较的结果对于部分线索效应的理论解释具有一定的启示作用，即意味着部分线索影响了目标项目的回想和/或熟悉（双加工理论观点）或者部分线索削减了目标项目的总体记忆强度（单加工理论观点）。

为实现以上研究目的，本研究将部分线索效应范式和记忆成分加工分离程序（R/K 程序）相结合，并借助 ERP 技术，并对 ERP 数据进行基于两种观点的分析（即 FN400 代表熟悉性/LPC 代表回想和熟悉和回想均由 LPC 代表）。经典的记得—知道程序中记得—知道判断相对滞后，如果使用 ERP 等神经生理测试手段进行研究，得到的大脑活动可能不能完全反映真实情况。所以大多数研究者使用了多键范式，结合记得知道判断就是三键范式。即在测试阶段被试的任务是对项目的旧、新进行判断的同时进行记得—知道判断，这样相对应的反应包括："旧—记得"（即见过且能够回忆学习阶段项目相联系的特定背景信息），"旧—知道"（即见过但不能回忆学习阶段项目相联系的特定背景信息）和"新"（没见过）三种。在 ERP 等研究中使用这一范式，能保证背景信息的提取与大脑记录同步进行。

二、方法

（一）被试

17 名大学生参加本实验（7 男）。被试年龄范围 18—27（岁），平均年龄 20.64 ± 2.80（岁）。所有被试均为右利手，身体健康，无精神系统疾病及脑部损伤史，视力正常或校正后正常，且均在实验前签署知情同意书，实验后给予一定的报酬。

（二）材料

实验材料为六个学习词表，每个学习词表均包含 9 个语义类别，每个类别中均包含 13 个样例。每个类别中的中等强度的 10 个项目（分类等级顺序 2—11 或 3—12）作为学习项目，采用配对联结呈现方式呈现实验材料：即类别—样例。1 或 2 个最强（分类等级顺序 1 或 1—2）和 1 或 2 个最弱（分类等级顺序 11—12 或 12）的项目作为测验阶段的干扰项目。每个词表中学习阶段呈现的项目数为 90

个，部分线索阶段呈现的线索数目为 36 个（每个类别 4 个），测验阶段包括 54 个旧项目和 27 个新项目。

实验材料选自以中国成人和美国成人为被试评定的 105 个类别材料资料库。共选取 54 个类别，这 54 个类别分别为动物、运算、户外、民艺、汽车、皇室、节气、珠宝、调料、犬类、时间、运动、家具、学科、人际、武器、疾病、饮料、花卉、情感、服装、昆虫、木匠、读物、城市、动作、职业、地貌、水果、人体、罪行、家电、建筑、乐器、衣料、玩具、鱼类、农具、舞蹈、交通、神话、酒类、草药、树木、形状、建材、国家、鸟类、文件、燃料、坚果、宗教、蔬菜、化妆。

（三）实验程序

通过采用 E-Prime1.1 软件进行编程，刺激材料通过 21 英寸 CRT 显示器（分辨率 1024×768，刷新率 85 Hz）呈现。

实验在隔音、恒温的环境下进行，以减少数据采集过程中的系统误差和偶然误差。被试坐在一张舒适的椅子上，前面 1 米处是一个与眼睛水平的电脑显示器。告知被试实验中的注意事项（包括在自然放松状态下，保持姿势端正、不要随意晃动头部和眨眼、除按键外四肢无其他动作等）。

实验包含 6 个区组，其中 3 个区组是部分线索条件，3 个区组是无部分线索条件。每个区组学习 1 个学习词表，均包括学习、干扰任务和再认 3 个阶段。

学习阶段：计算机顺次呈现 90 个学习项目，刺激间在黑色屏幕中央呈现白色"+"字（既为注视点又为刺激间的时间间隔 ISI，ISI = 1100±100ms），双字词的呈现时间为 1500ms，双字词以白色字体呈现在黑色屏幕中央。为了避免相同类别内样例间的相互关联为随后的提取形成额外的线索，样例的学习采用 block 随机的方式，每个 block 中从 9 个类别中各随机选取 1 个项目，形成 10 个 block。

干扰阶段：屏幕上呈现一个 3 位数，要求被试做连续减 6 的分心任务，为了保证部分线索组和无部分线索组开始再认测验的时间一致，部分线索条件下分心任务时间为 30s，无线索条件下分心任务时间为 120s，以保证两组开始再认判断的时间相同。接着给部分线索回忆组呈现学习阶段 90 个词中的 36 个（每个类别中 4 个）作为线索项目，这些项目以伪随机的方式呈现在一张图片上，呈现时间为 90s，要求被试按顺序认真阅读这些项目，并把这些项目作为随后回忆目标项目的线索。

测验阶段：在测验阶段，采用记得—知道—新三键再认测验方式。告知被试再认判断的流程，并向被试解释记得和知道的含义，"记得"是指不但确信见过该词，并且还能回忆出该词在学习阶段呈现时的一些细节，"知道"是指虽然确信见过该词，但是无法提取其呈现时的相关细节，并列举生活中的辨别面孔的例子给被试，以确保被试真正理解记得和知道的含义。三种判断分别对应键盘上的三个反应键，指导被试用左右手三个指头分别对应于记得、知道和新，进行记得—知道—新的三键判断。测验阶段包含 81 个项目（54 个旧项目、27 个新项目，线索项目不出现在再认阶段）。81 个项目按照随机顺序依次呈现，刺激间在屏幕中央呈现 "+" 字（既为注视点又为刺激间的时间间隔 ISI，ISI = 1100±100ms），每个词的呈现时间为 2000ms，要求被试在 2000ms 之内做出反应。

对两种学习方式的学习顺序、线索条件及反应键均进行了平衡。实验流程图如图 7-5 所示。

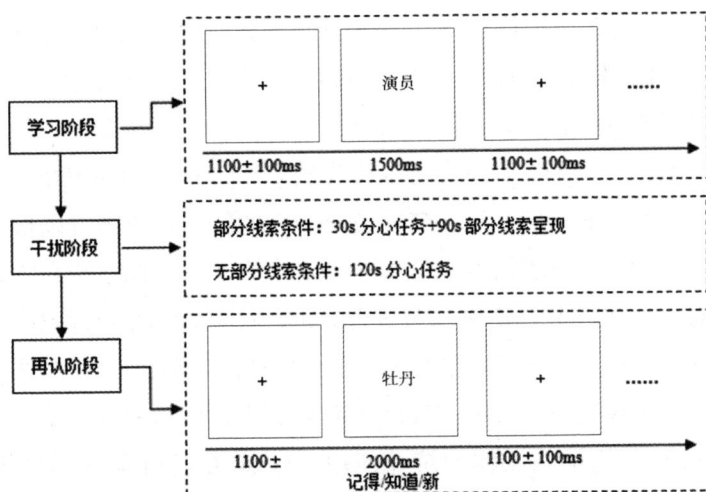

图7-5　学习与测验流程图

（四）脑电记录

采用 NeuroScan 公司生产的 ERP 记录与分析系统，按国际 10—20 系统扩展的 64 导电极帽记录 EEG。以右耳乳突为参考电极点，离线数据处理时以左右两耳乳突的平均电位为参考，具体做法是：在记录中所有电极参考置于左乳突的一只参考电极，离线分析时再次以置于右乳突的有效电极进行再参考，即从各导联信号中减去 1/2 该参考电极所记录的信号。双眼外侧安置电极记录水平眼电（HEOG），左眼上下安置电极记录垂直眼电（VEOG）。每个电极处的头皮电阻都保持在 5kΩ 以下。滤波带通为 0.05—70Hz，采样频率为 500Hz/导。

（五）数据处理和统计方法

完成连续记录 EEG 后离线（off-line）矫正分析数据，手工逐段检查排除有明显伪差的数据，根据被试眼动的大小矫正 VEOG 和 HEOG，并充分排除其他伪迹，脑电波幅超过±75uV 者被视为伪迹并剔除。离线滤波的低通为 30HZ（24dB/oct）。

本研究主要对再认阶段的 ERP 进行分析。ERPs 的分析窗口为-100—1000ms，用-100—0ms 的平均波幅作为基线进行矫正。对每种条件下正确判断的词诱发的 ERPs 进行叠加分类，叠加后得到如下几种脑电波：部分线索条件下旧项目（击中）、旧项目判断为"记得"（击中的记得）、旧项目判断为"知道"（击中的知道）和新项目判断为"新"（正确拒绝），无部分线索条件下旧项目（击中）、旧项目判断为"记得"（击中的记得）、旧项目判断为"知道"（击中的知道）和新项目判断为"新"（正确拒绝），可以分别获得部分线索条件和无部分线索条件下新旧效应、记得的 old/new 效应，知道的 old/new 效应和回想效应，从而得到回想和熟悉相关神经差异的特征。

参照前人研究，双加工理论支持者认为额区 FN400（300—500ms）的新旧效应可以指示熟悉性，而顶区 LPC（500—700ms）的新旧效应则可以指示回想，其反对者则认为熟悉性与回想均由 LPC 新旧效应来指示，因此本研究将分别基于以上两种观点对熟悉和回想的 ERP 成分进行分析。对于 FN400 新旧效应的分析选取额区的 F3、FZ 和 F4 三个代表性电极，对于 LPC 新旧效应的分析选取顶区 P3、PZ 和 P4 三个代表性电极。对于 FN400 和 LPC 新旧效应的考察主要采用平均波幅测量法。对 ERP 反应平均波幅的统计使用 SPSS20.0 进行重复测量的方差分析（Repeated-Measure ANOVA），方差分析的 P 值均采用 Greenhouse-Geisser 法进行校正，多重比较采用 Bonferroni 校正。

三、结果

（一）行为结果

对部分线索条件和无部分线索条件下新旧再认的击中率和虚惊率及记得反应的击中率和虚惊率进行统计，结果如表 7-1 所示。

表7-1 各条件下旧项目、记得反应的正确率（*M*±*SE*）

	旧项目击中率	记得反应击中率
有部分线索	0.67±0.04	0.50±0.06
无部分线索	0.71±0.05	0.55±0.06

对各条件下回忆正确率进行 2（项目类型：旧项目、记得反应项目）×2（线索条件：有部分线索、无部分线索）重复测量方差分析的结果表明，线索条件主效应边缘显著，F（1，16）= 4.50，MSE = 0.243，η^2 = 0.024，p = 0.052，部分线索条件下击中率低于无部分线索条件；项目类型主效应显著，F（1，16）= 18.19，MSE = 0.442，η^2 = 0.565，$p<0.01$，旧项目击中率高于记得反应击中率；两者的交互作用不显著，F（1，16）= 0.51，MSE = 0.001，η^2 = 0.035，$p>0.05$。以上表明部分线索条件下的击中率显著低于无部分线索条件下的，并且新旧判断的击中正确率显著高于记得判断。

（二）ERP 结果

分别对测验阶段各类项目的正确反应进行叠加，得到 8 条 ERP 曲线，即每种学习条件下击中、记得、知道和新项目诱发的 ERP 曲线。各种条件中，旧项目和新项目的曲线走向上基本是一致的，在 P2 后有一个明显的 FN400，FN400 在额区更为明显，随后是一个比较大的晚正成分 LPC，LPC 在顶区更为明显，700ms 之后出现了新旧项目之间的交叉反转现象，即新词的走向比旧词更正。新旧曲线的差异从刺激出现后大约 300ms 开始，一直持续到约 700ms 左右，相较于新项目而言，旧项目诱发的 ERP 波形更正。在引言中已经提到，指示熟悉性的是额区的 FN400 新旧效应，而指示记住的是顶区的 LPC 新旧效应，而从我们的实验结果中获得的 ERP 波形图中可以看出，这个两个效应与以往研究的结果是类似的，因此，在本研究中，对于指示熟悉性的 FN400 新旧效应，我们主要分析额区 300—500ms 这一时段，对于指示记住的 LPC 新旧效应，我们主要分析顶区 500—700ms 这一时段，以了解这两个效应与部分线索效应的关系。为了对测验阶段不同类型项目进行具体分析，我们首先考察了部分线索和无部分线索条件下的新旧效应，接着分析部分线索和无部分线索条件的记得的新旧效应、熟悉的新旧效应和记住效应，均是对 300—500ms 和 500—700ms 这两个时间段进行分析。

1. 总体新旧效应

部分线索和无部分线索条件下，F3、FZ 和 F4 三个电极位置 FN400（300—

500ms）新项目和旧项目的平均波幅如表 7-2 所示。

表7-2　FN400 的平均 ERP 波幅（$M \pm SE$）（单位：μV）

	部分线索条件			无部分线索条件		
	F3	FZ	F4	F3	FZ	F4
新项目	0.43±0.66	−0.06±0.66	0.89±0.76	−0.91±0.76	−1.61±0.74	−0.43±0.75
旧项目	0.61±0.57	0.20±0.53	0.95±0.59	0.78±0.68	0.18±0.67	1.10±0.74

对部分线索和无部分线索条件下，F3、FZ 和 F4 三个电极位置的新项目和旧项目的平均波幅（如图 7-6 所示）进行了 2（线索条件：有线索、无线索）×3（电极位置：F3、FZ、F4）×2（项目类型：新、旧）的重复测量方差分析，结果发现，线索条件主效应不显著，$F(1, 16) = 2.72$，$MSE = 21.633$，$\eta^2 = 0.145$，$p>0.05$；项目类型主效应显著，$F(1, 16) = 13.09$，$MSE = 43.173$，$\eta^2 = 0.450$，$p<0.01$；电极点主效应显著，$F(2, 32) = 5.60$，$MSE = 20.350$，$\eta^2 = 0.259$，$p<0.05$，F4 点 FN400 平均波幅显著大于 FZ 点，其他电极点平均波幅差异不显著；线索条件和项目类型交互作用显著，$F(1, 16) = 17.57$，$MSE = 28.979$，$\eta^2 = 0.523$，$p<0.01$，对线索条件和项目类型交互作用进行简单效应检验，结果发现，

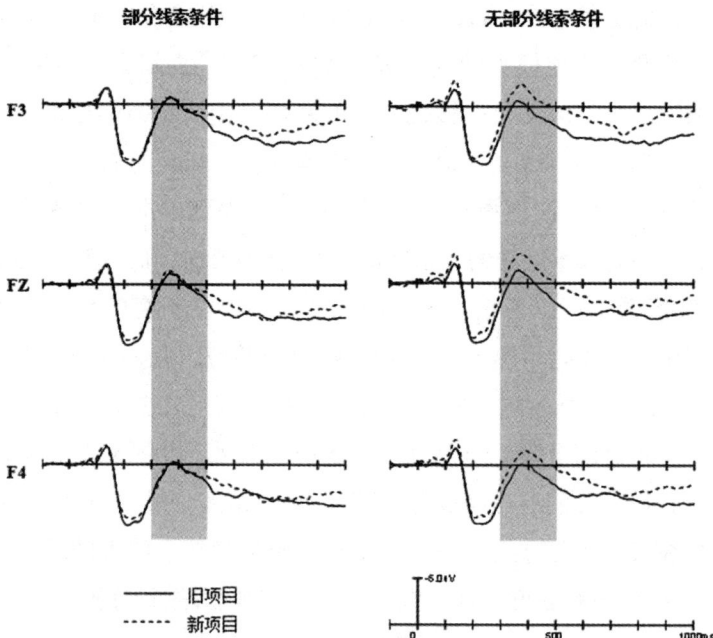

图7-6　部分线索条件和无部分线索条件下 FN400 新旧效应

部分线索条件下，新项目和旧项目的 FN400 平均波幅差异不显著，*p*>0.05，无线索条件下，新项目的 FN400 平均波幅显著低于旧项目，*p*<0.01。其他交互作用不显著。从以上结果可知，无部分线索条件下，存在 FN400 新旧效应，而部分线索条件下，FN400 新旧效应不存在，表明部分线索的呈现，降低了部分线索条件下再认记忆的熟悉性成分。

为了更清晰地考察部分线索的呈现对于旧项目熟悉性成分的改变，我们进一步对部分线索和无部分线索条件下的 FN400 的差异波（如图 7-7 左侧）进行了

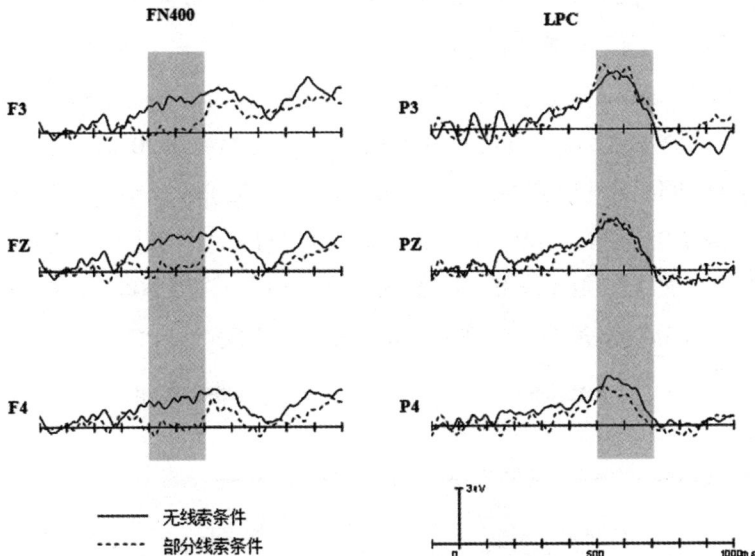

图7-7 部分线索条件和无部分线索条件 FN400 和 LPC 新旧效应差异波

2（线索条件：有线索、无线索）×3（电极位置：F3、FZ、F4）的重复测量方差分析，结果发现，线索条件主效应显著，$F(1, 16) = 17.57$，$MSE = 57.958$，$\eta^2 = 0.523$，$p<0.05$，无线索条件下 FN400 差异波比部分线索条件下更大；电极点主效应不显著，$F(2, 32) = 0.846$，$MSE = 0.453$，$\eta^2 = 0.050$，$p>0.05$；线索条件和电极点交互作用不显著，$F(2, 32) = 0.02$，$MSE = 0.011$，$\eta^2 = 0.001$，$p>0.05$。结合之前的实验结果，可以进一步确定，无部分线索条件下存在 FN400 新旧效应，而部分线索条件下 FN400 新旧效应不存在。

部分线索和无部分线索条件下，P3、PZ 和 P4 三个电极位置 LPC（500—700ms）的新项目和旧项目的平均波幅如表 7-3 所示。

表7-3　LPC 的平均 ERP 波幅（$M \pm SE$）（单位：μV）

	部分线索条件			无部分线索条件		
	P3	PZ	P4	P3	PZ	P4
新项目	7.71±1.35	7.76±1.28	6.61±1.30	7.84±1.50	7.55±1.26	5.89±1.23
旧项目	10.26±1.55	9.75±1.33	7.91±1.27	10.15±1.66	9.53±1.26	7.86±1.21

对部分线索和无部分线索条件下 P3、PZ 和 P4 三个电极位置的新项目和旧项目的平均波幅（如图 7-8 所示）进行了 2（线索条件：有线索、无线索）×3（电极位置：P3、PZ、P4）×2（项目类型：新、旧）的重复测量方差分析，结果发现，线索条件主效应不显著，$F(1, 16) = 0.67$，$MSE = 1.966$，$\eta^2 = 0.040$，$p > 0.05$，部分线索和无部分线索条件下 LPC 平均波幅差异不显著；项目类型主效应显著，$F(1, 16) = 47.66$，$MSE = 207.120$，$\eta^2 = 0.749$，$p < 0.01$，旧项目平均波幅显著大于新项目；电极点主效应显著，$F(2, 32) = 5.11$，$MSE = 20.350$，$\eta^2 = 0.259$，$p < 0.05$，P4 点 LPC 平均波幅显著低于 PZ 点；线索条件和项目类型交互作用不显著，$F(1, 16) = 0.10$，$MSE = 0.254$，$\eta^2 = 0.006$，$p > 0.05$。从以上结果可知，无部分线索条件下和部分线索条件下，均存在 LPC 新旧效应。

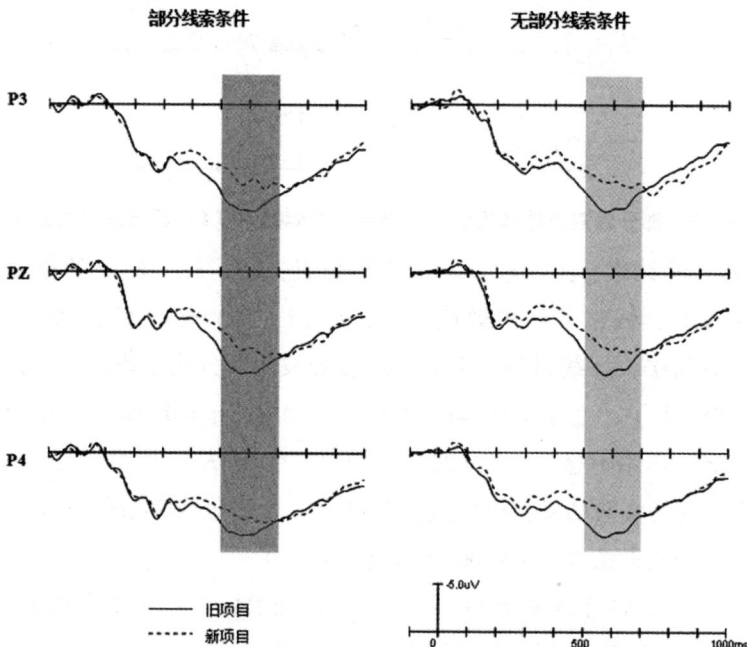

图7-8　部分线索条件和无部分线索条件 LPC 新旧效应

为了更清晰地考察部分线索的呈现对于旧项目记住成分的改变，我们进一步对部分线索和无部分线索条件下的 LPC 的差异波（图7-7 右侧）进行了 2（线索条件：有线索、无线索）×3（电极位置：F3、FZ、F4）的重复测量方差分析，结果发现，线索条件主效应不显著，$F (1, 16) = 0.10$，$MSE = 0.507$，$\eta^2 = 0.006$，$p > 0.05$，电极点主效应显著，$F (2, 32) = 6.291$，$MSE = 6.149$，$\eta^2 = 0.282$，$p < 0.05$，线索条件和电极点交互作用显著，$F (2, 32) = 4.268$，$MSE = 2.240$，$\eta^2 = 0.211$，$p < 0.05$，对线索条件和电极点交互作用进行简单效应检验，结果发现，部分线索条件下，P4 电极点平均波幅显著低于 PZ 和 P3，对于各个电极点来说，部分线索和无部分线索条件下平均波幅差异均不显著，结合之前的实验结果，可以进一步确定，无部分线索条件下存在 LPC 新旧效应，部分线索条件下也存在 LPC 新旧效应，并且无线索条件下和部分线索条件下 LPC 新旧效应差异不显著，以上结果说明，部分线索的呈现并没有改变目标项目的记住成分。

2. 记得 old/new 效应、知道 old/new 效应和记住效应

由于实验中我们设置的是记得、知道和新三键反应任务，因此除了总体的新旧效应，还得到记得的 old/new 效应、知道的 old/new 效应和记住效应。

部分线索和无部分线索条件下，F3、FZ 和 F4 三个电极位置 FN400（300—500ms）新项目、记得反应旧项目和知道反应旧项目的平均波幅如表7-4 所示。

表7-4 FN400 的平均 ERP 波幅（$M \pm SE$）（单位：μV）

	部分线索条件			无部分线索条件		
	F3	FZ	F4	F3	FZ	F4
新项目	0.43±0.66	−0.06±0.66	0.89±0.76	−0.92±0.76	−1.61±0.74	−0.43±0.75
记得反应旧项目	0.17±0.67	−0.09±0.56	0.61±0.66	0.85±0.65	0.50±0.69	1.32±0.72
知道反应旧项目	1.02±0.63	0.45±0.72	1.20±0.69	0.42±0.85	−0.47±0.93	0.83±0.91

对部分线索和无部分线索条件下 F3、FZ 和 F4 三个电极位置的新项目、记得反应旧项目和知道反应旧项目的平均波幅（如图7-9 所示）进行了 2（线索条件：有线索、无线索）×3（电极位置：F3、FZ、F4）×3（项目类型：新、记得、知道）的重复测量方差分析，结果发现，线索条件主效应不显著，$F (1, 16) = 1.62$，$MSE = 16.159$，$\eta^2 = 0.092$，$p > 0.05$，项目类型主效应显著，$F (2, 32) = 5.581$，$MSE = 24.388$，$\eta^2 = 0.259$，$p < 0.05$，电极点主效应显著，$F (2, 32) = 4.96$，$MSE = 23.145$，$\eta^2 = 0.237$，$p < 0.05$，线索条件和项目类型交互作用显著，

F（2，32）= 5.19，MSE = 27.723，η^2 = 0.245，$p<0.05$，对线索条件和项目类型交互作用进行简单效应检验，结果发现，部分线索条件下，新项目、记得反应旧项目和知道反应旧项目平均波幅差异不显著，而无部分线索条件下，新项目平均波幅显著小于记得反应旧项目（$p<0.01$）和知道反应旧项目（$p<0.05$），记得反应旧项目和知道反应旧项目平均波幅差异不显著。其他交互作用不显著。从以上结果可知，无部分线索条件下，存在记得 old/new 效应、知道 old/new 效应，而部分线索条件下，不存在记得 old/new 效应、知道 old/new 效应。

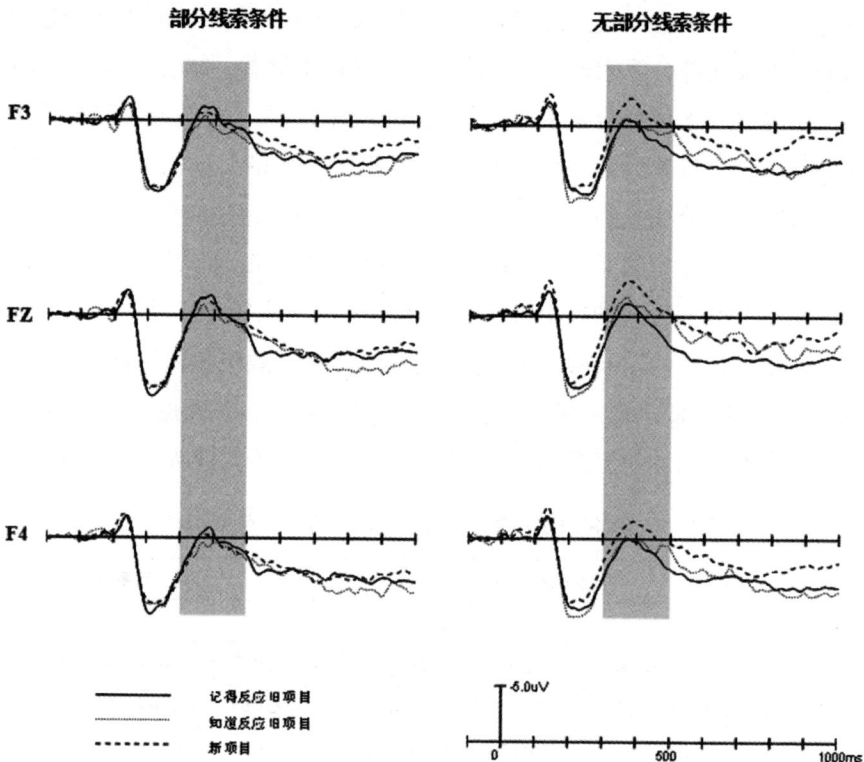

图7-9 部分线索条件和无部分线索条件下 FN400 的
记得 old/new 效应、知道 old/new 效应和记住效应

部分线索和无部分线索条件下，P3、PZ 和 P4 三个电极位置 LPC（500—700ms）新项目、记得反应旧项目和知道反应旧项目的平均波幅如表7-5所示。

表7-5　LPC 的平均 ERP 波幅（$M \pm SE$）（单位：μV）

	部分线索条件			无部分线索条件		
	P3	PZ	P4	P3	PZ	P4
新项目	7.71±1.35	7.76±1.29	6.61±1.30	7.84±1.50	7.55±1.26	5.89±1.23
记得反应旧项目	10.45±1.58	9.95±1.36	8.03±1.30	10.35±1.63	9.81±1.30	7.93±1.25
知道反应旧项目	7.54±1.52	7.96±1.32	6.45±1.31	8.42±1.71	8.19±1.11	6.91±1.15

对部分线索和无部分线索条件下 P3、PZ 和 P4 三个电极位置的新项目、记得反应旧项目和知道反应旧项目的平均波幅（如图 7-10 所示）进行了 2（线索条件：有线索、无线索）×3（电极位置：P3、PZ、P4）×3（项目类型：新、记得、知道）的重复测量方差分析，结果发现，线索条件主效应不显著，$F(1, 16) = 0.02$，$MSE = 0.170$，$\eta^2 = 0.001$，$p > 0.05$，项目类型主效应显著，$F(2, 32) = 10.567$，$MSE = 141.328$，$\eta^2 = 0.398$，$p < 0.01$，电极点主效应显著，$F(2, 32) = 4.47$，$MSE = 94.120$，$\eta^2 = 0.219$，$p < 0.05$，电极点和项目类型交互作用显著，$F(4, 64) = 4.18$，$MSE = 3.002$，$\eta^2 = 0.207$，$p < 0.05$，其他交互作用不显著。

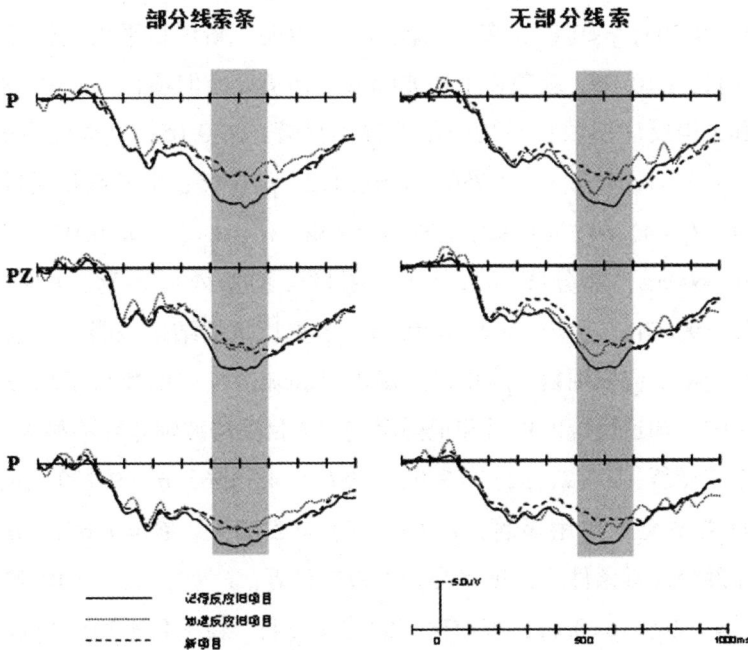

图7-10　部分线索条件和无部分线索条件下 LPC 的
记得 old/new 效应、知道 old/new 效应和记住效应

由图 7-10 可知，新项目与记得反应旧项目的交叉反转在 700ms 作用，而新项目与知道反应旧项目的交叉反转的时间有所提前，并且部分线索条件和无部分线索条件下交叉反转的时间也不一致，部分线索条件下在大约 600ms 时发生交叉反转，而无部分线索条件下大约在 650ms 作用发生交叉反转，因此我们对 500—700ms LPC 的新旧效应划分为 4 个时段：500—550ms，550—600ms，600—650ms，650—700ms，分别对部分线索条件和无部分线索条件下这 4 个时段进行×3（电极位置：P3、PZ、P4）×2（项目类型：新、知道、记得）的重复测量方差分析。

在 500—550ms，部分线索条件下，项目类型主效应显著，F (2，32) = 8.39，MSE = 101.435，$\eta^2 = 0.344$，$p<0.01$，多重比较的结果表明，新项目平均波幅显著低于记得反应旧项目，$p<0.05$，新项目和知道反应旧项目平均波幅差异不显著，$p>0.05$，知道反应旧项目和记得反应旧项目平均波幅差异不显著，$p>0.05$；电极点主效应不显著，F (2，32) = 1.92，MSE = 23.973，$\eta^2 = 0.107$，$p>0.05$；电极点和项目类型交互作用显著，F (4，64) = 3.82，MSE = 2.828，$\eta^2 = 0.193$，$p<0.05$。无部分线索条件下，项目类型主效应显著，F (2，32) = 6.70，MSE = 83.386，$\eta^2 = 0.295$，$p<0.01$，多重比较的结果表明，新项目平均波幅显著低于记得反应旧项目，$p<0.05$，新项目平均波幅低于知道反应旧项目，$p = 0.08$，知道反应旧项目和记得反应旧项目平均波幅差异不显著，$p>0.05$；电极点主效应显著，F (2，32) = 3.34，MSE = 42.780，$\eta^2 = 0.172$，$p<0.05$；电极点和项目类型交互作用不显著，F (4，64) = 0.92，MSE = 0.652，$\eta^2 = 0.055$，$p>0.05$。

在 550—600ms，部分线索条件下，项目类型主效应显著，F (2，32) = 5.67，MSE = 90.548，$\eta^2 = 0.262$，$p<0.01$，多重比较的结果表明，新项目平均波幅显著低于记得反应旧项目，$p<0.05$，新项目和知道反应旧项目平均波幅差异不显著，$p>0.05$，知道反应旧项目和记得反应旧项目平均波幅差异不显著，$p>0.05$；电极点主效应显著，F (2，32) = 3.98，MSE = 43.156，$\eta^2 = 0.199$，$p<0.05$；电极点和项目类型交互作用显著，F (4，64) = 2.82，MSE = 1.659，$\eta^2 = 0.150$，$p<0.05$。无部分线索条件下，项目类型主效应显著，F (2，32) = 10.92，MSE = 95.270，$\eta^2 = 0.406$，$p<0.01$，多重比较的结果表明，新项目平均波幅显著低于记得反应旧项目，$p<0.05$，新项目平均波幅显著低于知道反应旧项目，$p<0.05$，知道反应旧项目和记得反应旧项目平均波幅差异不显著，$p>0.05$；电极点主效应显著，F (2，32) = 4.06，MSE = 56.961，$\eta^2 = 0.202$，$p<0.05$；电极点和项目类型

交互作用不显著，$F_{(4, 64)} = 0.43$，$MSE = 0.451$，$\eta^2 = 0.026$，$p > 0.05$。

在 600—650ms，部分线索条件下，项目类型主效应显著，$F_{(2, 32)} = 5.50$，$MSE = 82.821$，$\eta^2 = 0.256$，$p < 0.01$，多重比较的结果表明，新项目平均波幅显著低于记得反应旧项目，$p < 0.05$，新项目和知道反应旧项目平均波幅差异不显著，$p > 0.05$，知道反应旧项目和记得反应旧项目平均波幅差异不显著，$p > 0.05$；电极点主效应显著，$F_{(2, 32)} = 4.47$，$MSE = 48.672$，$\eta^2 = 0.218$，$p < 0.05$；电极点和项目类型交互作用显著，$F_{(4, 64)} = 4.95$，$MSE = 3.764$，$\eta^2 = 0.236$，$p < 0.05$。无部分线索条件下，项目类型主效应显著，$F_{(2, 32)} = 10.15$，$MSE = 98.392$，$\eta^2 = 0.388$，$p < 0.01$，多重比较的结果表明，新项目平均波幅显著低于记得反应旧项目，$p < 0.05$，新项目平均波幅与知道反应旧项目差异不显著，$p > 0.05$，知道反应旧项目平均波幅显著低于记得反应旧项目，$p < 0.05$；电极点主效应显著，$F_{(2, 32)} = 5.30$，$MSE = 65.879$，$\eta^2 = 0.249$，$p < 0.05$；电极点和项目类型交互作用不显著，$F_{(4, 64)} = 1.75$，$MSE = 1.255$，$\eta^2 = 0.098$，$p > 0.05$。

在 650—700ms，部分线索条件下，项目类型主效应显著，$F_{(2, 32)} = 4.60$，$MSE = 62.076$，$\eta^2 = 0.256$，$p < 0.05$，多重比较的结果表明，新项目平均波幅显著低于记得反应旧项目，$p < 0.05$，新项目和知道反应旧项目平均波幅差异不显著，$p > 0.05$，知道反应旧项目和记得反应旧项目平均波幅差异不显著，$p > 0.05$；电极点主效应显著，$F_{(2, 32)} = 5.47$，$MSE = 47.528$，$\eta^2 = 0.255$，$p < 0.05$；电极点和项目类型交互作用显著，$F_{(4, 64)} = 3.96$，$MSE = 2.934$，$\eta^2 = 0.236$，$p < 0.05$。无部分线索条件下，项目类型主效应显著，$F_{(2, 32)} = 3.67$，$MSE = 44.368$，$\eta^2 = 0.187$，$p < 0.05$，多重比较的结果表明，新项目平均波幅显著低于记得反应旧项目，$p < 0.05$，新项目平均波幅与知道反应旧项目差异不显著，$p > 0.05$，知道反应旧项目和记得反应旧项目平均波幅差异不显著，$p > 0.05$；电极点主效应显著，$F_{(2, 32)} = 6.28$，$MSE = 59.732$，$\eta^2 = 0.282$，$p < 0.05$；电极点和项目类型交互作用边缘显著，$F_{(4, 64)} = 2.17$，$MSE = 2.220$，$\eta^2 = 0.119$，$p = 0.08$。

由以上对四个时段的分析可知，在 500—550ms 和 550—600ms，部分线索条件下均只存在记得的新旧效应，而不存在知道的新旧效应，而无部分线索条件下，既存在记得的新旧效应也存在知道的新旧效应，在 600—650ms 和 650—700ms，部分线索和无部分线索条件下，均只存在记得的新旧效应。表明部分线索对于再认回忆的影响作用在于对知道的新旧效应的影响，并且这种影响作用发生在 500—600ms，在 600ms 之后新项目和知道反应旧项目发生交叉反转，部分线索和无部分线索条件不存在差异。

四、讨论

根据再认记忆的双加工理论，前人采用自由回忆、线索回忆的结果表明提供部分学习项目作为提取线索会损害目标项目的回想。本研究的目的之一是根据再认的双加工理论，考察部分线索效应是纯粹回想驱动的还是熟悉性也在该效应中发挥作用。本研究结合 ERP 技术，采用记得—知道程序对这一问题进行了考察。

行为实验的结果与前人结果一致，表明在再认测验中存在部分线索效应。ERP 的结果表明，部分线索的遗忘效应伴随着目标项目熟悉性成分的降低，而回想成分并未发生显著变化。这一结果表明再认回忆中，部分线索主要损害目标项目的熟悉性成分，而并不影响回想成分。这一结果与再认的双加工理论观点不一致。

根据双加工理论的观点，额区 FN400 新旧效应反应熟悉性成分，顶区 LPC 新旧效应反应回想成分。本研究对于正确再认旧项目的分析发现，无线索条件下，在刺激出现后 300—500ms，额区存在 FN400 新旧效应，刺激出现后 500—700ms，顶区存在 LPC 新旧效应，这与前人研究结果是一致的。而在部分线索条件下，发现额区 FN400 效应不存在，顶区 LPC 效应存在，进一步对部分线索和无部分线索条件下的 FN400 和 LPC 新旧效应的差异进行检验，结果发现，部分线索条件和无部分线索条件 FN400 差异显著，而 LPC 差异不显著，表明部分线索效应的发生主要是熟悉性成分的变化所致，也即部分线索的呈现之所以导致再认成绩变差，原因是刺激的熟悉程度的可利用性降低，因为熟悉性常被认为是自动加工的过程，这就意味着当刺激出现的时候，熟悉性即可被利用，而不需要有意识指导性的参与。

根据反对 FN400 代表熟悉性的研究者的观点，熟悉性与回想均由 LPC 新旧效应来指示（即："知道"和"记得"判断的 ERP 在 500—700ms 间都比正确拒斥的 ERP 更正）。因此我们对部分线索和无部分线索条件下的 LPC 的记得的新旧效应和知道的新旧效应进行了分析。分析结果发现，对于 LPC 新旧效应来说，在 500—600ms，部分线索条件下只存在记得的新旧效应，而不存在知道的新旧效应，而无部分线索条件下，既存在记得的新旧效应也存在知道的新旧效应；在 600—700ms，部分线索和无部分线索条件下，均只存在记得的新旧效应。根据以上分析可以知道，记得的新旧效应不受部分线索的影响，部分线索对于再认回忆的影响作用在于对知道的新旧效应的影响，并且这种影响作用发生在在 500—600ms，在 600ms 之后新项目和知道反应旧项目发生交叉反转，部分线索和无部分线索条件不存在差异。因此，基于单加工过程理论的分析也进一步表明，部分线索对于再认回忆的影响作用主要表现为对代表熟悉性成分的脑电成分的影响。部分线索的呈现并未导致有意识指导性加工过程受到影响，有意识记成分并未发生变化，部分线索对于再认记忆的影响作用表现在对熟悉性加工过程的影响，并且这种影响作用主要发生在500—600ms。

无论是基于双加工理论支持者的观点还是帕勒等人观点进行的分析，均发现部分线索影响了指示熟悉性的 ERP 成分，而没有影响指示回想的 ERP 成分。这一结果与再认回忆的单加工理论观点是一致的。本研究中的再认回忆依赖于单一来源的记忆信息。根据这一观点，本研究的结果表明部分线索降低了目标项目的整体记忆强度。

在自由或线索回忆任务的实验中，部分线索效应被认为是提取抑制的过程，根据提取抑制假说的观点，当部分线索呈现时，相当于对部分线索项目的内隐提取，这一内隐提取过程类似于提取诱发遗忘范式中的提取练习阶段，这一内隐提取过程降低了非线索项目整体记忆表征强度，这一观点与再认记忆的单加工过程的观点是一致的，因此，当前的实验结果可以为部分线索效应的提取抑制假说提供实验支持。

前人关于部分线索效应的研究，很少有研究考察部分线索呈现对再认提取的影响，鲜有的一项研究中，也没有进一步对再认成分进行分析。部分线索效应的抑制观点认为，部分线索效应和提取诱发遗忘具有相似的认知过程，研究者通过对部分线索效应和提取诱发遗忘过程的直接比较，发现这两种遗忘无论在质还是量上都没有区别。本研究结果表明部分线索损害目标项目的熟悉性而并不影响回想，与提取诱发遗忘研究结果一致。史匹兹和贝姆尔（B. Spitzer，K. Bäuml）的研究采用 R/范式和 ROC 范式，考察了提取练习对再认的影响，研究结果发现，提取练习主要影响再认的熟悉成分而不影响回想成分，符合单加工理论观点[1]。鲁普雷希特和贝姆尔（J. Rupprecht，K. Bäuml）的研究中也采用 ROC 范式考察了提取诱发遗忘，该研究的初衷虽然不是检验再认记忆的单加工和双加工理论，但其研究结果符合单加工理论的观点[2]。

---

[1]　Spitzer, B. , & Bäuml, K-H. T. , "Retrieval-induced forgetting in item recognition: evidence for a reduction in general memory strength", *Journal of Experimental Psychology Learning Memory & Cognition*, Vol. 33, No. 5, 2007, pp. 863-875.

[2]　Rupprecht, J. , & Bäuml, K-H. T. , "Retrieval-induced forgetting in item recognition: retrieval specificity revisited", *Journal of Memory & Language*, Vol. 86, 2016, pp. 97-118.

总之，本研究的结果与前人对提取诱发遗忘的研究结果是一致的，即在再认任务中，部分线索的呈现之所以导致再认成绩降低，主要是由于熟悉性成分受到影响所致，而非回想成分的变化，研究结果支持单加工过程理论。而前文已提到，单加工理论与部分线索效应的提取抑制假说是一致的，因此本研究结果也可以为提取抑制假说提供实验支持。

五、小结

本研究的结果表明，在再认任务中，部分线索的呈现影响代表熟悉性成分的脑电成分，而不影响代表回想成分的脑电成分，研究结果符合单加工理论，支持提取抑制理论的观点。

第八章 部分线索作用于
记忆提取：联结的视角

第一节 部分线索对联结再认的影响

一、引言

目前，关于部分线索影响情景记忆的研究主要集中于项目记忆领域，即学习材料通常为一系列单个项目。众所周知，人类的记忆具有捆绑性质，不但包含单个项目，还涉及项目间的联结。因此，在情景记忆中，除了项目记忆，建立和维持项目之间的联结记忆也至关重要。

联结记忆是指个体对项目与项目，或者项目与背景之间的关系的记忆。因此，对联结记忆的提取，既包含对项目内容的回忆，也包含对项目与项目间关系的回忆。项目记忆与联结记忆虽同属情景记忆，但已有研究发现两者的编码、巩固与提取可能依赖于不同的大脑区域，且对两者的再认依赖于不同的再认加工过程，但与此同时两者均受衰退和干扰的影响，这表明项目记忆与联结记忆之间的关系具有较强的复杂性。前人研究表明，在项目记忆中，部分线索的呈现会降低非线索项目的表征强度，但目前尚不清楚这种表征强度的降低是否发生在联结记忆中。因此，本研究将考察在联结记忆中以部分已学联结对作为提取线索将如何影响其他联结对的提取，并对比考察部分线索对项目记忆和关系记忆的影响。

以往关于联结记忆的研究主要关注项目间的语义可整合性、材料类型、被试编码水平等因素对联结记忆的影响。也有部分研究考察了遗忘效应如定向遗忘、基于干扰的遗忘等对联结记忆的影响。但以上关于联结记忆影响因素的研究主要集中于对编码阶段的不同操纵，联结记忆对于提取条件的变化是否具有敏感性？通过实验操纵设置不同的提取条件，将如何影响联结记忆？目前的研究还比较有限。已有研究中仅刘、王和郭考察了编码和提取阶段的一体化对联结再认的影响，但该研究是通过匹配原始词对和重组词对之间的一体化一致性来实现提取条件的变化①。而部分线索效应则是通过部分线索的呈现引发提取难度变化的一种操纵，采用部分线索研究范式，可以实现以整体干扰方式操纵联结记忆提取条件。因此，考察部分线索对联结记忆的影响，既实现了提取条件的变化，同时又可为遗忘效应如何影响联结记忆提供佐证。

如前所述，已有关于部分线索效应的研究主要集中于项目记忆，参考相关研究的实验范式，本研究对经典部分线索效应范式进行改进，以考察部分线索对联结再认的影响。具体为：在学习阶段，要求被试学习面孔—场景图片对；在测验阶段，在部分线索条件下，首先呈现部分已学的部分面孔—场景图片对为提取线索要求被试阅读，然后要求被试对屏幕上呈现的面孔—场景图片对做"旧""重组""新"的按键判断。在无部分线索条件下，则直接呈现面孔—场景图片对要求被试进行判断。"旧"条件下呈现的内容与配对关系均与学习阶段一致，"重组"条件下呈现的内容均为学习过的内容，但配对关系发生改变；"新"条件下所呈现的两个项目均为学习阶段未学习过的内容。用"旧"和"重组"之间的差异作为关系记忆的指标，"重组"与"新"之间的差异作为项目记忆的指标。既可以考察部分线索对关系记忆和项目记忆的影响，又可以对比两者变化的差异。鉴于部分线索效应在项目记忆中的稳定存在，以及以往考察遗忘效应对联结记忆影响的研究中，大部分研究发现了遗忘效应在联结记忆中的存在，本研究提出假设：部分线索这一遗忘效应在联结记忆中也存在。

本研究的目的是考察部分线索是否会损害联结再认。研究假设：相较于无部分线索条件，有部分线索条件下被试的再认正确率更低，反应时更长，再认辨别力 $d'_{关系}$ 与 $d'_{项目}$ 下降。

二、方法

（一）被试

共招募 57 名在校大学生参与本实验（21 男），平均年龄为 20.22±0.90 岁。

---

① Liu, G., Wang, Y., Jia, Y., & Guo, C., "Unitization Facilitates Familiarity-based Cross-language Associative Recognition", *Neuroscience Letters*, Vol. 744, 2021, No. 135501.

其中 6 名被试（4 男）因虚报率过高被剔除。所有被试均为右利手，视力或矫正视力正常。实验前签署知情同意书，结束后获得适当报酬。

（二）实验材料

（1）面孔图片。选自孙天义研究中的面孔图片库。该面孔图片库的照片均为含有外部特征（如头发、耳朵）的真人彩色面孔照片，面部无明显标志（如胡须、皮肤痣、眼镜和化妆等）。共选中性情绪男、女面孔图片各 120 张[①]。使用 Photoshop 软件对照片进行处理，以使照片的背景、亮度、对比度尽可能一致，照片尺寸为 5.87 厘米高、5 厘米宽。并由 20 名不参加正式实验的被试对面孔情绪效价（1：非常负性；4：中等；7：非常正性）与唤醒度（1：极低；4：中等；7：极高）进行 7 级评分。剔除情绪效价评分 $M>5$ 或 $M<3$、$SD>1.3$；唤醒度评分 $M>5$ 或 $M<3$、$SD>1.6$ 的面孔。最终选取 120 张面孔图片，男女各半。正式实验所用面孔情绪效价在 3.05—4.85 之间，唤醒度在 3.3—4.25 之间。

将面孔图片分为 8 个 block，每个 block 中 12 张用于学习阶段，3 张作为测验阶段的新面孔。其中 6 个 block 用于正式实验，有、无部分线索条件各 3 个。所用面孔性别在各 block 间进行平衡。

（2）场景图片。选自前人研究中使用的谷歌分类场景库。从场景库中挑选 12 类自然场景，每类场景下选择 8 张样例图片。为了避免同类场景内图片间的相互关联为随后的提取形成额外的线索，采用 block 随机的方式，每个 block 中从每类场景中各随机选取 1 张图片，形成 8 个 block（6 个 block 用于正式实验、2 个 block 用于练习），分别与面孔图片的 block 进行随机配对。另外选择 24 张其他不同类别的场景图片各一张作为测试阶段的"新"场景材料，其中 18 张用于正式实验，6 张用于练习。场景图片大小为 5.87 厘米高、5.87 厘米宽。

（三）实验设计

采用 2（线索条件：有/无）×3（配对类型：旧/重组/新）两因素被试内实验设计。因变量为被试在联结再认测试阶段的正确率和反应时。

（四）实验程序

正式实验包括 6 个 block，有、无部分线索条件各 3 个 block，有、无部分线索条

---

① 孙天义：《面孔识别的性别差异：基于行为和电生理证据的女性加工优势效应》，博士学位论文，华东师范大学，2018 年。

件随机呈现。每个 block 均包含学习、干扰和测试三个阶段，实验流程如图 8-1 所示。

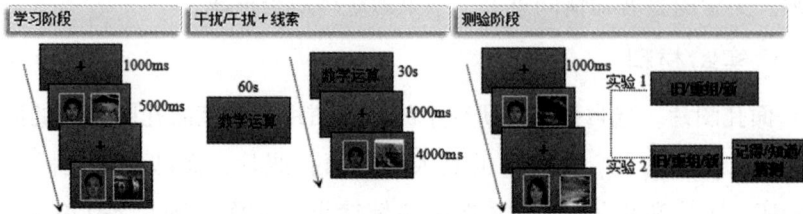

图8-1　实验1和实验2实验流程图

学习阶段：计算机屏幕上依次呈现 12 个面孔—场景图片对，左侧为面孔图片，右侧为场景图片。刺激间在屏幕中央呈现"+"字 1000ms，面孔—场景图片对呈现时间为 5000ms。被试可以想象是在—（场景）遇到—（某人）以对每个面孔—场景图片对进行记忆。

干扰阶段：被试进行三位数连续减 7 的运算。为保证被试在有线索与无线索条件下学—测间隔一致，部分线索条件下运算时间为 30s，无部分线索条件下运算时间为 60s。部分线索条件下运算结束后，向被试依次呈现 6 个已学面孔—场景图片对作为部分线索（ISI＝1000ms，每个图片对呈现 4000ms），要求被试按顺序认真阅读这些图片对，并把这些图片对作为随后回忆目标图片对的线索。

测试阶段：屏幕中央依次呈现 9 个面孔—场景图片对（旧、重组和新条件下各 3 个，作为提取线索的面孔—场景图片对不出现在测验阶段），刺激间在屏幕中央呈现"+"字 1000ms，面孔—场景图片对呈现时间为 5000ms，要求被试进行"旧""重组"或"新"判断：如果呈现的面孔与场景均是学习阶段所呈现过的内容，且二者之间的配对关系与学习时一致，则按"F"键（旧）；如果面孔与场景材料都在学习阶段呈现过，但与学习阶段间的配对关系不一致，则按"J"键（重组）；如果所呈现的面孔、场景均为未学习过的图片，则按"L"键（新）。被试对呈现的面孔—场景对做出反应按键后将继续呈现下一个面孔—场景对。对反应键在被试间进行平衡。

实验材料均在计算机上呈现，被试单独施测。正式开始实验之前，被试先进行练习，以便熟悉实验流程。整个实验完成约需 30min。

三、结果

对有、无部分线索条件下被试在联结再认阶段的正确率和反应时进行统计，反应时剔除±2.5个标准差之外的极端值，结果如表8-1所示。

表8-1 有、无部分线索条件下各配对类型的再认正确率和反应时（M（SD））

统计指标	线索条件	$Hits_{旧}$	$Hits_{重组}$	$FA_{重组-旧}$	$FA_{新-重组}$	$d'_{关系}$	$d'_{项目}$
正确率	无部分线索	0.65（0.22）	0.71（0.20）	0.18（0.13）	0.03（0.05）	1.29（0.80）	2.08（0.64）
	有部分线索	0.53（0.26）	0.62（0.19）	0.20（0.18）	0.03（0.05）	0.99（0.92）	1.81（0.59）
反应时	无部分线索	2380（984）	2776（865）				
（ms）	有部分线索	2494（941）	3043（1428）				

注：$FA_{重组-旧}$为"重组"虚报为"旧"的比率，$d'_{关系}$ = Z（$Hits_{旧}$）− Z（$FA_{重组-旧}$）；$FA_{新-重组}$为"新"虚报为"重组"的比率，$d'_{项目}$ =Z（$Hits_{重组}$）−Z（$FA_{新-重组}$）；下同。

（一）正确率

对正确率进行2（线索条件：有/无）×3（配对类型：旧/重组/新）重复测量方差分析的结果显示：线索条件主效应显著，F（1，50）= 17.68，$p<0.001$，$\eta_p^2=0.26$；配对类型主效应显著，F（2，100）= 97.19，$p<0.001$，$\eta_p^2=0.66$；两者交互作用显著，F（2，100）= 6.50，$p=0.002$，$\eta_p^2=0.12$，进一步简单效应分析发现，当配对类型为"旧"［F（1，50）= 15.16，$p<0.001$，$\eta_p^2=0.22$］和"重组"［F（1，50）= 7.20，$p=0.010$，$\eta_p^2=0.13$］时，有部分线索条件下再认正确率显著低于无部分线索条件；当配对类型为"新"［F（1，50）= 0.57，$p>0.05$］时，有、无部分线索条件下的再认正确率差异不显著。

（二）辨别力 d'

对辨别力d'进行2（线索条件：有/无）×2（辨别力指标类型：关系/项目）重复测量方差分析的结果显示：线索条件主效应显著，F（1，50）= 8.26，$p=0.006$，$\eta_p^2=0.14$，有部分线索条件下辨别力显著低于无部分线索条件；辨别力指标类型主效应显著，F（1，50）= 113.13，$p<0.001$，$\eta_p^2=0.69$，关系再认辨别力显著低于项目再认辨别力；两者交互作用不显著，F（1，50）= 0.105，$p>0.05$。

（三）反应时

对反应时进行2（线索条件：有/无）×3（配对类型：旧/重组/新）重复测量方差分析的结果显示：线索条件主效应显著，F（1，50）= 4.29，$p=0.044$，$\eta_p^2=0.08$；有部分线索条件下被试的反应时更长；配对类型主效应显著，F（2，100）= 73.97，$p<0.001$，$\eta_p^2=0.60$；"旧""重组""新"反应时两两比较均差异显著（$p<0.001$）。两者交互作用不显著 F（2，100）= 1.51，$p>0.05$。

四、讨论

本研究发现，在联结再认中，有部分线索条件下旧和重组面孔—图片对的再认正确率更低，反应时更长，这表明联结再认中存在部分线索效应。

根据部分线索效应的提取抑制和提取竞争假说，部分线索的呈现会强化作为线索本身的内容的表征，由于其表征强度的加强，被试在测验阶段将首先对线索内容进行提取，同时，由于认知资源的有限性特点，使得这种对线索内容的优先对于测验的目标内容而言反而是一种损害。以往关于部分线索效应的研究主要集中于项目记忆领域，因此部分线索的表征强化与目标项目的提取受损均是针对单独的项目而言的，部分线索如何影响联结内容还不得而知。本研究聚焦于联结记忆，在部分线索呈现阶段提供已学的部分面孔—场景对，因此，部分线索既包含了面孔与场景的内容信息，也包含了面孔与场景之间的关系信息。按照提取抑制与提取竞争假说，部分线索的内容表征和关系表征将同时得到强化，并被优先内隐提取，因而同时损害了对目标面孔—场景对的项目内容与关系的提取。

在情景记忆领域，相较于项目记忆，联结记忆还涉及项目间的关系捆绑，这种关系捆绑在情景记忆的编码、存储与提取过程中均发挥重要作用。但以往关于联结记忆的研究更多的关注编码阶段的不同操纵，较少考虑提取条件变化的影响作用；与此同时，已有项目记忆的研究已证明部分线索诱发遗忘效应是一种稳健存在的效应，但目前尚不清楚部分线索效应是否存在于联结记忆领域。本研究通过将部分线索经典范式与联结记忆范式相结合，首次考察了部分线索对联结再认的影响，一方面考察了联结记忆对于提取条件变化的敏感性；另一方面将部分线索效应由项目记忆领域进一步扩展至联结记忆领域，丰富了关于部分线索作用范围的认识。本研究发现：部分线索效应同样存在于联结再认中，即呈现部分联结对作为部分线索，会降低对其他联结对的再认正确率。

根据部分线索效应的多机制假说，部分线索的干扰机制产生的前提是学习情境通达的保持。本研究中，呈现部分线索后立即开始测验，并未要求被试在忘记线索、进行想象任务或长延时后进行提取，因此学习情境的通达并未受到损害，满足了部分线索干扰机制的产生条件。且本研究中实验材料为面孔场景图片对，很难建立高水平的材料间关联，因此结合提取抑制假说所认为的部分线索的呈现会导致被试在进行提取再认时选择对线索内容进行优先内隐提取，所以即使测验阶段不再呈现部分线索内容，但被试关于部分线索内容的表征强度水平仍然维持较高水平，因此就降低了对目标内容的表征强度，表现出部分线索条件下目标内容再认成绩的显著下降。但以往对于部分线索的操纵局限于项目记忆领域。根据假设，当研究对象为联结记忆时，提供的部分线索为学习过的面孔—场景配对，与学习阶段一样包含项目内容与项目间关系信息，且由于本研究中所采用的材料是更多倾向于视觉加工的面孔—场景图片对，因此提取阶段作为提取线索而非目标配对的内容与关系信息提取优势更为明显，被试对于目标配对的再认更易受到部分线索加强表征的干扰，在正确率与辨别力指标上会表现出部分线索效应。本研究证明了我们的假设：与无部分线索的对照组相比，在部分线索呈现条件下，无论测验阶段配对类型为"旧"或单独项目内容为"旧"，被试的再认正确率均明显低于无部分线索条件；且部分线索对联结记忆中的项目内容再认与关系再认辨别力产生干扰，由此证明了部分线索效应同样存在于联结记忆领域。

五、小结

（1）与无部分线索的对照组相比，在部分线索呈现条件下，无论测验阶段配对类型为"旧"或单独项目内容为"旧"，被试的再认正确率均明显低于无部分线索条件

（2）部分线索对联结记忆中的项目内容再认与关系再认辨别力产生干扰，部分线索效应同样存在于联结记忆领域。

第二节 部分线索对联结再认中回想与熟悉性的影响

一、引言

再认的双加工理论认为，再认包括回想和熟悉性两种加工过程。回想是对先前经历过的信息的相关细节的提取，与回忆类似，熟悉性则是一种快速的、自动的、似曾见过的知道感，但没有具体细节的提取。项目记忆与关系记忆对回想和熟悉性的依赖程度不同：项目记忆既需要熟悉性的支持也需要回想的参与，而关系记忆则主要依赖于回想的作用。以往考察部分线索对项目再认影响的研究发现，部分线索对项目再认的干扰主要体现在熟悉性成分的下降，回想成分没有明显的变化。如前所述，相较于单一的项目记忆提取，联结再认既包含项目再认也包含

关系再认，且项目记忆与关系记忆对回想和熟悉性的依赖程度不同。基于此，本研究进一步关注的问题是：部分线索对联结再认的破坏作用，是通过何种再认加工成分的降低来实现的？为了回答这一问题，在上一节研究的基础上，本研究进一步在再认阶段采用 R/K 判断来考察回想与熟悉性成分在部分线索对联结再认影响中的贡献。基于单一的项目再认与联结再认的诸多不同，部分线索对联结再认中回想和熟悉性加工过程的影响机制可能与项目记忆不同：部分线索可能同样会对联结记忆中项目再认的熟悉性产生干扰，但在部分线索干扰关系提取的基础上，我们猜测部分线索条件下被试在进行关系提取时回想成分会出现显著的下降。

在上一节的基础上，本节内容进一步考察部分线索对联结再认中回想和熟悉性成分的影响。结合以往部分线索对项目再认中熟悉性与回想影响的研究，以及联结记忆中关系再认主要受回想成分影响的观点，提出假设：在联结再认中，部分线索对项目内容再认的影响主要体现在熟悉性成分的下降，对关系再认的影响主要体现在回想成分的下降。

二、方法

（一）被试

共招募 71 名被试参与本次实验（23 男），平均年龄为 20.66±1.18 岁。其中 7 名被试（3 男）因虚报率过高被剔除。所有被试均为右利手，视力正常或矫正正常。实验前签署知情同意书，结束后获得适当报酬。

（二）实验材料

同样以面孔—场景图片对作为实验材料。

（1）面孔图片筛选与评定过程同第一节。最终选择 150 张面孔，男女各半。120 张面孔用于正式实验，30 张用于 2 组练习。正式实验所用面孔情绪效价在 3.2—4.95 之间，唤醒度在 3.3—4.55 之间。正式实验包含 8 个 block，有、无部分线索条件下各 4 个 block。所用面孔性别在各 block 间进行平衡。

（2）场景材料库同第一节，每种场景类别选择 10 张。从每种场景类别中各选择 1 张，12 张不同类别场景的图片为一组，8 组为正式实验材料，2 组用于练习。分别与实验中每个 block 里不同的男/女面孔进行配对，随机组合。另外选择 30 张其他不同类别的场景图片各一张作为测试阶段"新"的场景材料。其中 6 张（6 个不同类别）用于练习部分。

（三）实验设计

本实验为 2（线索条件：有/无）×3（配对类型：旧/重组/新）两因素被试内实验设计。因变量为被试在联结再认测试阶段的正确率和反应时，以及做出"旧"或"重组"判断反应后进一步的"记得""知道"或"猜测"判断正确率。

（四）实验程序

正式实验包括 8 个 block，有、无部分线索条件各 4 个 block，有、无部分线索条件随机呈现。每个 block 均包含学习、干扰和测试三个阶段，实验流程如图 1 所示。

学习、干扰阶段同第一节。

测试阶段：首先要求被试对图片间的联结关系做出旧/重组/新的按键反应，分别对应键盘上的"F""J""L"键。如果被试做出"旧"或"重组"的按键反应，则需进一步进行 R/K 判断，即对做出"旧"或"重组"判断时是基于"记得""知道"还是"猜测"进行选择，三者分别对应"F""J""L"键。做出反应按键后将继续呈现下一组面孔—场景对。测验阶段共 9 组不同的面孔—场景对，在旧、重组和新三种条件中各 3 组。

实验材料均在计算机上呈现，被试单独施测。正式开始实验之前，被试先进行练习，以便熟悉实验流程。整个实验完成约 40min。

三、结果

对有、无部分线索条件下被试在联结再认阶段的正确率和反应时进行统计，反应时剔除±2.5 个标准差之外的极端值，结果如表 8-2 所示。

表8-2 有、无部分线索条件下各配对类型的再认正确率和反应时 $[M (SD)]$

统计指标	线索条件	$Hits_{旧}$	$Hits_{重组}$	$FA_{重组-旧}$	$FA_{新-重组}$	$d'_{关系}$	$d'_{项目}$
正确率	无部分线索	0.64 (0.22)	0.74 (0.18)	0.18 (0.15)	0.02 (0.08)	1.38 (0.76)	2.32 (0.71)
	有部分线索	0.63 (0.23)	0.61 (0.21)	0.21 (0.16)	0.02 (0.07)	1.19 (0.76)	1.96 (0.66)
反应时 (ms)	无部分线索	2963 (904)	3224 (797)				
	有部分线索	2891 (798)	3682 (1023)				

（一）正确率

2（线索条件：有/无）×3（配对类型：旧/重组/新）重复测量方差分析的结果显示：线索条件主效应显著，$F (1, 63) = 15.35$，$p<0.001$，$\eta_p^2 =0.20$；配对类

型主效应显著 F（2，126）= 103.43，$p<0.001$，$\eta_p^2=0.62$。两者交互作用显著，F（2，126）= 12.64，$p<0.001$，$\eta_p^2=0.17$，进一步简单效应分析发现，当配对类型为"重组"时，有部分线索条件下的正确率显著低于无部分线索条件，F（1，63）= 31.31，$p<0.001$，$\eta_p^2=0.33$。

（二）辨别力 d'

对辨别力 d' 进行 2（线索条件：有/无）×2（辨别力指标类型：关系/项目）重复测量方差分析的结果显示：线索条件主效应显著，F（1，63）= 14.75，$p<0.001$，$\eta_p^2=0.19$；辨别力指标类型主效应显著，F（1，63）= 173.52，$p<0.001$，$\eta_p^2=0.73$；两者交互作用边缘显著，F（1，63）= 3.53，$p=0.65$，$\eta_p^2=0.05$，进一步简单效应分析的结果显示：在关系再认上，有部分线索条件低于无部分线索条件差异显著，F（1，63）= 4.17，$p=0.045$，$\eta_p^2=0.06$；在项目再认上，有部分线索条件显著低于无部分线索条件，F（1，63）= 24.43，$p<0.001$，$\eta_p^2=0.26$。无论有、无部分线索条件，关系再认的辨别力均显著低于项目再认，$ps<0.001$。

（三）回想与熟悉性成分

用公式回想＝击中$_{记得}$ －虚报$_{记得}$；熟悉性＝［击中$_{知道}$/（1－击中$_{记得}$）］－［虚报$_{知道}$/（1－虚报$_{记得}$）］分离出回想与熟悉性成分，并分别计算回想和熟悉性的辨别力，$d'_{回想}$＝z（击中$_{记得}$）－z（虚报$_{记得}$）；$d'_{熟悉性}$＝z［击中$_{知道}$/（1－击中$_{记得}$）］－z［虚报$_{知道}$/（1－虚报$_{记得}$）］，结果如表8-3所示。

表8-3　不同条件下 RK 成分（M（SD））

		击中		虚报		熟悉性	回想	$d'_{熟悉性}$	$d'_{回想}$
		记得	知道	记得	知道				
关系再认	无部分线索	0.49 (0.24)	0.10 (0.10)	0.09 (0.10)	0.06 (0.09)	0.14 (0.20)	0.37 (0.23)	0.86 (1.30)	1.28 (0.78)
	有部分线索	0.50 (0.25)	0.08 (0.12)	0.11 (0.14)	0.07 (0.08)	0.09 (0.20)	0.36 (0.22)	0.53 (0.68)	1.24 (0.74)
项目再认	无部分线索	0.43 (0.25)	0.24 (0.17)	0.00 (0.02)	0.01 (0.04)	0.39 (0.25)	0.39 (0.23)	1.58 (0.74)	1.51 (0.76)
	有部分线索	0.28 (0.22)	0.22 (0.15)	0.00 (0.02)	0.01 (0.04)	0.31 (0.21)	0.25 (0.20)	1.28 (0.65)	1.09 (0.69)

注：关系再认中，记得击中=$Hits_{旧-记得}$，知道击中=$Hits_{旧-知道}$，记得虚报=$FA_{重组-旧(记得)}$；知道虚报=$FA_{重组-旧(知道)}$；项目再认中，记得击中=$Hits_{重组-记得}$，知道击中=$Hits_{重组-知道}$，记得虚报=$FA_{新-重组(记得)}$；知道虚报=$FA_{新-重组(知道)}$。

对关系再认中的回想成分进行配对样本 t 检验的结果显示：有、无部分线索条件下回想成分差异不显著，$t(63) = 0.46$，$p > 0.05$；对熟悉性成分进行配对样本 t 检验的结果显示：有部分线索条件下熟悉性成分显著低于无部分线索条件，$t(63) = 1.83$，$p = 0.072$，Cohen's $d = 0.23$。

对项目再认中的回想成分进行配对样本 t 检验的结果显示：有部分线索条件下的回想成分显著低于无部分线索条件，$t(63) = 6.24$，$p < 0.001$，Cohen's $d = 0.68$；对熟悉性成分进行配对样本 t 检验的结果显示：有部分线索条件下的熟悉性成分显著低于无部分线索条件，$t(63) = 2.44$，$p = 0.018$，Cohen's $d = 0.38$。

对关系再认中的 $d'_{回想}$ 进行配对样本 t 检验的结果显示：有、无部分线索条件下回想成分辨别力差异不显著，$t(63) = 0.41$，$p > 0.05$；对 $d'_{熟悉性}$ 进行配对样本 t 检验的结果显示：有、无部分线索条件下熟悉性成分辨别力差异边缘显著，$t(63) = 1.97$，$p = 0.053$，Cohen's $d = 0.20$。

对项目再认中的 $d'_{回想}$ 进行配对样本 t 检验的结果显示：有部分线索条件下回想成分辨别力显著低于无部分线索条件，$t(63) = 5.75$，$p < 0.001$，Cohen's $d = 0.67$；对 $d'_{熟悉性}$ 进行配对样本 t 检验的结果显示：有部分线索条件下的熟悉性成分辨别力显著低于无部分线索条件，$t(63) = 2.91$，$p = 0.005$，Cohen's $d = 0.30$。

（四）反应时

2（线索条件：有/无）×3（配对类型：旧/重组/新）重复测量方差分析的结果显示：线索条件主效应显著，$F(1, 63) = 5.40$，$p = 0.023$，$\eta_p^2 = 0.08$；配对类型主效应显著 $F(2, 126) = 213.94$，$p < 0.001$，$\eta_p^2 = 0.77$；"旧""重组""新"反应时两两比较均差异显著（$p < 0.001$）。线索条件与配对类型交互作用显著，$F(2, 126) = 15.29$，$p < 0.001$，$\eta_p^2 = 0.20$；简单效应分析：当配对类型为"重组"时，有部分线索条件下的反应时显著长于不部分线索条件，$F(1, 63) = 22.33$，$p < 0.001$，$\eta_p^2 = 0.26$。

四、讨论

在增加了 R/K 判断的情况下，本研究同样表明，测验阶段部分线索的呈现会对联结记忆中目标配对的提取再认产生干扰作用。特别是当面孔—场景配对类型为"重组"时，部分线索的呈现会使被试在判断时反应时间更长，正确率更低，表现出明显的部分线索效应。"重组"条件下所呈现的项目都是学过的内容，但配对关系发生了变化，所以此时需要被试有更高的辨别力，并克服学习阶段项目内容熟悉性带来的影响，因此部分线索呈现所诱发的干扰效果在该条件下更为明显。同时，本研究的结果显示：部分线索对联结记忆中项目再认与关系再认的干扰作用是稳定存在的。相较于无部分线索条件，部分线索条件下被试关系再认时的熟悉性成分显著降低，项目内容再认时的回想与熟悉性成分也出现了显著下降。

本研究考察了部分线索对联结记忆中回想与熟悉性这两种认知成分的影响，结果显示：部分线索降低了项目内容再认时的熟悉性与回想成分，而对关系再认时的干扰作用主要体现在熟悉性成分的下降，在回想认知过程上没有显著的下降，这与我们的假设不一致。根据以往研究，联结记忆中的项目记忆会受到熟悉性和回想的共同影响，但关系记忆由于涉及对细节信息的提取，因此主要受有意识的回想影响。本研究中有部分线索条件下关系再认时熟悉性成分的显著下降表明至少在部分线索效应中熟悉性可以支持关系再认，这一结果的出现可能与被试在学习材料阶段采用的编码策略有关。已有研究表明，当两个或者两个以上刺激被捆绑编码并整合成为一个新的表征时，熟悉性也能支持关系再认。以往研究采用了各种刺激类型、整合操作方式和测量方法，均发现整合可以促进基于熟悉性的联结再认，特别是一体化的相关研究为这一观点提供了较多证据支持。本研究中的实验材料为面孔—场景对，可以表征为"在哪里遇到哪个人"，这种呈现方式方便被试自然地将面孔和场景整合为一个整体，所以当面孔图片与场景图片同时呈现时，我们猜测被试可能通过语义加工促进了项目的整合，使得被试在关系再认时表现出了与项目记忆一致的部分线索效应影响机制，即相较于无部分线索条件，部分线索条件下熟悉性成分显著下降，回想成分在有无部分线索条件下并没有明显的差异。本研究中关系再认时有、无部分线索条件下熟悉性成分的显著差异表明联结记忆关系再认提取时的确存在熟悉性成分的参与，结果支持了整合的观点。未来还需从部分线索对整合编码影响的方向对该结果进行进一步的探究。

　　同时，本研究的结果表明我们所操纵的部分线索的呈现的确会对联结记忆中的认知成分产生影响，特别是熟悉性成分。与无部分线索条件相比，部分线索条件下项目再认与关系再认中熟悉性成分均出现了显著下降。根据双加工理论，熟悉性是一种对呈现内容的模糊的知道感，而回想是对所呈现的某一具体测验内容细节信息的提取，所以相较于需要更多认知资源的回想而言，不稳定的模糊的熟悉性更容易受到提取线索表征加强的干扰，因而在不同的认知过程阶段均在熟悉性成分中出现了显著下降。这一结果也说明熟悉性成分对于部分线索的呈现可能更敏感（尽管联结再认更多依赖回想），更容易受到部分线索的干扰，对提取阶段的不同操纵更为敏感，即无论是项目记忆还是联结记忆，部分线索的作用可能都是通过熟悉性成分来体现的。这跟本研究中部分线索的提供方式也有一定的关系，在本研究中部分线索是在再认之前呈现，部分线索的呈现及它的影响作用并不特定指向于某个联结对，反而可能是基于再认测验前部分线索对学习内容整体表征的干扰，或者说在联结记忆中对表现为对学习内容整体化表征的抑制，因此对于关系再认来说部分线索的呈现可能是对面孔—场景对的整体表征的干扰，仅当涉及具体内容的提取时，回想过程才发挥作用。

　　本研究中部分线索对联结记忆项目内容再认的结果，与以往单独研究项目记忆中部分线索仅会对熟悉性成分产生影响的结果不同。刘湍丽等人的研究发现有、无部分线索条件下的FN400效应差异显著，表明部分线索的干扰主要体现在对项目再认中的熟悉性成分上。本研究则发现，部分线索对联结记忆中项目内容再认的影响体现在熟悉性与回想成分均呈显著下降趋势，我们猜想这可能与任务材料不同有关。具体而言，刘湍丽等人的研究中，所用材料为单词词表，本研究所采用的材料为刺激信息丰富的图片。大量研究发现，图片通常比文字具有更丰富的语义加工，可以从深层次的加工中受益，因此相较于文字，图片材料具有记忆优势，即图片加工优势。因此对于图片对来说，被试可以进行更深入、更广泛的概念加工，这可能使得被试在项目再认上可以同时依赖熟悉性和回想加工过程，所以在部分线索呈现条件下，个体想要成功提取出当前的项目内容记忆，需要主动去抑制部分线索呈现带来的优先提取优势，因此导致回想和熟悉性均受损。

五、小结

（1）在联结再认中，呈现部分联结对作为提取线索，会降低对其他联结对的再认正确率；

（2）部分线索对联结再认中的关系再认（熟悉性）和项目再认（回想和熟悉性）均产生损害作用。

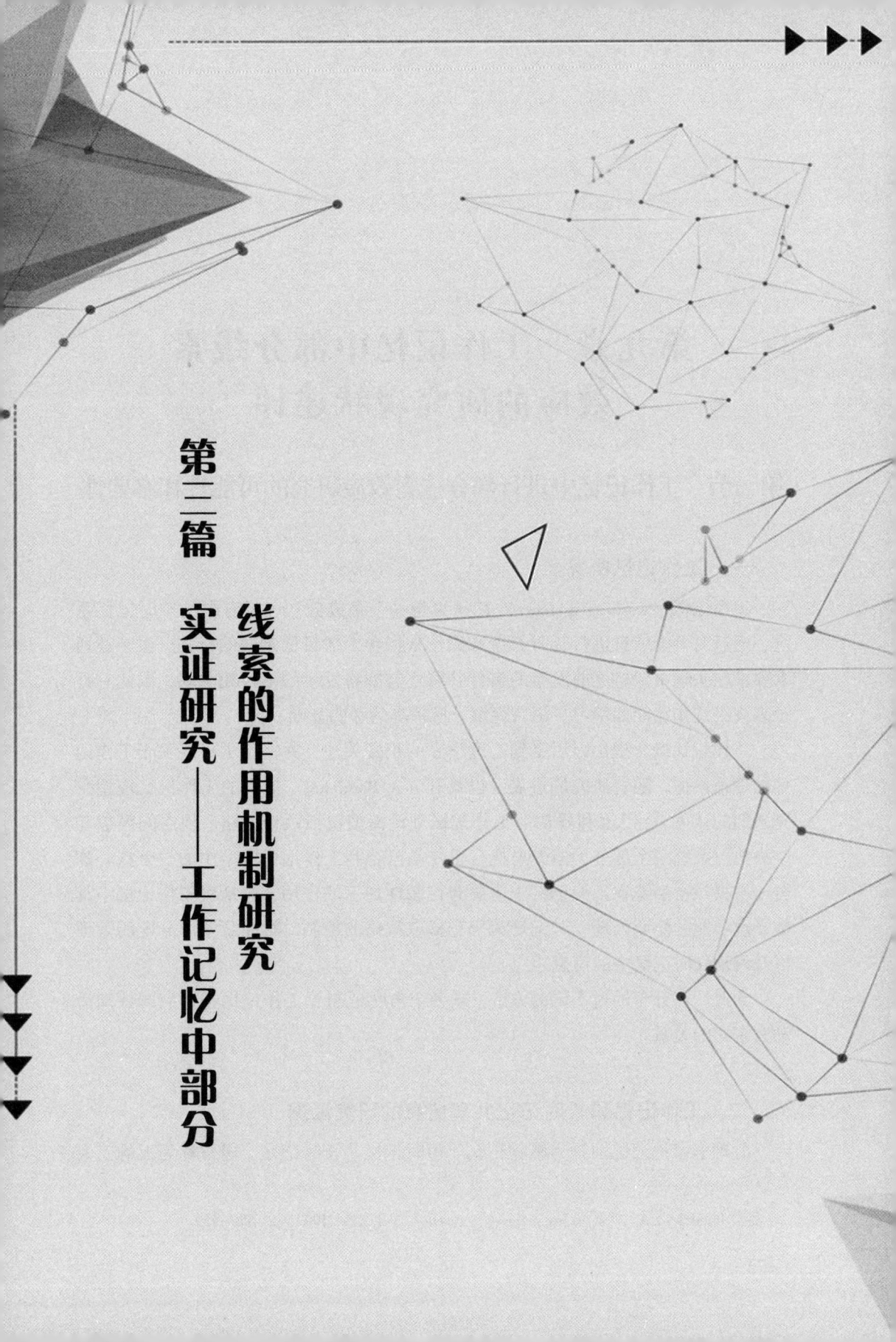

第三篇

实证研究

线索的作用机制研究——工作记忆中部分

第九章 工作记忆中部分线索
效应的研究现状述评

第一节 工作记忆中进行部分线索效应研究的可能性和必要性

一、工作记忆概况

工作记忆（working memory）被认为是一个多成分、容量有限的短时记忆系统，通过对各类信息进行暂时保持和操作来指导个体目标定向的行为。由于其通常要求在头脑中保持之前发生的事件并将之与即将发生的事件相关联，因此它是很多高级认知功能如学习、语言理解、推理等的必要基础。

工作记忆概念提出以后受到心理学家的积极关注，并提出了一些关于工作记忆的理论模型。随着研究的进展，巴德利（A. Baddeley）提出的工作记忆模型受到人们的认可。[①] 巴德利最初的工作记忆理论模型包括语音回路、视空间模板和中央执行系统三个部分。但中央执行系统是巴德利工作记忆模型中的一个核心成分。中央执行系统在工作记忆中主要起控制性加工的作用，包括对工作记忆中其他系统功能的协调处理、对记忆编码和提取策略的控制、对注意资源分配的管理以及调动长时记忆中的信息。

为此，研究者通过不同的方法，从各个角度证明了工作记忆与人们的认知活动有密切的关系。

二、工作记忆和长时记忆共享信息的研究证据

心理学家把记忆划分为感觉记忆、短时记忆、长时记忆，通常称为人的三大

---

① Baddeley, A., "Working memory", *Science*, Vol. 255, 1992, pp. 556-559.

记忆系统。随着工作记忆概念的提出，越来越多的研究开始关注工作记忆和长时记忆对信息加工的异同。研究表明了长时记忆的信息表征对工作记忆加工起一定的支持作用，还有研究把工作记忆和长时记忆的关系用嵌套模型建立起来，并且认为这种模型是一种基于激活的模型。虽然长时记忆和工作记忆使用相同的信息表示，但两种记忆系统的激活程度不同。

随着工作记忆研究的进展，越来越多的研究者开始关注工作记忆和长时记忆两种记忆系统对信息加工的异同。有研究发现长时记忆的信息表征对工作记忆的信息加工起一定的支持作用，还有研究把工作记忆和长时记忆的关系用嵌套模型建立关联，并且认为这种模型是一种基于激活的模型，根据这一模型，虽然长时记忆和工作记忆共享相同的信息表征，但两种记忆系统的激活程度却不同。一些研究通过认知神经技术考察工作记忆和长期记忆在完成相同任务时激活的大脑区域是否存在重叠，以此来探索工作记忆和长时记忆之间的关系。有研究使用 ERP 技术考察了长时记忆中的信息是否会在工作记忆处理中产生语义启动，以及工作记忆任务是否也会在相关的长时记忆中产生语义触发。结果表明，这两个记忆系统相互作用，为在两个记忆体系中使用相同的信息表征提供了支持。[1] 一些研究还表明，在编码和再认阶段，工作记忆和长时情景记忆之间的大脑区域激活存在重叠，工作记忆与语义记忆之间的脑区域激活也存在重叠。[2]

以上研究表明工作记忆和长时记忆有着密切的关系，但长时记忆系统哪些功能与工作记忆系统有很大差异，以及两种记忆系统相对独立的地方还有待于以后研究慢慢发现。

三、工作记忆中存在部分线索效应的可能性

关于记忆信息提取的问题，许多研究发现，无论是在长时记忆领域还是在工作记忆领域，信息提取的过程都会产生抑制。这是因为研究者发现提取过程并不是编码过程的逆过程，将提取过程与编码过程区分开来，对其认知和神经机制进

① 刘兆敏、郭春彦：《工作记忆和长时记忆共享信息表征的 ERP 证据》，载《心理学报》，2013 年第 45 卷第 3 期，第 298-309 页。

② Ranganath, C., Cohen, M. X., & Brozinsky, C. J. Working memory maintenance contributes to long-term memory formation: neural and behavioral evidence. *Journal of Cognitive Neuroscience*, Vol. 17, No. 7, 2005, pp. 994-1010.

行深入研究是非常必要的。长时记忆领域的信息提取研究很多，但工作记忆领域的信息提取研究还有待进一步拓展。

一些研究以类别—样例词为材料，将长时记忆中的成熟范式进行修正，考察了定向遗忘和提取诱发遗忘在工作记忆中的作用。实验 1a 的结果表明，先记忆后遗忘和先遗忘后记忆均表现出显著的定向遗忘效应；实验 1b 通过提取部分工作记忆来考察在提取信息时是否会遗忘其他内容。结果发现，工作记忆内容的提取也会导致其他工作记忆内容的遗忘。工作记忆中的信息提取过程与长时记忆中的信息提取具有相似的过程，这表明这两种记忆系统有一些共同之处。[1]

一些研究以短时 DRM 词汇为材料，通过行为实验证明了短时记忆中存在错误记忆。[2] 陈红还采用短时 DRM 范式，以语义相关词为材料，证实短时记忆中错误记忆的存在。同时，利用 ERP 技术发现，N400 效应在真实记忆再认中存在，且脑区激活面积大于长时记忆，说明短时记忆中的错误记忆效应与长时记忆中的错误记忆效应存在一定差异[3]。随后研究以短时 DRM 范式为实验任务，考察了提取条件对错误记忆的影响，发现提取线索的有效性可以减少错误记忆的产生。[4]

综上所述工作记忆中信息提取的相关研究，都采用了长时记忆中成熟的范式，有的通过操纵编码阶段考察工作记忆中一些效应产生的机制，有的通过操纵提取阶段的条件进一步明确工作记忆中存在这些效应的独特特点。长时记忆中操纵提取阶段考察记忆信息提取的成熟范式还有很多，其中部分线索效应有着和提取诱发遗忘效应相似的机制，启发我们将长时记忆领域中更多的效应引入到工作记忆中来。

第二节　问题提出

综上所述，长时记忆中的一些记忆现象转入到工作记忆中去，大多数研究关

---

① 陈丽娜：《工作记忆提取过程中有意抑制与无意抑制比较研究》，博士学位论文，华南师范大学，2007 年。

② Atkins, A. S., & Reuter-lorenz, P. A., "False working memories? Semantic distortion in a mere 4 seconds", *Memory & Cognition*, Vol. 36, No. 1, 2008, pp. 74-81.

③ 陈红：《短时关联性错误记忆的认知和神经机制研究》，博士学位论文，首都师范大学，2012 年。

④ 陈红、郭春彦、杨海波：《延迟间隔和提取条件对短时错误记忆的影响》，载《心理与行为研究》，2015 年第 13 卷第 1 期，第 37-43 页。

注工作记忆的编码阶段对记忆成绩的影响。采用的技术和操作手段不同，得到的实验结果和长时记忆中的结论有一致的也有不一致的。考察工作记忆提取阶段呈现线索对记忆成绩影响的研究比较少。长时记忆中的部分线索效应考察的是在提取阶段呈现词表内学过的部分词作为提示线索来测验对记忆成绩的影响。虽然从以往的研究得到长时记忆和工作记忆有共享某些信息的共同之处，但是在工作记忆提取阶段呈现部分学过的词作为线索，会不会对记忆成绩有影响？这是本研究关注的一个问题。

　　长时记忆中考察部分线索效应的任务范式一般是学习两个词表，一组给被试提供部分线索，另一组不给被试提供部分线索。由于工作记忆本身的特点，一般在每个试次中呈现的学习项目数量较少，往往需要被试完成多个试次，这导致我们向被试提供的操作程序不同。在考察工作记忆中部分线索效应时，有、无部分线索试次呈现给被试的情况可分为两种，一是各自按 block 组块呈现给被试，另一种是有、无部分线索试次随机呈现。有、无线索试次的呈现方式会不会是工作记忆中部分线索效应的另一个边界条件？这是本研究关注的另一个问题。

　　在长时记忆中对部分线索效应的研究，很多研究者关注部分线索效应的边界条件。边界条件是指某种现象的存在是有局限的，在某些特定条件内，现象就存在；超过某些特定条件现象就不存在。这种介于现象存在与不存在之间的限制因素，就可以称之为边界条件。其中，线索类型是研究者关注的主要因素之一。有一些研究发现不论是词表内线索还是词表外线索对目标项的回忆都有干扰作用。但也有研究发现词表内线索会对目标项的回忆有干扰，而词表外线索不会有干扰，唐卫海等人（2014）也发现跨域线索条件下不存在部分线索效应。以上研究表明词表外线索可能是长时记忆中部分线索效应的一个边界条件，那么我们在工作记忆提取阶段呈现词表外线索会不会也对部分线索效应产生影响？

第十章 任务呈现方式与部分线索效应

第一节 学习项目相继呈现对部分线索效应的影响

一、引言

工作记忆（WM）被认为是一个多成分、容量有限的短时记忆系统，通过对各类信息进行暂时保持和操作来指导个体目标定向的行为。由于其通常要求在头脑中保持之前发生的事件并将之与即将发生的事件相关联，因此它是很多高级认知功能如学习、语言理解、推理等的必要基础。

在工作记忆的研究中，很多研究者关注回忆（提取）线索对目标项目提取的影响。最常用的做法就是设置不同的线索条件，考察对项目再认的影响。这些研究或是采用不同类型的线索，如视觉线索、空间线索、言语线索；或是关注线索的有效性，即线索在多大概率上可对目标进行预测；或是操作线索特征与目标特征的关系；或是在编码和保持的不同阶段呈现线索。大部分研究发现了线索对提取的促进作用，但也有个别研究发现工作记忆中有、无线索提示并不显著影响项目再认。

前人的研究表明了工作记忆中提取线索的作用，即被试对目标项目的提取受线索的影响。不过这些结论主要来自直接指向目标项目特征的线索的研究，当以编码阶段学过项目中的某个项目作为回忆线索，会如何影响对其他项目的提取？目前还没有明确的结论。本研究将考察当以学过项目中的某个项目为线索，即给被试呈现部分线索时，是否会对其他项目的回忆产生影响及产生怎样的影响。

目前，关于部分线索效应的研究主要集中于长时记忆系统。在工作记忆中，提供部分学习项目作为提取线索，是否会影响对其他项目的提取，目前还没有研究涉及。因此，本研究将考察工作记忆中已有表征的再次呈现将如何影响存储在工作记忆中的其他表征。

本研究之所以对这一问题进行探究，是基于三个原因：首先，近年来研究者发现工作记忆与长时记忆在编码和再认阶段脑区激活均存在重叠，甚至有研究发现长时记忆和工作记忆使用相同的信息表征，这表明了工作记忆中存在部分线索效应的可能性。其次，研究者将长时记忆中发现的遗忘现象引入到工作记忆中，并在工作记忆中发现了错误记忆、定向遗忘效应及提取诱发遗忘效应，表明了工作记忆中部分线索效应研究的可操作性。第三，长时记忆中的研究表明，部分线索的呈现会降低目标项目的表征强度，但这种表征强度的降低是否在工作记忆中也存在，目前还不知道。

本研究试图跳出部分线索效应的传统范式，在工作记忆系统下考察部分线索效应。以往长时记忆的研究中，研究者通常要求被试学习包含较多学习项目的词表，编码阶段和提取阶段通常间隔时间较长，并且回忆阶段目标项目往往随机出现，线索项目和目标项目的对应关系不明确，而工作记忆的研究中通常最多包含7个学习项目，记忆测试在间隔几秒后进行，便于明确线索项目和目标项目的对应关系。因此在参考前人研究范式的基础上，本研究采用修正的项目再认任务，每个试次中，首先相继呈现两个项目让被试记忆，随后，一半的试次中呈现之前学习项目中的一个作为线索，一半的试次中不呈现线索。所有试次均仅呈现一个测试项目，目的是保证有线索和无线索试次中被试需要作决策和反应的次数一致，这也使得对于目标项目表征强度变化原因的探讨更有针对性。

另外，长时记忆中考察部分线索效应的任务范式一般是学习两个词表，一组给被试提供部分线索，另一组不给被试提供部分线索，由于工作记忆本身的特点，一般在每个试次中呈现的学习项目数量较少，往往需要被试完成多个试次，这导致在考察工作记忆中部分线索效应时，有、无部分线索试次呈现给被试的情况可分为两种，一是分组呈现，另一种是有、无部分线索试次随机混合呈现。杜阿特（A. Duarte）等人的研究发现，被试完成单一任务组块（只需完成同一类型的任务）比完成混合任务组块（需要交替完成不同类型的任务）正确率更高，反应时更快。[1] 这种与长时记忆不同的任务呈现方式下，我们更关注有、无线索试次以

①　Duarte, A., Hearons, P., Jiang, Y., Delvin, M. C., Newsome, R. N., & Verhaeghen, P., "Retrospective Attention Enhances Visual Working Memory in the Young but not the Old: an ERP Study", *Psychophysiology*, Vol. 50, No. 5, 2013, pp. 465-476.

不同方式呈现将如何影响被试的工作记忆表征？

本研究采用行为实验，从不同的线索条件、试次呈现的方式两个方面考察工作记忆中部分线索的呈现对记忆成绩的影响。一共采用两个行为实验。实验 1 以学习—再认任务为实验范式，采用单因素两水平（有部分线索、无部分线索）被试内实验设计，将有、无线索条件下的试次集中呈现，考察部分词表内线索对工作记忆中记忆提取的影响。实验 2 与实验 1 的试次范式相同，但呈现方式不同，采用有、无部分线索试次混合随机呈现的方式考察部分词表内线索对工作记忆中记忆提取的影响。

二、实验 1：有、无部分线索试次分组呈现对再认成绩的影响

（一）研究方法

1. 被试

在校大学生 28 名（男生 13 人），平均年龄 20.24±1.21 岁。被试的视力或者矫正视力正常，所有的被试自愿参加实验并且付给相应报酬。

2. 实验材料

实验材料选取步骤如下：

（1）采用类别—样例词汇，词汇选自《现代汉语分类词典》，词汇来自 46 个类别（蔬菜、水果、动物、家电、家具、花卉、省份等），每个类别选取数量不等的双字样例词。

（2）有、无部分线索条件的试次以集中的方式呈现，正式实验共有 92 个试次，有、无部分线索条件各 46 个试次，单个试次里被试先学习两个来自同一类别的类别—样例词，然后判断一道数学等式题，判断等式的正误作为对测验阶段再认词汇是否判断的条件，再认词汇分为目标词（学习阶段学过的词）和新词（学习阶段没有学过的），新词和目标词概率各半。其中有、无部分线索各有 6 个试次数学等式题不正确，因此不需要对再认词汇判断，数学等式判断只需心算，用来判断被试实验态度是否认真。

正式实验共选取 230 个类别—样例词，有、无部分线索试次各 115 个类别样例词。为了避免实验顺序带来的系列位置效应误差，同时便于被试在实验期间中途休息，将有、无部分线索的试次各分为对等的两个 block，对 4 个 block 呈现的实验顺序进行 ABBA 平衡，每个 block 内试次随机呈现。

（3）正式实验前额外选取 50 个类别—样例词用于练习，确保被试熟悉实验过程。

3. 实验设计

单因素两水平（有部分线索、无部分线索）被试内实验设计。因变量为再认成绩和再认反应时。

4. 实验程序

实验材料均在计算机上呈现，被试单独施测。正式实验之前，被试先进行练习。整个实验完成约 20 min。

有、无部分线索单个试次实验程序如图 10-1 所示。

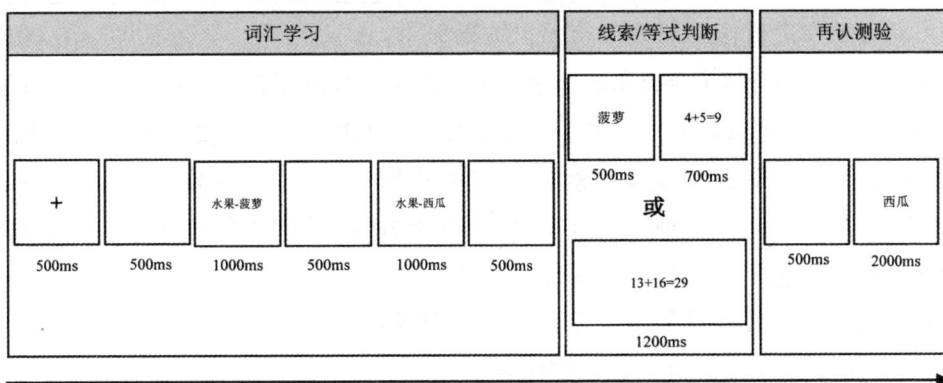

图10-1　实验流程图

（1）学习阶段。首先，在屏幕中央呈现 500ms 注视点，间隔 500ms 空屏之后呈现两张类别—样例词图片。每张样例词图片呈现 1000ms，要求被试记住图片中的样例词，不能采用纸笔记忆。

（2）线索阶段。部分线索条件下，呈现学习阶段的任一样例词作为线索 500ms，要求被试认真阅读，作为再认判断的回忆线索。为了确保被试认真作答，在再认测验之前，要求被试完成数学等式题判断，如果数学等式正确，则进行再认判断；如果不正确，则不进行再认判断。经预实验，最终确定部分线索条件下数学等式题为一位数加一位数，呈现时间为 700ms，无部分线索条件下数学等式题为两位数加两位数，呈现时间为 1200ms，以保证两组开始再认判断的时间相同，且两组被试完成数学计算题的正确率相当。

（3）测试阶段。如果数学等式正确，对再认词汇进行新旧判断，再认词汇呈现 2000ms，要求被试在 2000ms 内做出反应。

对两种条件下的学习顺序、线索词、目标词及反应键均进行了平衡控制。

（二）实验结果

1. 再认正确率

对有、无部分线索条件下再认的击中率和虚惊率及新旧判断的辨别力 d' 和判断标准 β 进行统计，结果如表10-1所示。

表10-1　各条件下的再认结果（$M\pm SE$）

	击中率	虚惊率	d'	β
有部分线索	0.90±0.01	0.07±0.01	2.67±0.10	1.73±0.21
无部分线索	0.96±0.01	0.04±0.01	3.25±0.10	1.32±0.17

对击中率进行配对样本 t 检验，结果显示：$t(27) = -4.251$，$p < 0.001$，$d = 0.806$，无部分线索条件下的击中率显著高于部分线索条件；对虚惊率进行配对样本 t 检验，结果显示：$t(27) = 2.258$，$p < 0.05$，$d = 0.429$，有部分线索条件下虚惊率显著高于无部分线索条件；对 d' 进行配对样本 t 检验，结果显示：$t(27) = -4.762$，$p < 0.001$，$d = 0.899$，无部分线索条件下的 d' 显著高于部分线索条件；对 β 进行配对样本 t 检验，结果显示：$t(27) = 2.151$，$p < 0.05$，$d = 0.410$，有部分线索条件下的 d' 显著高于无部分线索条件。

2. 再认反应的错误率和极值剔除率

首先剔除平均反应时间加减 3 个标准差以外的极端数据，接着统计被试错误反应的试次。

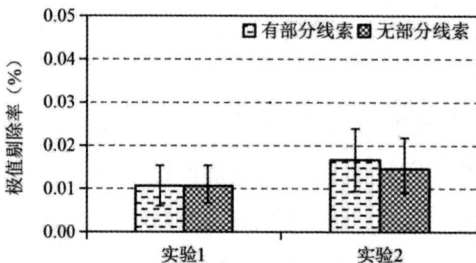

图10-2　实验1-2中各实验条件下的极值剔除率

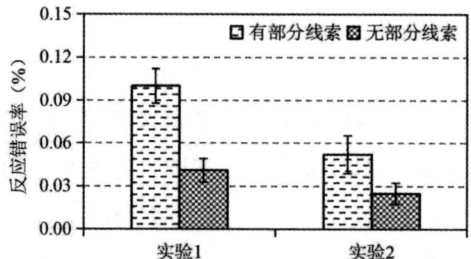

图10-3　实验1-2中各实验条件下的反应错误率

对两种条件下极值剔除率（图10-2左侧）进行比较的结果发现，$t(27) = 0.100$，$p > 0.05$，差异不显著。对两种条件下反应错误率（图10-3左侧）进行比较的结果发现，$t(27) = -4.251$，$p < 0.001$，$d = 0.806$，差异显著。不同实验

条件在极值剔除率上没有显著差异，但在反应错误率上存在显著差异。

3. 再认反应时分析

两种条件下被试的再认反应时结果如图 10-4 左侧。

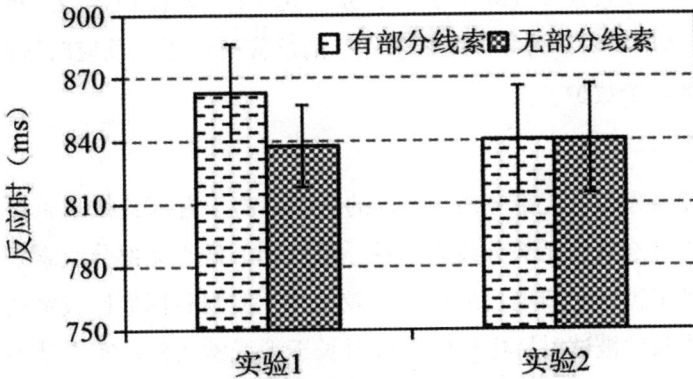

图10-4　实验1和实验2中各条件下的反应时

对反应时进行配对样本 t 检验，结果显示：$t(27) = 1.980$，$p < 0.05$，$d = 0.387$，部分线索条件下的再认反应时显著长于无部分线索条件下。

进一步对再认反应时间分布进行分析。以时间间隔作为横坐标，画出反应时时间分布图（如图 10-5 所示）。

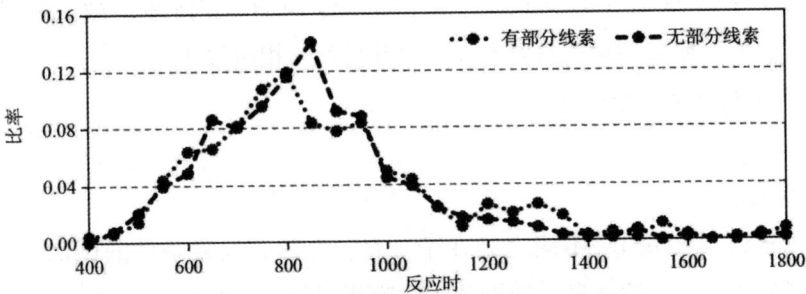

图10-5　各个实验条件下的反应时间分布

对部分线索组和无部分线索组的分布进行差异检验，卡方检验的结果显示：$\chi^2 = 67.234$，$df = 28$，$p < 0.001$，表明无部分线索和部分线索条件反应时的分布存在显著差异。

由图 10-5 可知，无部分线索条件下被试产生较多的快反应（800—950ms），而部分线索条件产生较多的慢反应（1150—1400ms），因此进一步统计了被试在以上两个区间的反应时个数，并分别进行配对样本 t 检验。结果显示，无部分线索条件下反应时在 800—950ms 区间的个数（$M = 6.21$，$SE = 0.62$）显著高于有部分线索条件（$M = 4.71$，$SE = 0.53$），$t (27) = 2.534$，$p < 0.05$，$d = 0.480$；无部分线索条件下反应时在 1150—1400ms 区间的个数（$M = 1.00$，$SE = 0.22$）显著低于有部分线索条件（$M = 1.75$，$SE = 0.32$），$t (27) = 2.346$，$p < 0.05$，$d = 0.449$。结果表明，无部分线索条件下的反应时位于短反应时区间的个数多，位于长时间区间个数少。

（三）简要讨论

实验 1 结果发现，无部分线索条件的击中率高于有部分线索条件，有部分线索条件的判断标准高于无部分线索条件，但辨别力低于无部分线索条件，表明无部分线索条件下被试对旧项目的识别比较敏感，但判断标准比较宽松；反应时结果发现有线索条件被试对目标词的反应时长于无线索条件。实验结果表明部分线索的呈现对再认成绩有损害，表明工作记忆中存在部分线索效应。

三、实验 2：有、无部分线索试次混合呈现对再认成绩的影响

（一）研究方法

1. 被试

在校大学生 24 名（男生 12 人），平均年龄 19.20±1.15 岁。被试的视力或者矫正视力正常，所有的被试自愿参加实验并且付给相应报酬。

2. 实验材料及实验设计

同实验 1。

3. 实验程序

基本流程同实验 1。不同之处在于：有、无部分线索条件的试次混合呈现。同时为了便于被试中途休息、随机分成对等两部分。

（二）实验结果

1. 再认正确率

对有、无部分线索条件下新旧再认的击中率和虚惊率及新旧判断的判断标准和辨别力进行统计，结果如表 10-2 所示。

表10-2　各条件下的统计指标（$M\pm SE$）

线索条件	击中率	虚惊率	d'	β
有部分线索	0.95±0.01	0.05±0.01	3.03±0.11	1.36±0.23
无部分线索	0.98±0.01	0.06±0.01	3.07±0.08	0.70±0.10

对击中率进行配对样本 t 检验，结果显示：$t(23) = -2.325$，$p < 0.05$，$d = 0.509$，无部分线索条件下的击中率显著高于部分线索条件；对虚惊率进行配对样本 t 检验，结果显示：$t(23) = -1.141$，$p > 0.05$，$d = 0.204$，两种条件下虚惊率差异不显著；对 d' 进行配对样本 t 检验，结果显示：$t(23) = -0.313$，$p > 0.05$，$d = 0.069$，两种条件下 d' 差异不显著；对 β 进行配对样本 t 检验，结果显示：$t(23) = 2.151$，$p < 0.05$，$d = 0.539$，有部分线索条件下的 β 显著高于无部分线索条件。

2. 再认反应的错误率和极值剔除率

首先其次删除被试平均反应时间加减 3 个标准差以外的极端数据，接着统计被试错误反应的试次。

对两种条件下极值剔除率（图 10-2 右侧）进行比较的结果发现，$t(23) = 0.253$，$p > 0.05$，$d = 0.052$，差异不显著。对两种条件下反应错误率（图 10-3 右侧）进行比较的结果发现，$t(23) = -2.325$，$p < 0.05$，$d = 0.509$，差异显著。不同实验条件在极值剔除率上没有显著差异，但在反应错误率上存在显著差异。

3. 再认反应时分析

两种条件下被试的再认反应时结果如图 10-4 右侧。对反应时进行配对样本 t 检验，结果显示：$t(23) = -0.980$，$p > 0.05$，$d = 0.004$，部分线索条件下的再认反应时与无部分线索条件下差异不显著。

进一步对再认反应时间分布进行分析。以时间间隔作为横坐标，画出反应时时间分布图（如图 10-6 所示）。

对部分线索组和无部分线索组的分布进行差异检验，卡方检验的结果发现：$\chi^2 = 21.058$，$df = 24$，$p > 0.05$，表明无部分线索和部分线索条件反应时的分布不存在显著差异。

（三）简要讨论

实验 2 结果发现，无部分线索条件的击中率高于有部分线索条件，有部分线

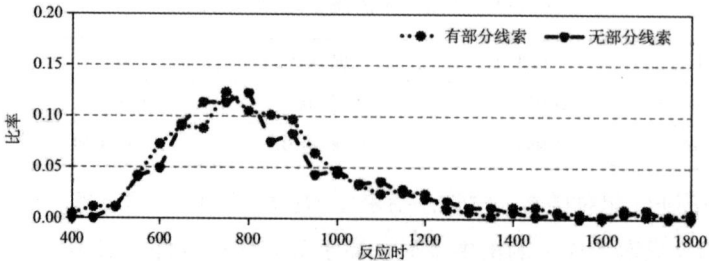

图10-6 各个实验条件下的反应时间分布

索条件的判断标准高于无部分线索条件，但辨别力与无部分线索条件差异不显著，表明无部分线索条件下被试的判断标准比较宽松，对旧项目的识别比较敏感；反应时的结果发现部分线索没有显著影响再认反应时；说明试次混合呈现时部分线索主要影响了被试的再认正确率。

四、综合讨论

（一）呈现方式对工作记忆中部分线索效应的影响

本研究首次在工作记忆中考察部分线索效应，同时关注了不同的任务呈现方式下有、无部分线索对于工作记忆表征的影响，不但扩大了部分线索效应的研究范围，也将部分线索效应研究引入一个新的领域。

实验1中有、无部分线索条件的试次以分组方式呈现，实验2中两种条件的试次以混合方式呈现，对实验1和实验2再认正确率的分析均表明，在工作记忆中提供部分线索，将降低被试对目标项目的再认正确率，这与在长时记忆中部分线索效应的研究结果是一致的，表明工作记忆中存在部分线索效应。

对信号检测指标的分析发现，无论有、无部分线索条件是分组呈现还是混合呈现，有部分线索条件下的判断标准 β 均高于无部分线索条件。判断标准 β 反映的是在再认过程中被试判断测验项目"新旧"的内在标准，即被试的决策过程是宽松还是严格。本研究中部分线索的呈现提高了被试新旧判断的反应标准，表明当向被试提供部分线索时，被试会采取更为严格的判断标准来做出新旧判断，在有部分线索时，被试更不容易把学过的项目判断为旧，这种更为保守的反应，使得对目标项目的再认正确率降低。

辨别力 d' 反映了被试的客观辨别力，即主观上信号和噪声分离程度大小，反映了个体的记忆质量。实验1中有、无部分线索条件分组呈现时，有部分线索条

件下的辨别力 d' 低于无部分线索条件，表明在有部分线索条件下被试对新、旧项目的区分不如无部分线索条件下敏感，原因可能是部分线索的呈现降低了目标项目的表征强度，使被试在有部分线索条件下对于新、旧项目的区分不太敏感，而实验 2 中有、无部分线索条件混合呈现时，两种条件下的辨别力 d' 差异不显著，可能的原因是在分组呈现时，被试对于不同条件下任务的差异感受更为明显，而当两种条件混合在一起时，被试对于不同条件下任务的差异感受变得不明显，因而保持了相对稳定的辨别力。

长时记忆中对部分线索效应的研究大多采用自由回忆的方式，不能分析被试对目标项目的反应时间，本研究采用再认测验，因而可以对反应时进行分析。实验 1 对反应时分析的结果发现，有线索条件被试对目标词的反应时长于无线索条件，进一步表明部分线索的呈现对再认成绩有损害，且这种损害作用不仅体现在反应的正确性上，也表现在反应时间上。前人研究发现辨别力 d' 会随着反应潜伏期的长短而变化，辨别力 d' 在较快反应下要比在较慢反应下更低，本研究实验 1 中被试在无线索条件下反应时较有部分线索条件短，其辨别力也较高，而实验 2 中被试在两种条件下反应时差异不显著，其辨别力差异也不显著，与前人研究结果一致。

在前人关于工作记忆的研究中也发现任务的呈现方式会影响被试的任务操作成绩。杜阿特等人在研究中发现当工作记忆负载（2、3、4 个项目）和线索类型（有线索、无线索）组合后各条件下实验材料以随机混合的方式呈现时，可能导致被试尤其是老年被试不能有效完成任务。[①] 结合实验 1 和实验 2 的结果可以看出，有部分线索条件下的判断标准 β 均高于无部分线索条件，但整体而言，在有、无部分线索混合呈现时采取的判断标准更为宽松，可能的原因是在两种任务混合的情况下，被试除了要完成再认测验，还需要在两种条件下进行任务转换，使得有、无部分线索混合呈现时任务难度较大，为了降低自己的决策难度，因而采取了更为宽松的判断标准，这也使得被试在完成任务时，相对冒进，因而反应速度更快，实验 2 中较高的击中率和较快的反应时可以证明这一点。击中率可以因为被试持宽松的判断标准而提高，另一方面即使观测者持宽松的判断标准，也可能

① Duarte, A., Hearons, P., Jiang, Y., Delvin, M. C., Newsome, R. N., & Verhaeghen, P., "Retrospective Attention Enhances Visual Working Memory in the Young but not the Old: an ERP Study", *Psychophysiology*, Vol. 50, No. 5, 2013, pp. 465–476.

因为敏感性的降低而降低，实验 2 中被试的敏感性并未显著降低，所以在持宽松的反应标准下，被试的击中率仍较高，结合前面的分析可以知道，本研究中当有、无部分线索条件混合呈现时，被试为了完成任务，降低了反应标准，这与前人研究的结果是一致的。

实验 2 有、无部分线索试次混合随机呈现时，发现无线索条件下旧词的正确率显著高于部分线索条件，但是反应时没有显著差异，可以看出试次混合呈现时部分线索对再认成绩也有损害作用，但这与实验 1 中的结果不同。实验 1 不同条件试次组块呈现时，被试不需要在试次之间考虑任务切换；实验 2 不同条件试次随机呈现给被试时，被试需要考虑每一个试次是提供部分线索还是不提供部分线索，在试次之间进行任务切换，这可能是结果不一致的原因。任务转换常用的范式该范式采用区组设计，分单一任务区组和切换区组，常以两种任务类型为例：AAAAA…… BBBBB……ABABAB……切换区组中任务进行时两种任务随机切换呈现。实验结果表明，单一任务区组中被试的反应快于切换区组任务中被试的反应。因为切换区组任务时，被试需要时刻记住两种任务并且保持准备状态。但这时被试工作记忆的负荷较大，研究者还不能确定被试反应时差异是受切换任务影响还是受工作记忆负荷影响。随后研究者控制工作记忆的负荷相当，得出反应时的差异是由任务切换影响的。

迈尔和克里格尔（U. Mayr, R. Kliegl）设计了一个包含三个任务（颜色、方向、运动）的记忆集，随后会出现四个客体，让被试根据任务要求对屏幕上随机出现的四个客体进行判断，比如第一个任务要求是颜色，那么就对第一个出现的客体进行颜色判断。通过连续的测试发现，在 ABA 任务顺序时第三个 A 任务的反应比 ABC 第三个 C 任务的反应做出的判断要慢。研究者认为做相同任务但任务位置不同时反应时的延长表明了在 ABA 任务顺序时有对先前 A 任务抑制。也就是说任务转换时，就会对最初的任务产生抑制，并且这种抑制不会立即解除，同时还会影响以后对相同任务的加工。[①]

迈尔和克里格尔随后又发现任务转换过程实质包含了两个独立的系列加工阶段，第一阶段简称为提取阶段，是将长时记忆中对正在进行的任务要求调动到当前的工作记忆系统中。第二阶段是实施阶段，这个阶段一旦有刺激呈现，对任务

① Mayr, U. , & Kliegl, R. "Task-set switching and long-term memory retrieval. " *Journal of Experimental Psychology Learning Memory & Cognition*, Vol. 26, No. 5, 2000, pp. 1124-1140.

形成的规则就会以自动方式对刺激做出反应。所以此研究认为任务转换实质上包含线索转换代价和对刺激做出反应，但真正和任务转换带来的损失有关的是线索转换的代价。[①]

有研究表明实验过程中被试做不同的任务 AB 的反应时高于连着做相同的重复任务 AA 的反应时，也有研究考察了在未预知条件下后继实验的平均反应时显著长于重复任务的平均反应时。因而实验 2 的结果可能和任务切换有关。当有、无试次随机混合呈现时，被试需要在试次间进行任务切换，在切换任务的实验过程中需要耗费被试更多的注意资源，使得对切换后的任务反应时变长，但由于本研究在设置试次呈现方式时，采用随机的方式，并没有固定有线索和无线索试次的顺序，被试反应时是有、无线索与有、无任务切换共同作用的结果，使得实验 2 在混合呈现时部分线索对反应时的相对作用减小。这也启示我们，在后续研究中要借助任务切换的范式，更严格地控制有线索和无线索试次的顺序。

工作记忆中部分线索的呈现对记忆提取产生影响，说明工作记忆和长时记忆可能共享着某些功能，并且部分线索效应的产生机制也可能和两种记忆系统的相通性有关系，也表明与学习项目同类别的线索词不是工作记忆部分线索效应的边界条件。提取阶段呈现的线索类型，选取的实验材料类型以及实验技术都有很多种，未来的研究可以从多方面进一步检验。

(二) 工作记忆中部分线索效应的作用机制

本研究中，我们考察了工作记忆中的线索如何对存储在工作记忆中的已有表征产生影响。与长时记忆中的研究结果一致，工作记忆中部分线索的呈现降低了目标项目的再认成绩。部分线索的呈现如何引发目标项目的遗忘？在长时记忆的研究中，对部分线索诱发遗忘效应的解释主要有策略破坏假说和提取抑制假说。

以上两个理论并没有特别考虑工作记忆中的部分线索效应，并且对于工作记忆中部分线索效应目前也缺乏详细的理论解释。我们认为，在长时记忆提出的关于部分线索效应的理论机制在工作记忆情境下可能仍然是起作用的。与长时记忆的研究一致，我们发现了部分线索效应，我们认为工作记忆中这种效应的出现意味着被试关于目标项目的表征在线索呈现后发生了变化，这种变化能否用策略破

---

① Mayr, U., & Kliegl, R. "Differential effects of cue changes and task changes on task-set selection costs." *Journal of Experimental Psychology Learning Memory & Cognition*, Vol. 29, No. 3, 2003, pp. 362-372.

坏假说或提取抑制假说解释呢？

策略破坏假说认为部分线索效应的产生是由于线索的提供，导致被试先前形成的优势编码策略遭到干扰和破坏，从而降低了对目标项的提取力。有研究让被试学习两张点的运动（dot-motion）的图片，随后让被试先后对两个项目进行提取，结果发现无论是先提取第一个项目还是先提取第二个项目，首先被提取的项目的错误率较低，表明在仅有两个学习项目的情况，学习项目的先后顺序并不影响被试的记忆提取，并且被试也不存在按照项目先后顺序对两个项目进行组织编码的倾向。① 而本研究中，每个试次中仅让被试进行一次再认判断，因此不存在项目提取顺序引发的干扰效应，也不应该存在被试的记忆策略被破坏的情况，因此本研究中部分线索条件下提取成绩的降低并不是由于被试的编码策略被破坏而导致的，不适合用策略破坏假说去解释。

提取抑制假说认为，当从长时记忆中进行提取时，执行控制对竞争项目进行了抑制。基于抑制机制，保存在记忆中的项目在提取过程中可被修正。这一关于部分线索效应的假说也可对工作记忆中的部分线索效应提供解释：工作记忆中的执行控制对心理表征产生了通达，线索项的内隐提取使得执行控制过程对目标项表征强度进行了抑制。迄今为止，部分线索范式被用于在长时记忆中证明记忆提取可以通过抑制导致记忆丧失。被试学习一系列项目，然后从学习项目中抽取出一部分项目作为线索，当要求被试回忆时，未给予部分线索条件下的回忆成绩要好于部分线索条件下的。部分线索条件下回忆成绩的降低作为线索诱发抑制的证据，因为在部分线索阶段，增加了这些项目的表征（强度），这种增强导致对线索项目的早期内隐提取，内隐提取导致对非线索项目的遗忘，是因为执行控制过程抑制了非线索项目的表征。我们的范式与前人研究不同之处在于在长时记忆的研究中，通常要求被试学习一系列的项目，线索和目标项目之间并不明确对应，而本研究中，在学习阶段仅要求被试学习两个项目，在保持阶段提供了两个项目中的一个作为线索，因而线索和目标的对应关系是明确的，因此本研究的结果表明，在线索和目标明确对应的情况，线索的呈现仍能降低目标项目的表征强度。

大部分关于部分线索效应的理论都与特定的实验程序紧密相关，长时记忆和工作记忆中程序的区别使得这两种条件下部分线索效应的机制也不同。实验2试

---

① Kang, M. S., & Choi, J., "Retrieval-induced Inhibition in Short-term Memory", *Psychological Science*, Vol. 26, No. 7, 2015, pp. 1014-1025.

次混合呈现时，判断标准也变得较为宽松，前面的讨论中已提到，可能的原因是在两种任务混合的情况下，被试除了要完成再认测验，还需要在两种条件下进行任务转换，使得有、无部分线索混合呈现时任务难度较大，而我们知道，工作记忆本质上是一种容量有限的注意控制系统，注意转换是工作记忆的一项重要的执行功能，当被试需要在不同任务间进行注意焦点的转换时，就需要消耗较多的工作记忆执行控制资源，当有、无部分线索条件分组呈现时，不存在注意焦点转换的情况，但当被试需要在两种任务间进行随机切换时，就需要消耗认知资源，需要较多认知控制的参与，在认知资源被任务切换占用时，也就使得分配到再认任务上的注意资源减少，因此被试在完成任务时判断标准的降低可能与注意资源的减少有关。

此外，本研究对越来越多的研究所认为的工作记忆与长时记忆之间存在相似性的观点也提供了支持。本研究扩展了工作记忆中遗忘发生的范围，即部分线索导致的遗忘。这表明抑制是工作记忆和长时记忆共有的特征，这一观点与脑成像研究中发现的工作记忆和长时记忆中的提取具有相似的神经过程的观点是一致的。

五、小结

本研究得到以下结论：

（1）工作记忆中，部分线索会降低存储在工作记忆中的已有表征，任务的呈现方式影响部分线索效应；词表内和词表外线索均对再认成绩有干扰作用；

（2）研究结果可用提取抑制假说解释，但工作记忆中部分线索效应可能受注意资源有限性制约。

第二节　学习项目同时呈现对部分线索效应的影响

一、引言

工作记忆已有研究探究的重点是线索对信息提取的作用，多数研究表明工作记忆中线索具有促进信息提取的作用。但也有实验得出了相反的结果。基于目前有关工作记忆线索呈现方式的多样性以及线索作用的争议，研究者设想如果工作记忆里提供的线索是学过的部分内容，线索的作用又会是怎样的，采用一种不同于以往研究的实验设计来寻求答案是十分有必要的，本研究试图将类别词汇作为线索，采用一种新的实验范式，即部分线索范式，进而深入探究工作记忆中线索对信息提取的作用，这对于丰富工作记忆现有研究，明确线索作用具有重要意义，对于人类有效记忆学习也有一定的实践意义。以往部分线索范式多限定在长时记忆的框架里，有关长时记忆相关研究表明，部分线索在长时记忆信息提取中有干扰作用也有促进作用，当回忆水平较低或学习项目为关联词对时，线索明显是有效的，即增加与线索相关的项目回忆量。那么将部分线索范式应用于工作记忆中又会有怎样的结果呢？我们做出了尝试，本实验的目的是通过分析被试对有线索和无线索项目做出的差异性反应来判断线索在工作记忆信息提取中的作用，采用学习—再认任务，实验材料为具有学习意义的词汇类实验材料，在学习阶段每个试次呈现左右两个不同类别的双字词，每个类别各两个词，共四个词，线索为四个词其中的一个，再认词分为学过的旧词和没学过的新词，这样便可对有线索和无线索两种条件进行比较。

正如前文所述，在学习阶段出现不同类别信息时，线索抑制作用将被显著削弱甚至消失，因为本实验的学习词为不同类别的双字词，在此可以大胆设想线索的促进作用将会显现出来，即线索对记忆提取是有效的，目前对线索有效性的解释存在三种情况：（1）"抗干扰说"认为线索提示作用减少了来自其他项目信息（与任务无关项目或者新项目）的干扰，使线索所指示的项目不易受干扰；（2）"优先提取说"认为被试在再认回忆时，线索提示的项目信息可以得到优先提取；（3）"抗衰退说"认为人们的大脑机制可以保护线索指示项目的记忆信息，阻止记忆项目在短时间内项目进行衰退。本实验研究结果表明对于有线索的项目信息，被试提取的速度较无线索的项目更快，线索具有明显的促进记忆提取的作用，实验结果对部分线索效应提出挑战，支持优先提取说。

本实验具有一定的实际意义，可灵活运用到教学实践上，教师不应只注重机械复述或过度学习，更应该重视线索提示的作用，学生的记忆方法可加以改善，自觉进行有益的记忆训练或许可以提高记忆效果，同时，对推理、解决新问题等有意义学习也有积极影响。

二、研究方法

（一）被试

33 名大学生参加本实验（15 男）。被试年龄范围 20—24 岁，平均年龄 21.85

岁。所有被试视力或矫正视力正常，均为右利手。实验后有小礼品赠送。

（二）实验材料

实验材料选取步骤如下：

（1）选取双字词材料。从《现代汉语分类大词典》中选取中性名词 1046 个，所选双字词首字和尾字均不相同，分属节气、动物、植物、家具、乐器、朝代、职业等 72 个类别，每个类别包括至少 5 个词汇。

（2）请 50 名大学生采用五点量表对类别词汇的熟悉度进行等级评定，1 表示非常不熟悉，5 表示非常熟悉，选取熟悉度在 4.00—5.00 之间的 576 个名词作为正式实验材料（其中 512 个词为学习词、64 个词为新词），另外 72 个名词用于练习。576 个名词按类别分配在 128 个 trial 里，其中 64 个 trial 测试的是旧词，每个 trial 里需要 4 个名词，一共需要 256 个名词，另外 64 个 trial 测试的是新词，每个 trial 里需要 5 个名词，4 个为学习词，1 个为用于测试的新词，一共需要 320 个名词。所有的 128 个 trial 在实验中随机呈现。

（3）学习词根据线索类型可分为线索组和无线索组，根据位置可分为 A、B 两栏，分属于不同类别，A 类词汇（左列为 A1、A2）和 B 类词汇（右列为 B1、B2），如图 10-7 所示。

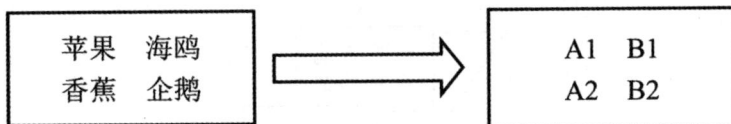

苹果　海鸥
香蕉　企鹅

A1　B1
A2　B2

图10-7　A、B 栏示意图

（三）实验设计

本实验采用 2×2 单因素被试内混合实验设计，第一个因素为线索类型，有两个水平，分别为有线索和无线索，第二个因素为考察项类型，分别为旧词和新词（即学习阶段未出现的词）两个水平。因变量指标，被试的反应时和正确率、d' 和 β。

（四）实验程序

首先呈现指导语"该任务包括三个阶段：学习阶段：首先你会看到一个注视点'+'，接下来将呈现四个词语，左边一列的两个词为一类，右边一列的两个词为另一类，请尽可能记住这四个词。线索阶段：将会把你刚才学过的四个词中的一个呈现出来作为回忆线索，请认真阅读这个线索词，这将有助于你在测试阶段的回忆判断。测试阶段：将会呈现一个词，请对这个词进行回忆判断，呈现的词是学习阶段学过的按 D 键，呈现的词是学习阶段没有学过的按 K 键。明白上述指导语后，请你坐好，将双手放在键盘上，把左手的食指放在'D'键上，右手的食指放在'K'键上。请记住，左手 D 是学过的，右手 K 是没学过的。准备好后，请你按'1'键开始练习"。被试进行练习，练习一共有 16 个试次，在确保被试练习正确率要求达到90%以上之后，进入正式实验。

正式实验一共包括 128 个 trial，每个 trial 由四个学习词、一个线索词和一个再认词 3 个阶段构成，其中 64 个 trial 的测试阶段是被试学过的旧词（32 个 trial 是有线索的、32 个是无线索的），另 64 个 trial 的测试阶段是被试没有学过的新词（32 个是有线索的、32 个是无线索的）。实验顺序由计算机随机抽取，第 64 个 trial 处会有一次休息，被试可以根据自己的身心状态选择合适的休息时间。整个实验约持续 16 分钟。

实验刺激呈现时间如图 10-8 所示，在屏幕中央呈现注视点"+"1000ms，然后进入学习阶段，在屏幕中央呈现四个双字词（分为两种类别，左竖列的两个词

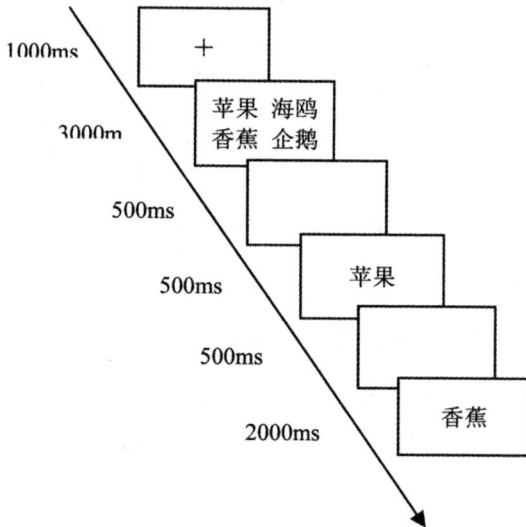

图10-8 实验刺激呈现流程图

为一类，右竖列的两个词为另一个类别）3000ms，接下来呈现一个黑屏 500ms；再呈现一个线索词（从学习词中抽取）500ms，第二个黑屏 500ms；测试阶段呈现一个双字词，要求被试判断该词是不是之前学习过的，"是"按 D 键，"否"按 K

键（左右按键平衡）。

三、结果和分析

本实验的数据通过 SPSS21.0 统计软件包进行处理，每种条件被试的反应时间和反应正确率的描述统计如表 10-3 所示。

表10-3　每种条件反应时间和反应正确率的描述统计

	有线索		无线索	
	旧词	新词	旧词	新词
正确率	0.93	0.97	0.94	0.96
反应时	743	719	787	753

配对样本 t 检验结果显示，在反应时上，新词有线索和无线索条件下差异显著，$t(32) = -4.209$，$p < 0.001$，旧词有线索和无线索条件下差异显著，$t(32) = -3.670$，$p < 0.01$，说明无论是新词还是旧词有线索条件下被试反应时更快，有线索条件下新词和旧词差异边缘显著，$t(32) = 1.892$，$p = 0.068$，无线索条件下新词和旧词差异显著，$t(32) = 2.832$，$p < 0.01$，说明无论是有线索还是无线索被试对新词的反应较旧词更为迅速；在正确率上，新词有线索和无线索条件下差异不显著，$t(32) = 1.238$，$p = 0.225$，旧词有线索和无线索条件下差异不显著，$t(32) = -0.414$，$p = 0.682$，说明任务比较简单，可能是出现了天花板效应，被试在整个实验中不受线索条件的影响，保持着一致的高正确率，有线索条件下新词和旧词差异比较显著，$t(32) = -3.447$，$p < 0.01$，无线索条件下新词和旧词差异显著，$t(32) = -2.294$，$p < 0.05$，表明在整体上正确率均很高的情况下，被试对于新词的反应正确率较旧词更高。

有、无线索条件下被试回忆成绩的描述统计如表 10-4 所示。

表10-4　有、无线索条件下被试回忆成绩的描述统计

	有线索	无线索
击中率	0.92	0.92
虚报率	0.04	0.05
d'	3.34	3.25
β	1.97	1.99

配对样本 t 检验结果显示，有线索和无线索条件下辨别力 d' 差异不显著，

t (32) = 0.649，$p = 0.521$，$p > 0.05$，说明被试区分信号和噪声程度的能力大小相对一致；判断标准 β 差异不显著，t (32) = −0.059，$p = 0.953$，$p > 0.05$，说明总体上被试在实验中采用了相对保守的策略进行判断，其决策过程是相对严格的。也可以说明这个任务是相对简单的。

重复测量方差分析结果表明，对于反应时而言，不同线索下被试反应时差异显著，F (1, 32) = 32.575，$p < 0.001$，说明线索具有有效性；不同词性的反应时差异显著，$F = 9.028$，$p < 0.01$，说明被试对新词的反应速度快于旧词，也就是说能敏锐地辨认出新词；不同线索与词性的交互作用不显著，F (1, 32) = 0.464，$p = 0.501$，$p > 0.05$。对于正确率而言，不同线索下被试正确率差异不显著，F (1, 32) = 0.082，$p = 0.777$，$p > 0.05$，不同词性的正确率差异显著，F (1, 32) = 13.784，$p < 0.01$，表现为新词相较于旧词有更高的正确率；不同线索与词性的交互作用不显著，F (1, 32) = 1.033，$p = 0.317$，$p > 0.05$。

四、讨论

本实验考察了部分线索对工作记忆信息提取的影响。研究中所采用的 4 个指标中，正确率反映了被试在不同条件下反应正确的概率，反应时反映了被试从接受刺激到机体做出反应动作所需的时间，辨别力 d' 反映了被试的客观辨别力，即主观上信号和噪声分离程度大小，判断标准 β 反映了被试的决策过程是宽松还是严格，结果表明，在实验任务相对简单的情况下，被试总体上会采用比较严格的标准进行判断，这样的结果与实验预期一致，本实验采用被试内的混合实验设计，将有线索的词汇和无线索的词汇混合在一起随机呈现，整个实验过程中被试会采用一个便利且简单的标准将个体的反应稳定起来，但是，仍然在反应时上会有差异，在此笔者假设，如果把有线索的和无线索的分开呈现，被试可能更能明确地感受到两种条件的差异，并采用不同的标准进行判断，这时 β 可能就会发生变化。

本实验采用部分线索范式，将刚刚学习过的项目中的一部分作为提取线索，发现人们对剩余项目的回忆效果较没有任何线索时更好，得到了与部分线索损害效应相反的结果。一个可以解释的观点是线索提示可以让工作记忆有限容量的复述机制只聚焦在那些和任务相关的客体上（与要保持所有客体的记忆相比），能获得更多的认知资源，这样被试在再认回忆时，与线索提示的有关的项目信息可以得到优先提取。本实验中线索词所在组为线索组，相对于另一组即为非线索组，两组形成对比即可获知线索的作用，当线索组的某一个词作为线索词时，与线索词同类的词会被激活或聚焦，在再认阶段对线索组的词汇进行提取时显得较非线索组更加容易，证明线索对工作记忆的信息提取是有效的，结果支持优先提取说。不同词性的反应时和正确率存在显著差异，表现为新词较旧词更有优势，这可能与实验设计或刺激呈现时间有关，本实验中词性也起了至关重要的作用。

在之后的研究中，可以考虑被试间实验设计，将有线索组和无线索组彻底区分开考察其反应时和判断标准的差异；也可增加项目难度，改两个项目为三个项目观察线索的作用；或改变刺激呈现和间隔的时间，观察不同时间条件下线索的作用是否会发生变化。更深入地探讨部分线索具体的作用机制和边界条件。

五、小结

本实验采用学习—再认范式，通过对比部分线索和无部分线索的差异来探讨部分线索对工作记忆提取的影响，得出如下结论：（1）在反应时上，无论是新词还是旧词，部分线索均优于无部分线索，表明线索具有促进记忆提取的作用；在正确率上，新词和旧词在不同线索条件下差异均不显著，说明在任务相对简单的情况下，被试的正确率不受线索影响。（2）在反应时和正确率上，被试对于新词的反应都优于旧词，表明个体对于新异刺激更加敏感。（3）本实验中，线索影响反应时但不影响正确率，词性影响正确率和反应时。结果表明：线索对工作记忆信息提取具有促进作用，研究结果支持优先提取说。

第十一章　线索类型与部分线索效应

第一节　词表内线索对工作记忆提取阶段的影响

一、引言

在长时记忆中对部分线索效应的研究，很多研究者关注部分线索效应的边界条件。边界条件是指某种现象的存在是有局限的，在某些特定条件内，现象就存在；超过某些特定条件现象就不存在。这种介于现象存在与不存在之间的限制因素，称之为边界条件。其中，线索类型是研究者关注的主要因素之一。一些研究发现词表内和词表外线索对提取均有干扰作用，但一些研究发现仅词表内线索对提取有干扰，词表外线索不会有干扰①。唐卫海等人也发现跨域线索条件下不存在部分线索效应②。以上研究表明词表外线索可能是长时记忆中部分线索效应的一个边界条件，在工作记忆提取阶段呈现词表外线索，是否会干扰提取成绩？这是本研究关注的另一个问题。

本研究采用学习—再认任务为实验范式，采用单因素两水平（有部分线索、无部分线索）被试内实验设计，考察部分词表内线索对工作记忆中记忆提取的影响。

---

① Basden, D. R., Basden, B. H., & Galloway, B. C., "Inhibition with part-list cuing: some tests of the item strength hypothesis", *Journal of Experimental Psychology Human Learning & Memory*, Vol. 3, No. 1, 1977, pp. 100–108.

② 唐卫海、刘湍丽、石英、冯虹、刘希平：《图片部分线索效应的学习时间分配的发展》，载《心理学报》，2014年第46卷第5期，第621–638页。

二、研究方法

（一）被试

在校大学生 30 名（男生 12 人），平均年龄 20.50±2.47 岁。被试的视力或者矫正视力正常，所有的被试自愿参加实验并且付给相应报酬。

（二）实验材料

实验材料选取步骤如下：

（1）采用类别词汇。词汇来自 62 个类别（蔬菜、水果、动物、家电、职业、花卉、省份等），每个类别选取数量不等的双字样例词，共计选取 1158 个。

（2）请 50 名大学生采用五点量表对类别词汇的熟悉度进行等级评定（1 表示非常不熟悉、5 表示非常熟悉）。选取熟悉度在 4.00—5.00 之间的 648 个样例词作为正式实验材料，其中 576 个词为学习词，72 个词为新词。576 个学习词按类别分配在 144 个试次中，每个试次中包含 4 个学习词。再认词汇分为目标词（学习阶段学过的词）和新词（学习阶段没有学过的），目标词和新词概率各半，因此共需新词 72 个。

（3）将 144 个试次分为两个 block，每个 block 包括 72 个试次，其中 36 个试次中再认词为目标词，另外 36 个试次中再认词为新词。包含同一类别下的样例词的试次尽可能分配在不同组、不同条件下。每个试次中，学习词采用依次呈现的方式，线索词和目标词均是从学习词汇中选取，因此，在再认词为目标词的试次中，位于不同序列位置上的词汇被作为线索词和目标词的概率均等，且对线索词和目标词的位置关系进行平衡。在再认词为新词的试次中，位于不同序列位置上的词汇被作为线索词的概率均等。

正式实验前额外选取 54 个样例词用于练习，确保被试熟悉实验过程。

（三）实验设计

单因素两水平（有部分线索、无部分线索）被试内实验设计。因变量为再认正确率和再认反应时。

（四）实验程序

实验材料均在计算机上呈现，被试单独施测。正式实验之前，被试先进行练习。整个实验完成约 35 min。有、无部分线索单个试次实验程序如图 11-1 所示。

　　每一试次开始时，首先在屏幕中央呈现 1000ms 注视点，之后顺次呈现属于同一类别的 4 个样例词要求被试记住，每个样例词呈现 500ms，词间间隔 250ms。4 个样例词呈现完毕后间隔 2000ms 进入再认阶段：部分线索条件下，告知被试将从刚刚学习过的 4 个样例词中选取出一个再次呈现在屏幕上方（为了区别于学习词，线索词用红色字体呈现），呈现时间为 800ms，要求被试认真阅读这个样例词并把其作为对再认词进行新旧判断的线索，接着在屏幕下方呈现再认词汇，参照部分线索效应的经典范式，此时线索词仍停留在原来的位置，要求被试对再认词汇进行新旧判断，再认词汇呈现 2000ms，要求被试在 2000ms 内做出反应。无部分线索条件下，参照前人研究，在部分线索条件下呈现部分线索词的位置呈现红色的"×××"800ms，随后呈现再认词汇，此时"×××"仍然呈现在屏幕上，要求被试对再认词汇进行新旧判断。

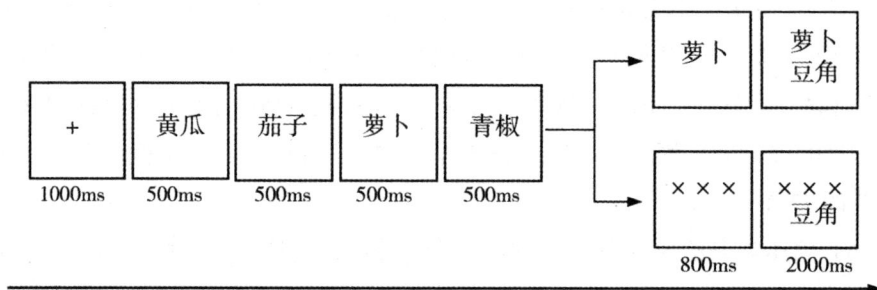

图11-1　实验流程图

　　有、无部分线索条件的试次以集中的方式呈现，有、无部分线索条件均包含 72 个试次，每个条件下的试次随机出现，每个诗词中学习项目的顺序固定，每个条件的程序中间设置一次休息。

　　被试完成有、无部分线索条件任务的顺序、两个 block 的线索条件及新旧判断的按键均进行了平衡控制。

三、实验结果

　　对有、无部分线索条件下再认的击中率和虚惊率及新旧判断的辨别力 d' 和判断标准 β 进行统计，结果如表 11-1 所示。

表11-1　各线索条件下的再认结果（$M \pm SD$）

	击中率	虚惊率	d'	β	反应时
有部分线索	0.90±0.06	0.05±0.04	3.13±0.58	2.29±2.02	772±126
无部分线索	0.94±0.05	0.05±0.03	3.49±0.64	1.59±1.58	731±111

对击中率进行配对样本 t 检验，结果显示：$t(29) = -4.181$，$p < 0.001$，*Cohen's d* = 0.768，无部分线索条件下的击中率显著高于部分线索条件；对虚惊率进行配对样本 t 检验，结果显示：$t(29) = 0.980$，$p > 0.05$，有、无部分线索条件下虚惊率差异不显著；对 d' 进行配对样本 t 检验，结果显示：$t(29) = -3.255$，$p = 0.003$，*Cohen's d* = 0.595，无部分线索条件下的 d' 显著高于部分线索条件；对 β 进行配对样本 t 检验，结果显示：$t(29) = 2.174$，$p = 0.038$，*Cohen's d* = 0.497，有部分线索条件下的 d' 显著高于无部分线索条件。

对反应时进行配对样本 t 检验，结果显示：$t(29) = 3.056$，$p = 0.005$，$d = 0.583$，部分线索条件下的再认反应时显著长于无部分线索条件下。

进一步对再认反应时间分布进行分析。以时间间隔作为横坐标，画出反应时时间分布图（如图11-2所示）。

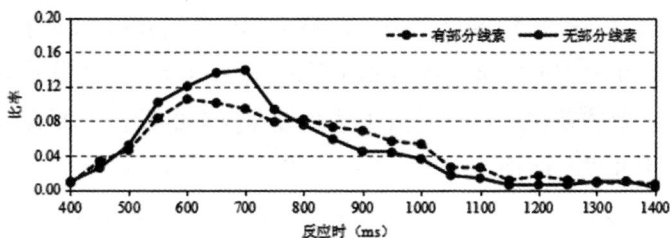

图11-2　各线索条件下的反应时间分布

进一步部分线索组和无部分线索组反应时分布进行分析，并对其分布的偏态系数进行差异检验，结果发现，$t(29) = -2.276$，$p = 0.030$，*Cohen's d* = 0.418，表明无部分线索和部分线索条件反应时的分布存在显著差异，部分线索条件比无部分线索条件有较多的长反应时和较少的短反应时。

为了进一步揭示部分线索作用于工作记忆提取的时程特点，采用反应时累积分布（Cumulative RT distributions）的方法，分别求出每个十分位点上不同线索条件下的平均反应时（如图11-3所示）。

如果部分线索项目对工作记忆再认的影响作用在目标词出现之后即可迅速产生影响，那么在再认过程的早期阶段，部分线索就应该迅速影响对目标词的判断，

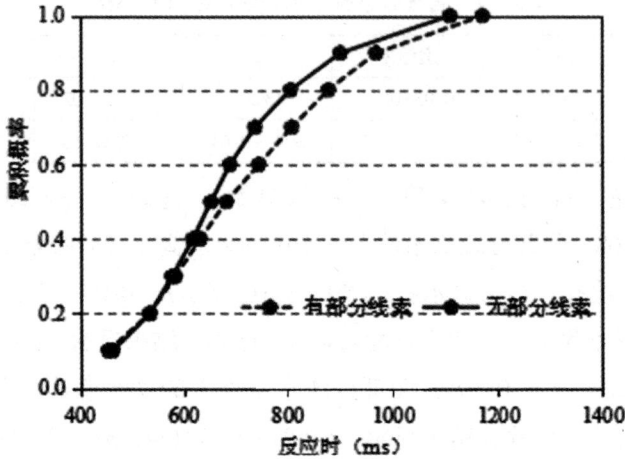

图11-3 各线索条件下反应时的累积概率分布

干扰再认反应任务的完成。如果部分线索项目对再认过程的影响需要基于对再认词一定程度的加工,那么在再认过程的中后阶段,部分线索才会对目标词判断产生影响。此外对反应时分布的分析发现,对再认词的每个十分位点的反应时数据均进行秩和检验。结果发现,第1—3个十分位上,有、无部分线索条件的平均反应时差异不显著($Zs < 1.5$, $ps > 0.05$),第4—10个十分位上,有部分线索条件的反应时差异长于无部分线索条件($Zs > 2.5$, $ps < 0.01$)。这说明部分线索对记忆提取的影响主要体现在对目标项目中速和慢速反应的阶段,而在快速反应的阶段这种影响作用并没有体现。

四、讨论

实验结果发现,无部分线索条件的击中率高于有部分线索条件,有部分线索条件的判断标准高于无部分线索条件,但辨别力低于无部分线索条件,表明无部分线索条件下被试对旧项目的识别比较敏感,但判断标准比较宽松;反应时结果发现有线索条件被试对目标词的反应时长于无线索条件。实验结果表明部分线索的呈现对再认成绩有损害,表明工作记忆中存在部分线索效应。此外,采用反应时分布的方法发现,部分线索条件比无部分线索条件有较多的长反应时和较少的短反应时,这种差异主要体现在对目标项目中速和慢速反应阶段。

五、小结

本研究得到以下结论：工作记忆中，词表内线索对再认成绩有干扰作用。

第二节　词表外线索对工作记忆提取阶段的影响

一、引言

本研究采用学习—再认任务为实验范式，采用单因素两水平（有部分线索、无部分线索）被试内实验设计，考察部分词表外线索对工作记忆中记忆提取的影响。与本章第一节中程序基本相同，唯一不同的是提取阶段呈现与学习阶段同类别但未学过的新词作为回忆线索，考察部分词表外线索对记忆提取的影响。

二、研究方法

（一）被试

在校大学生 32 名（男生 12 人），平均年龄 19.03±1.18 岁。

（二）材料

线索词采用学习词汇以外的样例词，并且与学习词汇同属一个类别。其余所用的词汇材料与本章第一节中实验相同。以词表内外线索为对象进行词频统计（$M_1=0.0032$，$SD_1=0.0037$；$M_2=0.0032$，$SD_2=0.0052$；$t=0.064$，$p=0.95$），结果显示两种线索词汇没有显著差异。

（三）实验设计

同本章第一节中实验。

（四）实验程序

有、无部分线索条件单个 trial 流程图同本章第一节中实验。

三、实验结果

对两种实验条件下新旧项目再认的正确率和反应时进行统计，结果如表 11-2 所示。对部分线索条件和无部分线索条件下的正确率进行 2（线索条件：有部分线索、无部分线索）×2（项目类型：新词、旧词）重复测量方差分析，结果显示线索条件主效应显著，$F(1, 26) = 11.74$，$p<0.01$，偏 $\eta^2 = 0.31$，项目类型主效应显著，$F(1, 26) = 16.73$，$p<0.001$，偏 $\eta^2 = 0.39$ 线索条件和项目类型两者的交互作用显著 $F(1, 26) = 7.88$，$p<0.01$，偏 $\eta^2 = 0.23$。进一步简单效应分析，结果发现新词条件下，有线索条件与无线索条件的正确率差异显著 $p<0.05$，旧词条件下，有线索条件与无线索条件的正确率差异不显著 $p>0.05$；有线索条件下，新词与旧词的正确率差异不显著 $p>0.05$，无线索条件下，新词与旧词的正确率差异显著 $p<0.001$。以上结果表明无部分线索条件下的新旧判断正确率均显著高于有部分线索条件下的。

表11-2　有、无部分线索条件新旧项目的平均数和标准差

	新词		旧词	
	正确率	反应时	正确率	反应时
有线索条件	0.95±0.06	948±161	0.89±0.08	933±155
无线索条件	0.96±0.04	936±161	0.96±0.05	890±134

对部分线索条件和无部分线索条件下的反应时进行 2（线索条件：有部分线索、无部分线索）×2（项目类型：新词、旧词）重复测量方差分析，结果显示线索条件主效应显著，$F(1, 25) = 4.88$，$p<0.05$，偏 $\eta^2 = 0.16$，项目类型主效应显著，$F(1, 25) = 5.89$，$p<0.05$，偏 $\eta^2 = 0.19$，线索条件和项目类型两者的交互作用不显著 $F(1, 25) = 2.34$，$p=0.14$，偏 $\eta^2 = 0.09$。以上结果表明有部分线索条件下新词和目标词的反应时显著长于无部分线索条件下。

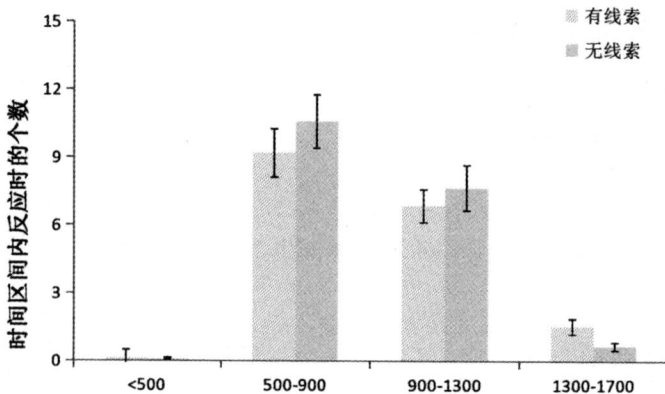

图11-4　两种条件下目标词的反应时在各个时间区间分布的个数

对目标词的反应时分时间段进行统计（图11-4），对线索条件（有线索、无线索）× 时间区间分布个数（<500ms、500—900ms、900—1300ms、1300—1700ms）重复测量方差分析的结果表明，时间区间主效应显著，$F(3, 75) = 36.19$，$p=0.000$，偏 $\eta^2 = 0.59$，线索条件的主效应显著，$F(1, 25) = 17.88$，$p=0.000$，偏 $\eta^2 = 0.42$；线索条件与时间区间的交互作用显著 $F(3, 75) = 3.42$，$p =0.022$，偏 $\eta^2 = 0.12$。经简单效应分析，有线索条件和无线索条件下在各个时间区间分布的个数的比较：<500ms 和 900—1300ms 区间两种条件下分布个数没有差异；500—900ms 区间有线索条件下的个数少于无线索条件，$p<0.05$；1300—1700ms 区间有线索条件下的个数多于无线索条件，$p<0.01$；说明无部分线索条件下的反应时位于短反应时区间的个数多，位于长时间区间个数少。

四、讨论

本研究结果表明，表外线索会干扰再认表现，这与长时记忆的结果一致。罗德格等人选择的表外线索和本研究中使用的表外线索都与所学词汇属于同一类别，这可能是导致结果一致性的原因。安德森等人的研究发现，表外线索的干扰效应小于表内线索的干扰效应，但本研究中的表外线索并没有发现干扰效应的减少，这可能与本研究中使用了同类别的表外线索有关。巴斯顿等人发现，表外线索并不会干扰长时记忆，这与本研究的结果不一致。由于巴斯顿等人选择的表外线索与词表内词汇不属于同一类别，并且将学习材料分为类别中的高频词、低频词和高低频混合三种情况，这与本研究不同，因此结果也会不一致。

本章第一节提供的表内线索和本研究提供的表外线索都干扰了被试的回忆表现，均存在部分线索效应。这表明工作记忆和长时记忆可能具有某些共同的功能，部分线索效应的机制也可能与两种记忆系统的共同性有关。与学习项目相同类型的提示词并不是工作记忆部分提示效应的边界条件。在提取阶段呈现的线索种类繁多，选择的实验材料种类繁多，实验技术也繁多，在今后的研究中可以从各个方面进行进一步的检验。

在本研究中，表外线索的使用并未干扰被试原有的组织策略，但部分线索仍会影响被试的再认表现，因此工作记忆中的部分线索效应并不支持策略破坏假说。一些支持提取抑制假说的实验表明，在提取过程中，一些学习材料作为线索被提供，导致对线索项目的优先提取，从而导致对目标项目的提取能力的持久变化，从而降低了这些非线索项目的表征强度和回忆表现。由于本研究提供的线索是表外线索，不会破坏被试在学习过程中形成的编码策略，因此不能用策略破坏假说来解释。因此，在提供表外线索时，也需要进行内隐提取的参与。由于表外线索与已学习的词属于同一类别，因此线索的提取会抑制已学习的同类别旧词，导致被试的信息反应时间变长。因此，本研究中的部分线索效应可以用提取抑制假说来解释。

五、小结

本研究得到以下结论：

（1）工作记忆中，词表外线索对再认成绩有干扰作用。

（2）研究结果可用提取抑制假说解释。

参考文献

中文文献

[1] 白学军、巩彦斌等：《提取抑制对错误记忆的影响》，载《心理学探新》，2014 年第 34 卷第 2 期。

[2] 白学军、刘湍丽、沈德立：《部分线索效应的认知抑制过程：情绪 Stroop 任务证据》，载《心理学报》，2014 年第 46 卷第 2 期。

[3] 蔡雪丽、高贺明、曹碧华、李富洪：《短时记忆定向遗忘的负荷效应：来自 ERP 的证据》，载《心理学报》，2015 年第 38 卷第 3 期。

[4] 曹晓华、曹立人：《图形识别中学习和再认取样的时间进程及其策略》，载《心理学报》，2009 年第 41 卷第 3 期。

[5] 陈红、郭春彦、杨海波：《延迟间隔和提取条件对短时错误记忆的影响》，载《心理与行为研究》，2015 年第 13 卷第 1 期。

[6] 陈红：《短时关联性错误记忆的认知和神经机制研究》，博士学位论文，首都师范大学，2012 年。

[7] 陈丽娜：《工作记忆提取过程中有意抑制与无意抑制比较研究》，博士学位论文，华南师范大学，2007 年。

[8] 陈云：《字表法范式下呈现部分线索对有意遗忘的影响》，硕士学位论文，闽南师范大学，2014 年。

[9] 郭春彦、高传吉、李兵兵：《FN400 效应：外显记忆测量中的概念启动加工》，载《心理科学进展》，2013 年第 21 卷第 9 期。

[10] 郭晶晶、杜彦鹏、陈玉霞、彭聃龄：《情绪词对新异刺激喜好度变化的调节机制》，载《心理学报》，2011 年第 43 卷 4 期。

[11] 何海东、焦书兰：《图形和汉字视觉认知任务中的部分线索效应》，载《心理学报》，1994 年第 26 卷第 3 期。

[12] 李宏英、连榕、李乐琴:《有意遗忘和部分呈现线索对错误记忆的影响》,载《心理科学》,2009年第32卷6期。

[13] 连少英:《提示线索对高低频词语定向遗忘的影响》,硕士学位论文,河南大学,2018年。

[14] 梁九清、郭春彦:《跨领域项目间联结记忆中项目提取和关系提取的分离:一项事件相关电位研究》,载《心理学报》,2012年第44卷第5期。

[15] 廖岩、张钦:《记忆编码中目标与背景的情绪一致性对记忆提取的影响》,载《心理科学》,2012年第35卷第5期。

[16] 刘湍丽、白学军:《部分线索对记忆提取的影响:认知抑制能力的作用》,载《心理学报》,2017年第49卷第9期。

[17] 刘湍丽、赵宇飞、邢敏、白学军:《编码——提取匹配和线索负荷对部分线索效应的影响》,载《心理与行为研究》,2019年第17卷第4期。

[18] 刘希平、石英、唐卫海:《部分线索效应的作用机制》,载《心理科学》,2011年第34卷第1期。

[19] 刘旭:《提取诱发遗忘的发展及其机制研究》,博士学位论文,天津师范大学,2013年。

[20] 刘源、梁南元、王德进、张社英、杨铁鹰、揭春雨、孙伟:《现代汉语常用词词频词典——音序部分》,北京:宇航出版社1990年版。

[21] 刘泽军、郭春彦:《整合对联结再认和项目再认的促进作用:"只有收益"观点》,载《心理学报》,2022年第54卷第12期。

[22] 刘泽军、王余娟、郭春彦:《从整合的角度看联结记忆中的项目再认》,载《心理科学进展》,2019年第27卷第3期。

[23] 刘兆敏、郭春彦:《工作记忆和长时记忆共享信息表征的ERP证据》,载《心理学报》,2013年第45卷第3期。

[24] 沈攀攀:《插入知觉干扰任务的汉字展示效应研究》,硕士学位论文,西南大学,2008年。

[25] 石英:《图片部分线索效应学习时间分配的发展》,硕士学位论文,天津师范大学,2011年。

[26] 孙芮、张冠宇、李洁璕、侯晓、冯啸、高峰强:《部分线索效应对目击证人辨认的影响》,载《中国临床心理学杂志》,2017年第25卷第5期。

[27] 孙天义、许远理、郭春彦:《任务转换的多脑区作用机制:来自ERP的证据》,载《中国科学:生命科学》,2011年第41卷第11期。

[28] 孙天义:《面孔识别的性别差异:基于行为和电生理证据的女性加工优势效应》,博士学位论文,华东师范大学,2018年。

［29］唐卫海、刘湍丽、石英、冯虹、刘希平：《图片部分线索效应的学习时间分配的发展》，载《心理学报》，2014 年第 46 卷第 5 期。

［30］唐卫海、谢思源、刘湍丽、刘希平：《任务难度与部分线索效应》，载《心理科学》，2012 年第 35 卷第 3 期。

［31］王斌、李智睿、伍丽梅、张积家：《具身模拟在汉语肢体动作动词理解中的作用》，载《心理学报》，2019 年第 51 卷第 12 期。

［32］王一牛、周立明、罗跃嘉：《汉语情感词系统的初步编制及评定》，载《中国心理卫生杂志》，2008 年第 22 卷第 8 期。

［33］魏景汉、罗跃嘉：《认知事件相关脑电位教程》，北京：经济日报出版社 2002 年。

［34］张文熙：《多维来源记忆中来源信息提取的环境线索效应研究》，硕士学位论文，浙江大学，2007 年。

［35］张引、梁腾飞、叶超雄、刘强：《长时联结表征对工作记忆的抑制效应》，载《心理学报》，2020 年第 52 卷第 5 期。

［36］赵浩远、安姝、任小云、毛伟宾：《情绪与背景呈现方式对联结记忆的影响》，载《心理与行为研究》，2016 年第 17 卷第 2 期。

［37］赵林林、孟迎芳：《线索类型与呈现位置对视觉工作记忆的影响》，载《牡丹江师范学院学报（哲学社会科学版）》，2017 年第 198 卷第 2 期。

［38］赵梦阳、郭若宇、毛伟宾、赵参参：《增龄性联结记忆损伤及其影响因素》，载《心理科学进展》，2019 年第 27 卷第 10 期。

［39］朱婕：《情绪 Stroop 任务的程序变量研究》，硕士学位论文，内蒙古师范大学，2010 年。

［40］朱湘茹、李永鑫、李莉：《6—12 岁儿童抑制能力的发展：来自停止信号任务的证据》，载《心理与行为研究》，2012 年第 10 卷第 6 期。

外文文献

［1］Ahmad, F. N., Moscovitch, M., & Hockley, W. E., "Effects of varying presentation time on long-term recognition memory for scenes: Verbatim and gist representations", *Memory & Cognition*, Vol. 45, No. 3, 2017.

［2］Alsop, B., & Rowley, R., "Types of responding in a signal-detection task", *Journal of the Experimental Analysis of Behavior*, Vol. 65, No. 3, 1996.

［3］Altmann, E. M., & Gray, W. D, "An integrated model of cognitive control in task switching", *Psychological Review*, Vol. 115, No. 3, 2008.

［4］Amodio, D. M., "Can Neuroscience advance social psychological theory? Social neuroscience for the behavioral social psychologicst", *Social Cognition*, Vol. 28, No. 6, 2010.

［5］Anderson, M. C. , & Spellman, B. A. , "On the status of inhibitory mechanisms in cognition: Memory retrieval as a model case", *Psychological Review*, Vol. 102, 1995.

［6］Anderson, M. C. , "Rethinking interference theory: Executive control and the mechanism of forgetting", *Journal of Memory and Language*, Vol. 49, 2003.

［7］Anderson, M. C. , Bjork, R. A. , & Bjork, E. L. , "Remembering can cause forgetting: Retrieval dynamics in long-term memory", Journal of Experimental Psychology: Learning, *Memory, & Cognition*, Vol. 20, 1994.

［8］Andersson, J. , Hitch, G. , & Meudell, P. , "Effects of the timing and identity of retrieval cues in individual recall: an attempt to mimic cross-cueing in collaborative recall", *Memory*, Vol. 14, No. 1, 2006.

［9］Andrés, P. , & Howard, C. E. , "Part set cuing in older adults: further evidence of intact forgetting in aging", *Aging, Neuropsychology, and Cognition: A Journal on Normal and Dysfunctional Development*, Vol. 18, No. 4, 2011.

［10］Andrés, P. , "Equivalent part set cueing effects in younger and older adults", *The European Journal of Cognitive Psychology*, Vol. 21, 2009.

［11］Appelbaum, L. G. , Meyerhoff, K. L. , & Woldorff, M. G. , "Priming and backward influences in the human brain: processing interactions during the Stroop interference effect", *Cerebral Cortex*, Vol. 19, 2009.

［12］Arbiv, D. C. , & Meiran, N, "Performance on the antisaccade task predicts dropout from cognitive training", *Intelligence*, Vol. 49, 2015.

［13］Aslan, A. , & Bäuml, K–H. T. , "Individual differences in working memory capacity predict retrieval-induced forgetting", *Journal of Experimental Psychology: Learning, Memory, and Cognition*, Vol. 37, 2011.

［14］Aslan, A. , & Bäuml, K–H. T. , "Part-list cuing with and without item-specific probes: The role of encoding", *Psychonomic Bulletin & Review*, Vol. 14, 2007.

［15］Aslan, A. , & Bauml, K. H. , "The role of item similarity in part-list cueing impairment", *Memory*, Vol. 17, No. 7, 2009.

［16］Aslan, A. , & John, T. , "Part-list cuing effects in younger and older adults' episodic recall", *Psychology and Aging*, Vol. 34, No. 2, 2019.

［17］Aslan, A. , Bäuml, K–H. T. , & Grundgeiger, T. , "The role of inhibitory processes in part-list cuing", *Journal of Experimental Psychology: Learning Memory and Cognition*, Vol. 33, No. 2, 2007.

［18］Aslan, A. , Schlichting, A. , John, T. , & Bäuml, K–H. T. "The two faces of selective memory retrieval: Earlier decline of the beneficial than the detrimental effect with older age", *Psychology and Aging*, Vol. 30, No. 4, 2015.

[19] Aslan, A., Zellner, M., & Bäuml, K-H. T., "Working memory capacity predicts listwise directed forgetting in adults and children", *Memory*, Vol. 18, 2010.

[20] Aßfalg, A., & Bernstein, D. M., "Puzzles produce strangers: A puzzling result for revelation-effect theories", *Journal of Memory and Language*, Vol. 67, 2012.

[21] Atkins, A. S., & Reuter-lorenz, P. A., "False working memories? Semantic distortion in a mere 4 seconds", *Memory & Cognition*, Vol. 36, No. 1, 2008.

[22] Baadte, C., & Meinhardt-Injac, B., "The picture superiority effect in associative memory: A developmental study", *British Journal of Developmental Psychology*, Vol. 37, No. 3, 2019.

[23] Baddeley, A., "Working memory: the interface between memory and cognition", *Journal of Cognitive Neuroscience*, Vol. 4, No. 3, 1992.

[24] Baddeley, A., "Working memory: Theories, models, and controversies", *Annual Review of Psychology*, Vol. 63, 2012.

[25] Baddeley, A., "Working memory", *Current biology*, Vol. 20, No. 4, 2010.

[26] Baddeley, A., "Working memory", *Science*, Vol. 255, 1992.

[27] Barber, S. J., Harris, C. B., & Rajaram, S., "Why two heads apart are better than two heads together: Multiple mechanisms underlie the collaborative inhibition effect in memory", *Journal of Experimental Psychology: Learning, Memory, and Cognition*, Vol. 41, No. 2, 2015.

[28] Basden, B. H., Basden, D. R., & Stephens, J. P., "Part-set cuing of order information in recall tests", *Journal of Memory and Language*, Vol. 47, No. 4, 2002.

[29] Basden, D. R., & Basden, B. H., "Some tests of the strategy disruption interpretation of part-list cuing inhibition", *Journal of Experimental Psychology: Learning, Memory, and Cognition*, Vol. 21, No. 6, 1995.

[30] Basden, D. R., Basden, B. H., & Galloway, B. C., "Inhibition with part-list cuing: some tests of the item strength hypothesis", *Journal of Experimental Psychology Human Learning & Memory*, Vol. 3, No. 1, 1977.

[31] Bäuml, K-H. T., & Samenieh, A., "Influences of part-list cuing on different forms of episodic forgetting", *Journal of Experimental Psychology: Learning Memory and Cognition*, Vol. 38, No. 2, 2012.

[32] Bäuml, K-H. T., & Aslan, A., "Part-list cuing as instructed retrieval inhibition", *Memory and Cognition*, Vol. 32, No. 4, 2004.

[33] Bäuml, K-H. T., & Aslan, A., "Part-list cuing can be transient and lasting: The role of enco-

ding", *Journal of Experimental Psychology: Learning Memory and Cognition*, Vol. 32, No. 1, 2006.

[34] Bäuml, K-H. T., & Samenieh, A., "The two faces of memory retrieval", *Psychological Science*, Vol. 21, No. 6, 2010.

[35] Bäuml, K-H. T., & Schlichting, A., "Memory retrieval as a self-propagating process", *Cognition*, Vol. 132, No. 1, 2014.

[36] Bäuml, K-H. T., Zellner, M. & Vilimek, R., "When remembering causes forgetting: retrieval-induced forgetting as recovery failure", *Journal of Experimental Psychology: Learning, Memory, and Cognition*, *Vol.* 31, 2005.

[37] Beaman, C. P., Hanczakowski, M., Hodgetts, H. M., Marsh, J. E., & Jones, D. M., "Memory as discrimination: What distraction reveals", *Memory & Cognition*, Vol. 41, No. 8, 2013.

[38] Bergström, Z. M., O'Connor, R. J., Li, M. K, & Simons, J. S., "Event-related potential evidence for separable automatic and controlled retrieval processes in proactive interference", *Brain Research*, Vol. 1455, 2012.

[39] Bi, C., Liu, P., Yuan, X., & Huang, X., "Working memory modulates the association between time and number representation", *Perception*, Vol. 43, No. 5, 2014.

[40] Blough, D. S., "Reaction times of pigeons on a wavelength discrimination task", *Journal of the Experimental Analysis of Behavior*, Vol. 30, 1978.

[41] Braver, T. S., Barch, D. M., Kelley, W. M., Buckner, R. L., Cohen, N. J., & Miezin, F. M., et al., "Direct comparison of prefrontal cortex regions engaged by working and long-term memory tasks", *Neuroimage*, Vol. 14, No. 1, 2001.

[42] Brébion, G., Larøi, F., & van der Linden, M., "Associations of hallucination proneness with free-recall intrusions and response bias in a nonclinical sample", *Journal of Clinical and Experimental Neuropsychology*, Vol. 32, 2010.

[43] Browning, P. G. F., Baxter, M. G., & Gaffan, D., "Prefrontal-temporal disconnection impairs recognition memory but not familiarity discrimination", *The Journal of Neuroscience*, Vol. 33, No. 23, 2013.

[44] Brydges, C. R., Clunies-Ross, K., Clohessy, M., Lo, Z. L., Nguyen, A., Rousset, C., Whitelaw, P., Yeap, Y. J., & Fox, A. M., "Dissociable components of cognitive control: An event-related potential (ERP) study of response inhibition and interference suppression", *PLoS ONE*, Vol. 7, 2012.

[45] Cabeza, R., Dolcos, F., Graham, R., & Nyberg, L., "Similarities and differences in the neural correlates of episodic memory retrieval and working memory", *Neuroimage*, Vol. 16,

No. 2, 2002.

[46] Camos, V., "Low working memory capacity impedes both efficiency and learning of number transcoding in children", *Journal of Experimental Child Psychology*, Vol. 99, No. 1, 2008.

[47] Campbell, J. M., Edwards, M. S., Horswill, M. S., & Helman, S., "Effects of contextual cues in recall and recognition memory: The misinformation effect reconsidered", *British Journal of Psychology*, Vol. 98, 2007.

[48] Castelhano, M. S., Mack, M. L., & Henderson, J. M., "Viewing task influences eye movement control during active scene perception", *Journal of Vision*, Vol. 9, No. 6, 2009.

[49] Chan, J. C. K., "When does retrieval induce forgetting and when does it induce facilitation? Implications for retrieval inhibition, testing effect, and text processing", *Journal of Memory and Language*, Vol. 61, No. 2, 2009.

[50] Chen, H., & Wyble, B., "Attribute amnesia reflects a lack of memory consolidation for attended information", *Journal of Experimental Psychology: Human Perception and Performance*, Vol. 42, 2016.

[51] Chen, H., & Wyble, B., "The location but not the attributes of visual cues are automatically encoded into working memory", *Vision Research*, Vol. 107, 2015.

[52] Chen, J., Olsen, R. K., Preston, A. R., Glover, G. H., & Wagner, A. D., "Associative retrieval processes in the human medial temporal lobe: hippocampal retrieval success and CA1 mismatch detection", *Learning & Memory*, Vol. 18, 2011.

[53] Christensen, B. K., Girard, T. A., Benjamin, A. S., & Vidailhet, P., "Evidence for impaired mnemonic strategy use among patients with schizophrenia using the part-list cuing paradigm", *Schizophrenia Research*, Vol. 85, No. 1, 2006.

[54] Clark, I. A., & Maguire, E. A., "Remembering preservation in hippocampal amnesia", *Annual Review of Psychology*, Vol. 67, 2016.

[55] Cole, S. M., Reysen, M. B., & Kelley, M. R., "Part-Setcuing facilitation for spatial information", *Journal of Experimental Psychology: Learning, Memory, and Cognition*, Vol. 39, No. 5, 2013.

[56] Collette, F., Germain, S., Hogge, M., & Van der Linden, M., "Inhibitory control of memory in normal ageing: Dissociation between impaired intentional and preserved unintentional processes", *Memory*, Vol. 17, 2009.

[57] Collins, A., & Koechlin, E., "Reasoning, learning, and creativity: Frontal lobe function and human decision-making", *PLoS Biology*, Vol. 10, 2012.

[58] Corbett, B., & Duarte, A., "How Proactive Interference during New Associative Learning Im-

pacts General and Specific Memory in Young and Old", *Journal of Cognitive Neuroscience*, Vol. 32, No. 9, 2020,

[59] Craik, F. I. M., & Lockhart, R. S., "Levels of processing: A framework for memory research", *Journal of Verbal Learning and Verbal Behaviour*, Vol. 11, 1972.

[60] Crescentini, C., Shallice, T., del Missier, F., & Macaluso, E., "Neural correlates of episodic retrieval: An fMRI study of the part-list cueing effect", NeuroImage, Vol. 50, No. 2, 2010.

[61] Curran, T. "Effect of attention and confidence on the hypothesized ERP correlates of recollection and familiarity", *Neuropsychologia*, Vol. 42, 2004.

[62] Curran, T., & Cleary, A. M., "Using ERPs to dissociate recollection from familiarity in picture recognition", *Cognitive Brain Research*, Vol. 15, No. 2, 2003.

[63] Danker, J. F., & Anderson, J. R., "The ghosts of brain states past: Remembering reactivates the brain regions engaged during encoding", *Psychological Bulletin*, Vol. 136, 2010.

[64] Danker, J. F., Hwang, G. M., Gauthier, L., Geller, A., Kahana, M. J., & Sekuler, R., "Characterizing the ERP old-new effect in a short-term memory task", *Psychophysiology*, Vol. 45, No. 5, 2008.

[65] De Brigard, F., Langella, S., Stanley, M. L., Castel, A. D., & Giovanello, K. S., "Age-related differences in recognition in associative memory", *Neuropsychology, Development, and Cognition. Section B: Aging, Neuropsychology and Cognition*, Vol. 27, No. 2, 2020.

[66] Delhaye, E., Tibon, R., Gronau, N., Levy, D. A., & Bastin, C., "Misrecollection prevents older adults from benefitting from semantic relatedness of the memoranda in associative memory", *Neuropsychology, Development, and Cognition. Section B: Aging, Neuropsychology and Cognition*, Vol. 25, No. 5, 2018.

[67] Desaunay, P., Clochon, P., Doidy, F., Lambrechts, A., Bowler, D. M., Gerardin, P., ...Guillery-Girard, B. "Impact of Semantic Relatedness on Associative Memory: An ERP Study", *Frontiers in Human Neuroscience*, Vol. 11, 2017.

[68] Dewhurst, S. A., & Knott, L. M., "Investigating the encoding-retrieval match in recognition memory: Effects of experimental design, specificity, and retention interval", *Memory & Cognition*, Vol. 38, No. 8, 2010.

[69] Diamond, A., "Executive functions", *Annual Review of Psychology*, Vol. 64, 2013.

[70] Diana, R. A., Vilberg, K. L., & Reder, L. M., "Identifying the ERP correlate of a recognition memory search attempt", *Cognitive Brain Research*, Vol. 24, 2006.

[71] Ditta, A. S., & Storm, B. C., "That's a good idea, but let's keep thinking! Can we prevent our initial ideas from being forgotten as a consequence of thinking of new ideas?" *Psychological Re-*

search, Vol. 81, No. 3, 2017.

[72] D'Lauro, C. , Tanaka, J. W. , & Curran, T. , "The preferred level of face categorization depends on discriminability", *Psychonomic Bulletin & Review*, Vol. 15, No. 3, 2008.

[73] Dombert, P. L. , Fink, G. R. , & Vossel, S. , "The Impact of probabilistic feature cueing depends on the level of cue abstraction", *Experimental Brain Research*, Vol. 234, 2016.

[74] Duarte, A. , Hearons, P. , Jiang, Y. , Delvin, M. C. , Newsome, R. N. , & Verhaeghen, P. , "Retrospective attention enhances visual working memory in the young but not the old: an ERP study", *Psychophysiology*, Vol. 50, No. 5, 2013.

[75] Dunn, J. C. , "Remember/Know: A Matter of Confidence", *Psychological Review*, Vol. 111, 2004.

[76] Dupret, D. , O'Neill, J. , Pleydell-Bouverie, B. , & Csicsvari, J. , "The reorganization and reactivation of hippocampal maps predict spatial memory performance", *Nature Neuroscience*, Vol. 13, 2010.

[77] Earhard, M. , "Cued recall and free recall as a function of the number of items per cue", *Journal of Verbal Learning & Verbal Behavior*, Vol. 6, 1967.

[78] Ekuni, R. , Vaz, L. J. , & Bueno, O. F. A. , "Levels of processing: The evolution of a framework", *Psychology & Neuroscience*, Vol. 4, No. 3, 2011.

[79] Ensor, T. M. , Guitard, D. , Bireta, T. J. , Hockley, W. E. , & Surprenant, A. M. , "The list-length effect occurs in cued recall with the retroactive design but not the proactive design", *Canadian Journal of Experimental Psychology*, Vol. 74, No. 1, 2020.

[80] Fenn, K. M. , & Hambrick, D. Z. , "Individual differences in working memory capacity predict sleep-dependent memory consolidation", *Journal of Experimental Psychology: General*, Vol. 141, No. 3, 2012.

[81] Festini, S. B. , & Reuter-Lorenz, P. A. , "The short- and long-term consequences of directed forgetting in a working memory task", *Memory*, Vol. 21, No. 7, 2013.

[82] Festini, S. B. , *Memory Control: Investigating the Consequences and Mechanisms of Directed Forgetting in Working Memory*, Unpublished Doctorial Dessertation: University of Michigan, 2014.

[83] Finnigan, S. , Humphreys, M. S. , Dennis, S. , & Geffen, G. , "ERP 'old/new' effects: memory strength and decisional factor (s) ", *Neuropsychologia*, Vol. 40, No. 13, 2002.

[84] Frankland, P. W. , Köhler, S. , & Josselyn, S. A. , "Hippocampal neurogenesis and forgetting", *Trends in Neurosciences*, Vol. 36, No. 9, 2013.

[85] Fritz, C. O. , & Morris, P. E. , "Part-set cuing of texts, scenes, and matrices", *British Journal of Psychology*, Vol. 106, 2015.

［86］ Fujiwara, E. , Madan, C. R. , Caplan, J. B. , & Sommer, T. , "Emotional arousal impairs asso-
ciation memory: Roles of prefrontal cortex regions", *Learning & Memory*, Vol. 28, No. 3, 2021.

［87］ Gabbiani, F. , & Cox, S. J. , "Chapter 27-Signal detection theory", *Mathematics for Neuroscien-
tists*, 2017.

［88］ Garcia-Marques, L. , Garrido, M. V. , Hamilton, D. L. , & Ferreira, M. , "Effects of corre-
spondence between encoding and retrieval organization in social memory", *Journal of Experimen-
tal Social Psychology*, Vol. 48, 2012.

［89］ Garrido, M. V. , Garcia-Marques, L. , & Hamilton, D. L. , "Enhancing the comparability be-
tween part-list cueing and collaborative recall: A gradual part-list cueing paradigm", *Experimen-
tal Psychology*, Vol. 59, No. 4, 2012.

［90］ Goh, W. D. , & Lu, S. H. X. , "Testing the myth of the encoding-retrieval match", *Memory &
Cognition*, Vol. 40, No. 1, 2012.

［91］ Goodmon, L. , & Anderson, M. C. , "Semantic Integration as a boundary condition on inhibitory
processes in episodic retrieval", *Journal of Experimental Psychology: Learning, Memory & Cog-
nition*, Vol. 37, No. 2, 2011.

［92］ Gordon, A. M. , Rissman, J. , Kiani, R. , & Wagner, A. D. , "Cortical reinstatement mediates
the relationship between content-specific encoding activity and subsequent recollection deci-
sions", *Cerebral Cortex*, Vol. 24, No. 12, 2014.

［93］ Greene, N. R. , & Naveh-Benjamin, M. , "A Specificity Principle of Memory: Evidence From
Aging and Associative Memory", *Psychological Science*, Vol. 31, No. 3, 2020.

［94］ Greene, N. R. , & Naveh-Benjamin, M. , "The Effects of Divided Attention at Encoding on Spe-
cific and Gist-based Associative Episodic Memory", *Memory & Cognition*, 2021.

［95］ Grenfell-Essam, R. , & Ward, G. , "Examining the Relationship Between Free Recall and Im-
mediate Serial Recall: The Role of List Length, Strategy Use, and Test Expectancy", *Journal of
Memory and Language*, Vol. 67, 2012.

［96］ Grenfell-Essam, R. , Ward, G. , & Tan, L. , "The Role of Rehearsal on the Output Order of
Immediate Free Recall of Short and Long Lists", *Journal of Experimental Psychology: Learning,
Memory, and Cognition*, Vol. 39, No. 2, 2013.

［97］ Griffin, I. C. , & Nobre, A. C. , "Orienting Attention to Locations in Internal Representations",
Journal of Cognitive Neuroscience, Vol. 15, 2003.

［98］ Guzel, M. A. , & Higham, P. A. , "Dissociating Early- and Late-selection Processes in Recall:
The Mixed Blessing of Categorized Study Lists", *Memory &Cognition*, Vol. 41, 2013.

［99］ H. D. Zimmer, A. Mecklinger, & U. Lindenberger (eds.), *Handbook of binding and memory:*

Perspectives from cognitive neuroscience, Oxford: Oxford University Press, 2016.

[100] Han, M., Mao, X., Kartvelishvili, N., Li, W., & Guo, C., "Unitization Mitigates Interference by Intrinsic Negative Emotion in Familiarity and Recollection of Associative Memory: Electrophysiological Evidence", *Cognitive, Affective & Behavioral Neuroscience*, Vol. 18, No. 6, 2018.

[101] Healy. A. F. (ed.), *Experimental cognitive psychology and its applications*, Washington: American Psychological Association, 2005.

[102] Herzmann, G., Jin, M. W., Cordes, D., & Curran, T., "A within-subject ERP and fMRI investigation of orientation-specific recognition memory for pictures", *Cognitive Neuroscience*, Vol. 3, 2012.

[103] Higham, P. A., "Strong cues are not necessarily weak: Thomson and Tulving (1970) and the encoding specificity principle revisited", *Memory & Cognition*, Vol. 30, No. 1, 2002.

[104] Hofmeister, P., "Representational complexity and memory retrieval in language comprehension", *Language and Cognitive Processes*, Vol. 26, No. 3, 2011.

[105] Hou, M., Gao, C., Wu, J., & Guo, C., "Neural correlates of familiarity and conceptual fluency are dissociable at encoding", *Chinese Science Bulletin*, Vol. 59, No. 28, 2014.

[106] Huber, D. E., Tomlinson, T. D., Jang, Y., & Hopper, W. J., The search of associative memory with recovery interference (SAM-RI) memory model and its application to retrieval practice paradigms, In J. Raaijmakers, A. Criss, R. Goldstone, R. Nosofsky, & M. Steyvers (Eds.) *Cognitive Modeling in Perception and Memory: A Festschrift for Richard M. Shiffrin.* New York: Psychology Press, 2015.

[107] Hunt, R. R., *The concept of distinctiveness in memory research*, In R. R. Hunt & J. B. Worthen (Eds.), *Distinctiveness and memory*, New York, NY: Oxford University Press, 2006.

[108] Isarida, T., Isarida, T. K., & Sakai, T., "Effects of study time and meaningfulness on environmental context-dependent recognition", *Memory & Cognition*, Vol. 40, No. 8, 2012.

[109] Jarrold, C., Tam, H., Baddeley, A. D., & Harvey, C. E., "How does processing affect storage in working memory tasks? Evidence for both domain-general and domain-specific effects", *Journal of Experimental Psychology: Learning, Memory, and Cognition*, Vol. 37, 2011.

[110] Jeneson, A., & Squire, L. R., "Working memory, long-term memory, and medial temporal lobe function", *Learning & Memory*, Vol. 19, No. 1, 2012.

[111] Jenkins, L. J., & Ranganath, C., "Prefrontal and medial temporal lobe activity at encoding predicts temporal context memory", *The Journal of Neuroscience*, Vol. 30, No. 46, 2010.

[112] John, T., & Aslan, A., "Age differences in the persistence of part-list cuing impairment: The

role of retrieval inhibition and strategy disruption", Journal of Experimental Child Psychology, Vol. 191, No. C, 2020.

[113] John, T. , & Aslan, A. , "Part-list cuing effects in children: A developmental dissociation between the detrimental and beneficial effect", *Journal of Experimental Child Psychology*, Vol. 166, 2018.

[114] Johnson, J. , McDuff, S. , Rugg, M. , & Norman, K. , "Recollection, familiarity, and cortical reinstatement: a multivoxel pattern analysis", *Neuron*, Vol. 63, 2009.

[115] Jonides, J. , Lewis, R. L. , Nee, D. E. , Lustig, C. A. , Berman, M. G. , & Moore, K. S. , "The mind and brain of short--term memory", *Annual Review of Psychology*, Vol. 59, No. 59, 2008.

[116] Kanayama, N. , Sato, A. , & Ohira, H. , "Dissociative experience and mood-dependent memory", *Cognition and Emotion*, Vol. 22, No. 5, 2008.

[117] Kang, M. S. , & Choi, J. , "Retrieval-induced inhibition in short-term memory", *Psychological Science*, Vol. 26, No. 7, 2015.

[118] Karpicke, J. D. , & Roediger, H. L. , III. , "The critical importance of retrieval for learning", *Science*, Vol. 319, 2008.

[119] Kawashima, T. , & Matsumoto, E. , "Cognitive control of attentional guidance by visual and verbal working memory representations", *Japanese Psychological Research*, Vol. 59, No. 1, 2017.

[120] M. Kelley (ed.), *Applied memory*, New York: Nova Science, 2008.

[121] Kelley, M. R. , & Parihar, S. A. , "Part-set cueing impairment & facilitation in semantic memory", *Memory*, Vol. 26, No. 7, 2018.

[122] Kelley, M. R. , Parasiuk, Y. , Salgado-Benz, J. , & Crocco, M. , "Spatial part-set cuing facilitation", *Memory*, Vol. 24, No. 6, 2016.

[123] Kelley, M. R. , Strejc, M. , Walts, Z. L. , Uribe, Y. , Gonzales, L. , Tcaturian, E. , … Stephany, S. E. , "The influence of the number of part-set cues on order retention", *Quarterly Journal of Experimental Psychology*, Vol. 74, No. 5, 2021.

[124] Kent, C. , & Lamberts, K. , "The encoding-retrieval relationship: Retrieval as mental simulation", *Trends in Cognitive Sciences*, Vol. 12, 2008.

[125] Kim, S. , Jeneson, A. , van der Horst, A. , Frascino, J. , Hopkins, R. O. , & Squire, L. R. , "Memory, visual discrimination performance, and the human hippocampus", *Journal of Neuroscience*, Vol. 31, 2011.

[126] Kimbal, D. R. , Bjork, E. L. , Bjork, R. A. , & Smith, T. A. , "Part-list cuing and the dynam-

ics of false recall", *Psychonomic Bulletin & Review*, Vol. 15, No. 2, 2008.

[127] Kliegl, O., & Bäuml, K-H. T., "Retrieval practice can insulate items against intralist inter-
ference: Evidence from the list-length effect, output interference, and retrieval-induced forget-
ting", *Journal of Experimental Psychology: Learning, Memory, and Cognition*, Vol. 42, No. 2,
2016.

[128] Knutsona, A. R., Hopkinsb, R. O., & Squired, L. R., "Visual discrimination performance,
memory, and medial temporal lobe function", *PNAS*, Vol. 109, No. 32, 2012.

[129] Ko, P. C., Duda, B., Hussey, E., Mason, E., Molitor, R. J., & Woodman, G. F., et al.,
"Understanding age-related reductions in visual working memory capacity: examining the stages
of change detection", *Attention Perception & Psychophysics*, Vol. 76, No. 7, 2014.

[130] Kray, J., Lucenet, J., & Blaye, A., "Can older adults enhance task-switching performance
by verbal self-instructions? The influence of working-memory load and early learning", *Frontiers
in Aging Neuroscience*, Vol. 2, No. 147, 2010.

[131] Kuhl, B. A., Bainbridge, W. A., & Chun, M. M., "Neural reactivation reveals mechanisms
for updating memory", *The Journal of Neuroscience*, Vol. 32, 2012.

[132] Kuhlmann, B. G., Brubaker, M. S., Pfeiffer, T., & Naveh-Benjamin, M., "Longer resist-
ance of associative versus item memory to interference-based forgetting, even in older adults",
Journal of Experimental Psychology: Learning, Memory, and Cognition, Vol. 47, No. 3, 2021.

[133] Kuo, B. C., Stokes, M. G., & Nobre, A. C., "Attention Modulates Maintenance of Represen-
tations in Visual Short-term Memory", *Journal of Cognitive Neuroscience*, Vol. 24,
No. 1, 2012.

[134] Lamers, M. J., & Roelofs, A., "Attention modulates maintenance of representations in visual
short-term memory", *The Quarterly Journal of Experimental Psychology*, Vol. 64, No. 6, 2011.

[135] LaRocque, K. F., Smith, M. E., Carr, V. A., Witthoft, N., Grill-Spector, K., & Wagner,
A. D., "Global similarity and pattern separation in the human medial temporal lobe predict
subsequent memory", *The Journal of Neuroscience*, Vol. 33, 2013.

[136] Lehmann, M., & Hasselhorn, M., "The dynamics of free recall and their relation to rehearsal
between 8 and 10 years of age", *Child Development*, Vol. 81, No. 3, 2010.

[137] Lehmer, E. M., & Bauml, K. T., "Part-list cuing can impair, improve, or not influence recall
performance: The critical roles of encoding and access to study context at test", *Journal of Ex-
perimental Psychology: Learning, Memory, and Cognition*, Vol. 44, No. 8, 2018.

[138] Li, B., Han, M., Guo, C., & Tibon, R., "Unitization modulates recognition of within-do-
main and cross-domain associations: Evidence from event-related potentials", *Psychophysiolo-*

gy, Vol. 56, No. 11, 2019.

[139] Li, B. , Mao, X. , Wang, Y. , & Guo, C. , "Electrophysiological correlates of familiarity and recollection in associative recognition: Contributions of perceptual and conceptual processing to unitization", Frontiers in Human Neuroscience, Vol. 11, 2017.

[140] Li, Q. , Wu, Q. , Yang, J. , Yu, Y. , Wu, F. , Wang, W. , …Wu, J. , *The Identification and Evaluation for Animal and Other Sounds: The Effect of Presentation Time*, Paper presented at the 2019 IEEE International Conference on Mechatronics and Automation : ICMA, 2019.

[141] Liu, G. , Wang, Y. , Jia, Y. , & Guo, C. , "Unitization facilitates familiarity-based cross-language associative recognition", *Neuroscience Letters*, Vol. 744, 2021.

[142] Liu, T. , Xing, M. , & Bai, X. , "Part-List cues hinder familiarity but not recollection in item recognition: behavioral and event-related potential evidence", *Frontiers in Psychology*, Vol. 11, 2020.

[143] Liu, T. , Zhao, Y. , Bai, X. , He, A. , & Xing, M. , "Revisiting the multi-mechanism hypothesis of part-list cuing: the role of list-length and item presentation time", *Memory*, Vol. 30, No. 9, 2022.

[144] Liu, Z. , & Guo, C. , "Unitization could facilitate item recognition but inhibit verbatim recognition for picture stimuli: behavioral and event-related potential study", *Psychological Research*, Vol. 85, No. 8, 2021.

[145] Liu, Z. , Wang, Y. , & Guo, C. , "Under the condition of unitization at encoding rather than unitization at retrieval, familiarity could support associative recognition and the relationship between unitization and recollection was moderated by unitization-congruence", *Learning and Memory*, Vol. 27, No. 3, 2020.

[146] Loaiza, V. M. , & Camos, V. "The role of semantic representations in verbal working memory", *Journal of Experimental Psychology: Learning, Memory, and Cognition*. Vol. 44, No. 6, 2018.

[147] Lu, B. , Liu, Z. , Wang, Y. , & Guo, C. , "The different effects of concept definition and interactive imagery encoding on associative recognition for word and picture stimuli", *International Journal of Psychophysiology*, Vol. 158, 2020.

[148] Lucas, H. D. , & Paller, K. A. , "Manipulating letter fluency for words alters electrophysiological correlates of recognition memory", *NeuroImage*, Vol. 83, 2013.

[149] Lunt, L. , Bramham, J. , Morris, R. G. , Bullock, P. R. , Selway, R. P. , Xenitidis, K. , & A. S. David. , "Prefrontal cortex dysfunction and 'jumping to conclusions': Bias or deficit?" *Journal of Neuropsychology*, Vol. 6, 2012.

［150］ Mao, W. B., An, S., & Yang, X. F., "The effects of goal relevance and perceptual features on emotional items and associative memory", *Frontiers in Psychology*, Vol. 8, 2017.

［151］ Markopoulos, G., Rutherford, A., Cairns, C., & Green, J., "Encoding instructions and stimulus presentation in local environmental context-dependent memory studies", *Memory*, Vol. 18, No. 6, 2010.

［152］ Marsh, E. J., Dolan, P. O., Balota, D. A. & Roediger, H. L. III, "Part-set cuing effects in younger and older adults", *Psychology and Aging*, Vol. 19, 2004.

［153］ Mayer, A. R., Hanlon, F. M., Dodd, A. B., Yeo, R. A., Haaland, K. Y., Ling, J. M., & Ryman, S. G., "Proactive response inhibition abnormalities in the sensorimotor cortex of patients with schizophrenia", *Journal of Psychiatry &Neuroscience*, Vol. 41, 2016.

［154］ McCabe, D. P., Roediger III, H. L., McDaniel, M. A., Balota, D. A., & Hambrick, D. Z., "The relationship between working memory capacity and executive functioning: Evidence for a common executive attention construct", Neuropsychology, Vol. 24, 2010.

［155］ Mecklinger, A., Frings, C., & Rosburg, T., "Response toPaller et al.: the role of familiarity in making inferences about unknown quantities", *Trends in Cognitive Sciences*, Vol. 16, No. 6, 2012, pp. 315-316.

［156］ Mickes, L., Seale-Carlisle, T. M., & Wixted, J. T., "Rethinking familiarity: remember/ know judgments in free recall", *Journal of Memory & Language*, Vol. 68, No. 4, 2013.

［157］ Miller, A., *Examining the errors and self-corrections on the Stroop Test*", Master's Thesis, Cleveland State University, 2010.

［158］ Mollison, M. V., & Curran, T., "Familiarity in source memory. *Neuropsychologia*", Vol. 50, No. 11, 2012.

［159］ Monsell, S., "Task switching", *Trends in Cognitive Sciences*, Vol. 7, No. 3, 2003.

［160］ Morooka, T., Ogino, T., Takeuchi, A., Hanafusa, K., Oka, M., & Ohtsuka, Y., "Relationships between the color-word matching Stroop task and the Go/NoGo task: Toward multifaceted assessment of attention and inhibition abilities of children", *Acta Medica Okayama*, Vol. 66, 2012.

［161］ Muntean, W. J., & Kimball, D. R., "Part-set cueing and the generation effect: An evaluation of a two-mechanism account of part-set cueing", *Journal of Cognitive Psychology*, Vol. 24, No. 8, 2012.

［162］ Naim, M., Katkov, M., Romani, S., & Tsodyks, M., "Fundamental Law of Memory Recall", *Physical Review Letters*, Vol. 124, No. 1, 2020.

［163］ Nairne, J. S., "The myth of the encoding-retrieval match", *Memory*, Vol. 10, 2002.

[164] Nee, D. E. , & Jonides, J. , "Neural correlates of access to short-term memory", *Proceedings of the National Academy of Sciences*, Vol. 105, 2008.

[165] Nessler, D. , Mecklinger, A. , & Penney, T. B. , "Event related brain potentials and illusory memories: the effects of differential encoding", *Cognitive Brain Research*, Vol. 10, No. 3, 2001.

[166] Nickerson, Raymond S. , "Retrieval inhibition from part-set cuing: A persisting enigma in memory research", *Memory and Cognition*, Vol. 12, No. 6, 1984.

[167] Norris, D. , "Short-term memory and long-term memory are still different", *Psychological Bulletin*, Vol. 143, No. 9, 2017.

[168] Oberauer, K. , & Lin, H. Y. , "An interference model of visual working memory", *Psychological Review*, Vol. 124, No. 1, 2017.

[169] Oberauer, K. , "Access to information in working memory: exploring the focus of attention", *Journal of Experimental Psychology Learning Memory & Cognition*, Vol. 28, No. 3, 2002.

[170] Oswald, K. M. , Serra, M. , & Krishna, A. , "Part-list cuing in speeded recognition and free recall", *Memory and Cognition*, Vol. 34. No. 3, 2006.

[171] Öztekin, I. , Davachi, L. , & Mcelree, B. , "Are representations in working memory distinct from representations in long-term memory? Neural evidence in support of a single store", *Psychological Science*, Vol. 21, No. 8, 2010.

[172] Paller, K. A. , Lucas, H. D. , & Voss, J. L. , "Assuming too much from "familiar" brain potentials", *Trends in Cognitive Sciences*, Vol. 16, 2012.

[173] Paller, K. A. , Voss, J. L. , & Boehm, S. G. , "Validating neural correlates of familiarity", *Trends in Cognitive Sciences*, Vol. 11, No. 6, 2007.

[174] Parks, C. M. , "Transfer-appropriate processing in recognition memory: Perceptual and conceptual effects on recognition memory depend on task demands", *Journal of Experimental Psychology: Learning, Memory, and Cognition*, Vol. 39, No. 4, 2013.

[175] Pastotter, B. , Schicker, S. , Niedernhuber, J. , & Bauml, K. -H. , "Retrieval during learning facilitates subsequent memory encoding", *Journal of Experimental Psychology: Learning, Memory, and Cognition*, Vol37, 2011.

[176] Peng, P. , & Fuchs, D. , "A randomized control trial of working memory training with and without strategy instruction: Effects on young children's working memory and comprehension", *Journal of Learning Disabilities*, Vol. 50, No. 1, 2017.

[177] Peynircioğlu, Z. F. , & Moro, C. , "Part-set cuing in incidental and implicit memory", *The American Journal of Psychology*, Vol. 108, No. 1, 1995.

［178］ Peynircioğlu, Z. F., "Part-Set cuing effect with word-fragment cuing: Evidence against the strategy disruption and Increased-List-Length explanations", *Journal of Experimental Psychology: Learning, Memory, and Cognition*, Vol. 15, No. 1, 1989.

［179］ Poirier, M., Nairne, J. S., Morin, C., Zimmermann, F. G. S., Koutmeridou, K., & Fowler, J., "Memory as discrimination: A challenge to the encoding-retrieval match principle", *Journal of Experimental Psychology: Learning, Memory, & Cognition*, Vol. 38, 2012.

［180］ Postle, L. P. B. R., "Temporary activation of long-term memory supports working memory", *Journal of Neuroscience the Official Journal of the Society for Neuroscience*, Vol. 28, No. 35, 2008.

［181］ R. R. Hunt & J. B. Worthen (eds.), *Distinctiveness and memory*, New York: Oxford University Press, 2006.

［182］ Raaijmakers, J. G. W., & Jakab, E., "Rethinking inhibition theory: On the problematic status of the inhibition theory for forgetting", *Journal of Memory and Language*, Vol. 68, No. 2, 2013.

［183］ Raaijmakers, J. G., & Shiffrin, R. M., "Search of associative memory," *Psychological Review*, Vol. 88, No. 2, 1981.

［184］ Rajsic, J., Swan, G., Wilson, D., & Pratt, J., "Accessibility limits recall from visual working memory", *Journal of Experimental Psychology: Learning, Memory, and Cognition*, Vol. 43, 2017.

［185］ Ranganath, C., & Blumenfeld, R. S., "Doubts about double dissociations between short- and long-term memory", *Trends in Cognitive Sciences*, Vol. 9, 2005.

［186］ Ranganath, C., Johnson, M. K., & D'Esposito, M., "Prefrontal activity associated with working memory and episodic long-term memory", *Neuropsychologia*, Vol. 41, No. 3, 2003.

［187］ Ranganath, C., Yonelinas, A. P., Cohen, M. X., Dy, C. J., Tom, S. M., & D'Esposito, M., "Dissociable correlates of recollection and familiarity within the medial temporal lobes", *Neuropsychologia*, Vol. 42, No. 1, 2004.

［188］ Reder, L. M., Donavos, D. K., & Erickson, M. A., "Perceptual match effects in direct tests of memory: The role of contextual fan", *Memory & Cognition*, Vol. 30, No. 2, 2002.

［189］ Reysen, M. B., & Nairne, J. S., "Part-set cuing of false memories", *Psychonomic Bulletin and Review*, Vol. 9, No. 2, 2002.

［190］ Rissman, J., Wagner, A. D., "Distributed representations in memory: insights from functional brain imaging", *Annual Review of Psychology*, Vol. 63, 2012.

［191］ Ritchey, M., LaBar, K. S. & Cabeza, R., "Level of processing modulates the neural correlates of emotional memory formation", *Journal of Cognitive Neuroscience*, Vol. 23, No. 4, 2011.

[192] Roediger H. L. III (ed.), *Cognitive psychology of memory: Vol. 2. Learning and memory: A comprehensive reference*, Oxford: Elsevier, 2008.

[193] Roediger, H. L., Stellon, C. C., & Tulving, E., "Inhibition from part-list cues and rate of recall", *Journal of Experimental Psychology Human Learning & Memory*, Vol. 3, No. 2, 1977.

[194] Rose, N. S., & Craik, F. I. M., "A processing approach to the working memory/long-term memory distinction: evidence from the levels-of-processing span task", *Journal of Experimental Psychology: Learning Memory & Cognition*, Vol. 38, No. 4, 2012.

[195] Rose, N. S., "Similarities and differences between working memory and long-term memory", *Journal of Experimental Psychology Learning Memory & Cognition*, Vol. 36, No. 36, 2010.

[196] Rugg, M. D., & Curran, T., "Event-related potentials and recognition memory", *Trends in Cognitive Sciences*, Vol. 11, No. 6, 2007.

[197] Rupprecht, J., & Bäuml, K-H. T., "Retrieval-induced forgetting in item recognition: retrieval specificity revisited", Journal of Memory & Language, Vol. 86, 2016.

[198] Rutman, A. M., Clapp, W. C., Chadick, J. Z., & Gazzaley, A., "Early top-down control of visual processing predicts working memory performance", *Journal of Cognitive Neuroscience*, Vol. 22, No. 6, 2010.

[199] Sahakyan, L., & Kelley, C. M., "A contextual change account of the directed forgetting effect", *Journal of Experimental Psychology: Learning, Memory, and Cognition*, Vol. 28, No. 6, 2002.

[200] Schlichting, A., & Bauml, K. T., "Brief wakeful resting can eliminate directed forgetting", *Memory*, Vol. 25, No. 2, 2017.

[201] Schlichting, A., Aslan, A., Holterman, C., & Bäuml, K-H. T., "Working memory capacity predicts the beneficial effect of selective memory retrieval", *Memory*, Vol. 23, No. 5, 2015.

[202] Schott, B. H., Wüstenberg, T., Wimber, M., Fenker, D. B., Zierhut, K. C., Seidenbecher, C. I., et al., "The relationship between level of processing and hippocampal-cortical functional connectivity during episodic memory formation in humans", *Human brain mapping*, *Vol.* 34, No. 2, 2011.

[203] Schwabe, L., Böhringer, A., & Wolf, O. T., "Stress disrupts context-dependent memory", *Learning & Memory*, Vol. 16, No. 2, 2009.

[204] Schwenck, C., Bjorklund, D. F., & Schneider, W., "Developmental and individual differences in young children's use and maintenance of a selective memory strategy", *Developmental Psychology*, Vol. 45, No. 4, 2009.

［205］ Semlitsch, H. V. , Anderer, P. , Schuster, P. , & Presslich, O. , "A solution for reliable and valid reduction of ocular artifacts, applied to the P300 ERP", *Psychophysiology*, Vol. 23, No. 6, 1986.

［206］ Serra, M. , & Nairne, J. S. , "Part-set cuing of order information: implications for associative theories of serial order memory", *Memory and Cognition*, Vol. 28, No. 5, 2000.

［207］ Serra, M. , & Oswald, K. M. , "Part-list cuing of associative chains: tests of strategy disruption", *Journal of General Psychology*, Vol. 133, No. 3, 2006.

［208］ Shepard, R. N. , "Toward a universal law of gen eralization for psychological science", *Science*, Vol. 237, No. 4820, 1987.

［209］ Sison, J. A. G. , & Mara, M. , "Does remembering emotional items impair recall of same-emotion items?" *Psychonomic Bulletin & Review*, Vol. 14, No. 2, 2007.

［210］ Slamecka, N. J. , "An examination of trace storage in free recall", *Journal of Experimental Psychology*, Vol. 76, No. 4, 1968.

［211］ Smith, C. N. , Wixted, J. T. , & Squire, L. R. , "The hippocampus supports both recollection and familiarity when memories are strong", *The Journal of Neuroscience*, Vol. 31, No. 44, 2011.

［212］ Smith, S. M. , & Manzano, I. , "Video context-dependent recall" . , *Behavior Research Methods*, Vol. 42, No. 1, 2010.

［213］ Smith, S. M. , & Vela, E. , "Environmental context-dependent memory: A review and a meta-analysis", *Psychonomic Bulletin & Review*, *Vol.* 8, 2001.

［214］ Solesio-Jofre, E. , Lorenzo-López, L. , Gutiérrez, R. , López-Frutos, J. M. , Ruiz-Vargas, J. M. , & Maestú, F. , "Age-related effects in working memory recognition modulated by retroactive interference", *Journals of Gerontology Series A: Biomedical Sciences and Medical Sciences*, Vol. 67, No. 6, 2012.

［215］ Spitzer, B. , & Bäuml, K-H. T. , "Retrieval-induced forgetting in item recognition: evidence for a reduction in general memory strength", *Journal of Experimental Psychology Learning Memory & Cognition*, Vol. 33, No. 5, 2007.

［216］ Squire, L. R. , Stark, C. E. L. , & Clark, R. E. , "The medial temporal lobe", *Annual Review of Neuroscience*, Vol. 27, 2004.

［217］ Squire, L. R. , Wixted, J. T. , & Clark, R. E. , "Recognition memory and the medial temporal lobe: A new perspective", *Nature Reviews Neuroscience*, Vol. 8, No. 11, 2007.

［218］ Storm, B. C. , & Bui, D. C. , "Retrieval-practice task affects relationship between working memory capacity and retrieval-induced forgetting", *Memory*, Vol. 24, No. 10, 2016.

[219] Strickland-Hughes, C. M. , Dillon, K. E. , West, R. L. , & Ebner, N. C. , "Own-age bias in face-name associations: Evidence from memory and visual attention in younger and older adults", *Cognition*, *Vol.* 200, 2020.

[220] Strózak, P. , Bird, C. W. , Corby, K. , Frishkoff, G. , & Curran, T. , "FN400 and LPC memory effects for concrete and abstract words", *Psychophysiology*, Vol. 53, No. 11, 2016.

[221] Takahashi, M. & Kawaguchi, A. , "The detrimental effects of part-set cueing on false recall in a random list design", *Seishin Studies*, Vol. 119, 2012.

[222] Tang, W. H. , Liu, T. L. , Shi, Y. , Feng, H. , & Liu, X. P. , "The development of allocation of study time on part-list cuing effect of pictures", *Acta Psychologica Sinica*, Vol. 46, No. 5, 2014.

[223] Taylor, T. L. , & Hamm, J. P. , "A grand memory for forgetting: Directed forgetting across contextual changes", *Acta Psychologica*, Vol. 188, 2018.

[224] Tousignant, C. , Bodner, G. E. , & Arnold, M. M. , "Effects of context on recollection and familiarity experiences are task dependent", *Consciousness & Cognition*, Vol. 33, 2015.

[225] Tsouli, A. , Pateraki, L. , Spentza, I. , & Nega, C. , "The effect of presentation time and working memory load on emotion recognition", *Journal of Psychology and Cognition*, Vol. 02, No. 1, 2017.

[226] Tulving, E. , & Pearlstone, Z. , "Availability versus accessibility of information in memory for words", *Journal of Verbal Learning and Verbal Behavior*, Vol. 5, No. 4, 1966.

[227] Tulving, E. , "Memory and consciousness", *Canadian Psychologist*, Vol. 26, No1. , 1985.

[228] Van Kesteren, M. T. R. , Rignanese, P. , Gianferrara, P. G. , Krabbendam, L. , & Meeter, M. , "Congruency and reactivation aid memory integration through reinstatement of prior knowledge", *Scientific Reports*, Vol. 10, No. 1, 2020.

[229] Van Snellenberg, J. X. , "Working memory and long-term memory deficits in schizophrenia: is there a common substrate?", *Psychiatry Research*, Vol. 174, No. 2, 2009.

[230] Ventura-Bort, C. , Wendt, J. , Wirkner, J. , König, J. , Lotze, M. , Hamm, A. O. , ... Weymar, M. , "Neural substrates of long-term item and source memory for emotional associates: An fMRI study", *Neuropsychologia*, Vol. 147, 2020.

[231] Voss, J. L. , & Federmeier, K. D. , "FN400 potentials are functionally identical to N400 potentials and reflect semantic processing during recognition testing", *Psychophysiology*, Vol. 48, No. 4, 2011.

[232] Wallner, L. , & Bäuml, K-H. T. , "Part-list cuing with prose material: When cuing is detrimental and when it is not", *Cognition*, Vol. 205, 2020.

[233] Wallner, L. , & Bäuml, K-H. T. , "Beneficial effects of selective item repetition on the recall of other items", *Journal of Memory and Language*, Vol. 95, 2017.

[234] Wang, Y. , Mao, X. , Li, B. , Wang, W. , & Guo, C. , "Dissociating the Electrophysiological Correlates between Item Retrieval and Associative Retrieval in Associative Recognition: From the Perspective of Directed Forgetting", *Frontiers in Psychology*, Vol. 7, 2016.

[235] Ward, G. , Tan, L. , & Grenfell-Essam, R. , "Examining the relationship between free Recall and immediate serial recall: The effects of list length and output order", *Journal of experimental psychology. Learning, memory, and cognition*, Vol. 36, No. 5, 2010.

[236] Watkins, M. J. , "Inhibition in recall with extralist 'cues. ' ", *Journal of Verbal Learning and Verbal Behavior*, Vol. 14, 1975.

[237] Watkins, M. J. , Schwartz, D. R. , & Lane, D. M. , "Does part-set cuing test for memory organization? Evidence from reconstructions of chess positions", *Canadian Journal of Psychology*, Vol. 38, No. 3, 1984.

[238] Watkins, O. C. , & Watkins, M. J. , "Build-up of proactive inhibition as a cue overload effect", *Journal of Experimental Psychology: Human Learning & Memory*, Vol. 1, No. 4, 1975.

[239] Wessel, I. , & Hauer, B. , "Retrieval-induced forgetting of autobiographical memory details", *Cognition and Emotion*, Vol. 20, 2016.

[240] Wheeler, M. E. , Shulman, G. L. , Buckner, R. L. , Miezin, F. M. , Velanova, K. , & Petersen, S. E. , "Evidence for separate perceptual reactivation and search processes during remembering", *Cerebral Cortex*, Vol. 16, No. 7, 2006.

[241] Wheeler, R. L. , & Gabbert, F. , "Using self-generated cues to facilitate recall: A narrative review", *Frontiers in Psychology*, Vol. 8, 2017.

[242] White, C. N. , Ratcliff, R. , & Starns, J. J. , "Diffusion models of the flanker task: Discrete versus gradual attentional selection", *Cognitive Psychology*, Vol. 63, No. 4, 2011.

[243] Whitlock, J. , Chiu, J. Y. , & Sahakyan, L. , "Directed forgetting in associative memory: Dissociating item and associative impairment", *Journal of Experimental Psychology: Learning, Memory, and Cognition*, Vol. 48, No. 1, 2022.

[244] Whitlock, J. , Lo, Y. P. , Chiu, Y. C. , & Sahakyan, L. , "Eye movement analyses of strong and weak memories and goal-driven forgetting", *Cognition*, Vol. 204, 2020.

[245] Wickelgren, I. , "Getting a grasp on working memory", *Science*, Vol. 275, No. 5306, 1997.

[246] Williams, M. , & Woodman, G. F. , "Directed forgetting and directed remembering in visual working memory", *Journal of Experimental Psychology Learning Memory & Cognition*, Vol. 38,

No. 5, 2012.

[247] Wixted, J. T., & Stretch, V., "In defense of the signal detection interpretation of remember/know judgements", *Psychonomic Bulletin & Review*, Vol. 11, 2004.

[248] Wixted, J. T., "Dual-process theory and signal-detection theory of recognition memory", *Psychological Review*, Vol. 114, No. 1, 2007.

[249] Wolchik, S. A., Tein, J. Y., Winslow, E., Minney, J., Sandler, I. N., & Masten, A. S., "Developmental cascade effects of a parenting-focused program for divorced families on competence in emerging adulthood", *Development and Psychopathology*, Vol. 33, No. 1, 2021.

[250] Wolosin, S. M., Zeithamova, D., & Preston, A. R., "Distributed hippocampal patterns that discriminate reward context are associated with enhanced associative binding", *Journal of Experimental Psychology: General*, Vol. 142, No. 4, 2013.

[251] Wood, G., Vine, S. J., & Wilson, M. R., "Working memory capacity, controlled attention and aiming performance under pressure", *Psychological Research*, Vol. 80, 2016.

[252] Wurm, L. H., Labouvie-Vief, G., Aycock, J., Rebucal, K. A., & Koch, H. E., "Performance in auditory and visual emotional Stroop tasks: a comparison of older and younger adults", *Psychology and Aging*, Vol. 19, No. 3, 2004.

[253] Xing, M., Niu, Z., & Liu, T., "The part-list cuing effect in working memory: The influence of task presentation mode", *Acta Psychologica*, Vol. 219, 2021.

[254] Yamashiro, J. K., & Hirst, W., "Convergence on Collective Memories: Central Speakers and Distributed Remembering", *Journal of Experimental Psychology: General*, Vol. 149, No. 3, 2019.

[255] Yang, J., Zhan, L., Wang, Y., Du, X., Zhou, W., Ning, X., … Moscovitch, M., "Effects of learning experience on forgetting rates of item and associative memories", *Learning and Memory*, Vol. 23, No. 7, 2016.

[256] Yonelinas, A. P., "The nature of recollection and familiarity: A review of 30 years of research", *Journal of Memory and Language*, Vol. 46, No. 3, 2002.

[257] Yonelinas, A. P., Aly, M., Wang, W. C., & Koen, J. D., "Recollection and familiarity: Examining controversial assumptions and new directions", *Hippocampus*, Vol. 20, No. 11, 2010.

[258] Yonelinas, A. P., Otten, L. J., Shaw, K. N., & Rugg, M. D., "Separating the brain regions involved in recollection and familiarity in recognition memory", *The Journal of Neuroscience*, Vol. 25, No. 11, 2005.

[259] Yonelinas, A. P., Widaman, K., Mungas, D., Reed, B., Weiner, M. W., & Chui, H. C.,

"Memory in the aging brain: Doubly dissociating the contribution of the hippocampus and entorhinal cortex", *Hippocampus*, Vol. 17, No. 11, 2007.

[260] Yoon, C., Feinberg, F., Luo, T., Hedden, T., Gutchess, A. H., Chen, H., Mikels, J., Jiao, S., & Park, D. C., "A cross-culturally standardized set of pictures for younger and older adults: American and Chinese norms for name agreement, concept agreement, and familiarity", *Behavior Research Methods, Instruments, and Computers*, Vol. 36, No. 4, 2004.

[261] Yuan, C. F., "*List length effects in item method directed forgetting in adults with and without Alzheimer's disease*", Unpublished master's dissertation, Boston University, 2015.

[262] Yusoff, N., Grüning, A., & Browne, A., "*Modelling the Stroop effect: dynamics in inhibition of automatic stimuli processing*", Advances in Cognitive Neurodynamics (II), In: Wang, R., Gu, F. (eds) Advances in Cognitive Neurodynamics (II). Springer, Dordrecht, 2011.

[263] Zabelina, D. L., & Robinson, M. D., "Child's play: Facilitating the originality of creative output by a priming manipulation", Psychology of Aesthetics, Creativity, and the Arts, Vol. 4, No. 1, 2010.

[264] Zeithamova, D., Dominick, A. L., Preston, A. R., "Hippocampal and ventral medial prefrontal activation during retrieval-mediated learning supports novel inference", *Neuron*, Vol. 75, No. 1, 2012.

[265] Zellner, M., & Bäuml, K-H. T., "Intact retrieval inhibition in children's episodic recall", *Memory and Cognition*, Vol. 33, No. 3, 2005.

[266] Zhang, Q., Li, X. H., Gold, B. T., & Jiang, Y., "Neural correlates of cross-domain affective priming", *Brain Research*, Vol. 1329, 2010.

[267] Zhao, M. -F., Zimmer, H. D., Zhou, X., & Fu, X., "Enactment supports unitisation of action components and enhances the contribution of familiarity to associative recognition", *Journal of Cognitive Psychology*, Vol. 28, No. 8, 2016.

[268] Zhu, L., & Zhang, J., "Does a sense of social presence during conversation affect student's shared memory? Evidence from SS-RIF paradigm", Frontiers in Public Health, Vol. 9, 2021.